# Python
# 商业数据可视化实战

王国平 著

電子工業出版社
Publishing House of Electronics Industry
北京•BEIJING

## 内 容 简 介

本书由浅入深、循序渐进地介绍了基于Python的商业数据可视化技术，并结合实际案例详细介绍了Python在数据可视化方面的具体应用。

本书重点介绍了Python的9个可视化库，分别为Matplotlib、Seaborn、Pyecharts、Bokeh、HoloViews、Plotly、Pygal、plotnine、Altair，并介绍了商业数据可视化的思维，不仅做到授之以鱼，更做到授之以渔。读者通过学习本书，能够轻松、快速地掌握商业数据可视化技术。

本书的内容和案例适用于互联网、咨询、零售、能源等行业从事数据可视化分析的读者，可以作为Python软件培训机构和数据可视化研究者的参考资料，也可以作为高等学校计算机相关专业学生的教材或教师的教学参考书。



**图书在版编目（CIP）数据**

Python商业数据可视化实战 / 王国平著. —北京：电子工业出版社，2021.1

ISBN 978-7-121-39894-0

Ⅰ. ①P… Ⅱ. ①王… Ⅲ. ①软件工具－程序设计 Ⅳ. ①TP311.561

中国版本图书馆CIP数据核字（2020）第214410号

责任编辑：王　静　　特约编辑：田学清
印　　刷：北京市大天乐投资管理有限公司
装　　订：北京市大天乐投资管理有限公司
出版发行：电子工业出版社
　　　　　北京市海淀区万寿路173信箱　　邮编：100036
开　　本：720×1000　1/16　　印张：15.5　　字数：312千字
版　　次：2021年1月第1版
印　　次：2021年1月第1次印刷
定　　价：89.00元

凡所购买电子工业出版社图书有缺损问题，请向购买书店调换。若书店售缺，请与本社发行部联系，联系及邮购电话：（010）88254888，88258888。

质量投诉请发邮件至zlts@phei.com.cn，盗版侵权举报请发邮件至dbqq@phei.com.cn。

本书咨询联系方式：010-51260888-819，faq@phei.com.cn。

# 前　言

大数据时代正在变革我们的生活、工作和思维，如何让大数据更有意义，重要的手段之一就是实现数据可视化。

在数据可视化的研究热潮中，如何让数据生动呈现，成了一个具有挑战性的任务，随之也出现了大量的可视化软件。相对于其他商业可视化软件，Python 是开源且免费的，而且具有易上手、效果好的优点。

本书基于 Python 3.9.0 编写，由浅入深地介绍了基于 Python 的商业数据可视化技术，并结合案例详细阐述实际应用。全书以案例为主线，既包括软件应用与操作的方法和技巧，又融入了数据可视化的实战案例。读者通过阅读本书，能够轻松、快速地掌握可视化方法。

## 本书内容

第 1 章介绍商业数据可视化的挑战及其难点、3 种商业数据可视化思维和 6 种商业数据可视化技巧，以及 Python 可视化开发环境、用 Python 连接各类数据源和 Python 数据可视化库。

第 2 章介绍 Matplotlib 可视化库（它是 Python 中比较基础且使用最多的可视化库），重点讲解 Matplotlib 在绘制图形时的参数配置和图形整合。通过实际案例从企业门店经营的角度客观、公正地分析如何提升门店的销售额。

第 3 章介绍 Seaborn 可视化库（它是基于 Matplotlib 的更高级的 API 封装，使用户绘图更加容易），重点讲解 Seaborn 在绘制图形时的风格设置和颜色设置。通过实际案例介绍如何研究销售数据背后隐藏的规律。

第 4 章介绍 Pyecharts 可视化库（它是一个用于生成 Echarts 图表的类库），重点讲解 Pyecharts 在绘制图形时的基本元素和主要图形。通过实际案例介绍如何从商品的角度研究企业商品的现状。

第 5 章介绍 Bokeh 可视化库（它基于 JavaScript 实现交互式可视化，可以在浏览器中实现美观的视觉效果），重点讲解 Bokeh 在绘制图形时的主要接口和基本配置。通过实际案例介绍如何从朋友圈营销的角度研究商品营销情况。

第 6 章介绍 HoloViews 可视化库（它旨在使数据分析和可视化更加简便），重点讲解 HoloViews 在绘制图形时的参数配置和组成对象。通过实际案例介绍如何从客户价值的角度研究不同类型客户的价值。

第 7 章介绍 Plotly 可视化库（它是数据分析和可视化的交互式在线平台），重点讲解 Plotly 在绘制图形时的绘图语法和主要图形。通过实际案例介绍从客户满意度的角度研究如何提升客户的满意指数。

第 8 章介绍 Pygal 可视化库（它以面向对象的方式来创建各种视图），重点讲解 Pygal 在绘制图形时的参数配置和主要图形。通过实际案例介绍如何从客户流失率的角度研究企业的客户流失现状。

第 9 章介绍 plotnine 可视化库（它是 Python 中图形语法的一种实现），重点讲解 plotnine 在绘制图形时的基本语法和绘图过程。通过实际案例介绍如何从商品配送的角度研究企业商品的配送准时性。

第 10 章介绍 Altair 可视化库（它是基于交互式图形语法的可视化库），重点讲解 Altair 在绘制图形时的参数配置和主要图形。通过实际案例介绍如何从订单商品退货的角度研究企业商品的退货现状。

## 本书特色

（1）内容新颖，讲解详细

本书是一本内容新颖的 Python 著作，详细介绍了基于 Python 的商业数据可视化技术，对初学者帮助较大。书中详细介绍了大量可视化案例，便于读者实践。

（2）案例丰富，高效学习

本书以案例为主线，既包括软件应用与操作的方法和技巧，又融入了商业数据可视化的实战案例。读者通过阅读本书，能够轻松、快速地掌握可视化方法。本书基于 Python 3.9.0 编写，为了使读者能够快速提高数据可视化的综合能力，本书的可视化案例尽可能贴近实际工作。

（3）提供下载文件，方便学习

本书配套资源中包含案例使用的数据源及教学 PPT 等，供读者在阅读本书时使用。

## 本书读者对象

本书的内容和案例适用于互联网、咨询、零售、能源等行业从事数据可视化分析的读者，可以作为 Python 软件培训机构和数据可视化研究者的参考资料，也可以作为高等学校计算机相关专业学生的教材或教师的教学参考书。

特别说明，本书案例中涉及的图为代码运行结果图，均未添加单位。

由于作者水平有限，书中难免存在疏漏和不足之处，恳请广大读者批评与指正。

作 者

2021 年 1 月

# 目 录


## 第 1 章　Python 商业数据可视化概述 / 1

1.1　商业数据可视化概述　2
　1.1.1　商业数据可视化的挑战及其难点　2
　1.1.2　3 种商业数据可视化思维　4
　1.1.3　6 种商业数据可视化技巧　6
1.2　Python 可视化开发环境　9
　1.2.1　Spyder　10
　1.2.2　Jupyter Notebook　11
　1.2.3　JupyterLab　12
1.3　用 Python 连接各类数据源　14
　1.3.1　连接单个文件数据　14
　1.3.2　连接关系型数据库　15
1.4　Python 数据可视化库简介　17
　1.4.1　探索式可视化库　17
　1.4.2　交互式可视化库　17
1.5　上机实践题　19

## 第 2 章　Python 数据可视化的经典：Matplotlib / 20

2.1　Matplotlib 可视化库概述　21
　2.1.1　Matplotlib 可视化库简介　21
　2.1.2　Matplotlib 参数配置　21
　2.1.3　Matplotlib 图形整合　32
2.2　Matplotlib 数据可视化案例　34
　2.2.1　提升门店销售额　34
　2.2.2　制作门店销售额的树状图　36
　2.2.3　制作业绩考核的误差条形图　40
2.3　上机实践题　42

## 第 3 章　基于 Matplotlib 的高级 API 封装：Seaborn / 43

3.1　Seaborn 可视化库概述　44
　3.1.1　Seaborn 可视化库简介　44
　3.1.2　Seaborn 风格设置　45
　3.1.3　Seaborn 颜色设置　50
3.2　Seaborn 数据可视化案例　54
　3.2.1　解读企业销售数据　54
　3.2.2　制作销售数据的密度直方图　55

3.2.3 制作销售金额的线性回归图 58
3.3 上机实践题 65

## 第 4 章 Python 与 Echarts 的有机结合：Pyecharts / 66

4.1 Pyecharts 可视化库概述 67
4.1.1 Pyecharts 可视化库简介 67
4.1.2 Pyecharts 基本元素 70
4.1.3 Pyecharts 主要图形 76
4.2 Pyecharts 数据可视化案例 91
4.2.1 了解企业商品的现状 91
4.2.2 制作各类型商品的关键词词云 92
4.2.3 制作商品销售额的主题河流图 94
4.3 上机实践题 97

## 第 5 章 基于 JavaScript 的交互式可视化库：Bokeh / 98

5.1 Bokeh 可视化库概述 99
5.1.1 Bokeh 可视化库简介 99
5.1.2 Bokeh 主要接口 102
5.1.3 Bokeh 基本配置 105
5.2 Bokeh 数据可视化案例 116
5.2.1 做好朋友圈的商品营销 116
5.2.2 制作客户成功分享商品的和弦图 116
5.2.3 制作客户成功分享商品的网络关系图 118
5.3 上机实践题 120

## 第 6 章 用较少的代码呈现视图：HoloViews / 121

6.1 HoloViews 可视化库概述 122
6.1.1 HoloViews 可视化库简介 122
6.1.2 HoloViews 参数配置 124
6.1.3 HoloViews 组成对象 132
6.2 HoloViews 数据可视化案例 138
6.2.1 衡量不同类型的客户价值 138
6.2.2 制作不同类型客户价值的面积图 138
6.2.3 制作不同地区客户价值的箱形图 140
6.3 上机实践题 142

## 第 7 章 基于浏览器的在线可交互可视化库：Plotly / 143

7.1 Plotly 可视化库概述 144
7.1.1 Plotly 可视化库简介 144
7.1.2 Plotly 绘图语法 144
7.1.3 Plotly 主要图形 147
7.2 Plotly 数据可视化案例 155
7.2.1 提升客户的满意指数 155
7.2.2 制作客户不满意订单的环形图 156
7.2.3 制作客户满意度的时间序列图 158
7.3 上机实践题 160

## 第 8 章 以面向对象的方式创建视图：Pygal / 161

8.1 Pygal 可视化库概述 162
8.1.1 Pygal 可视化库简介 162
8.1.2 Pygal 参数配置 162
8.1.3 Pygal 主要图形 165
8.2 Pygal 数据可视化案例 183
8.2.1 有效降低客户的流失率 183
8.2.2 制作各月份客户流失量的折线图 184
8.2.3 制作各地区客户流失量的雷达图 186
8.3 上机实践题 188

## 第 9 章 Python 版 ggplot2 的可视化库：plotnine / 189

9.1 plotnine 可视化库概述 190
9.1.1 plotnine 可视化库简介 190
9.1.2 plotnine 基本语法 190
9.1.3 plotnine 绘图过程 193
9.2 plotnine 数据可视化案例 202
9.2.1 商品配送准时性及影响因素分析 202
9.2.2 制作商品准时配送的分面散点图 203
9.2.3 制作各地区延迟配送的小提琴图 205
9.3 上机实践题 206

## 第 10 章　基于交互式图形语法的可视化库：Altair / 207

10.1　Altair 可视化库概述　208
10.1.1　Altair 可视化库简介　208
10.1.2　Altair 参数配置　210
10.1.3　Altair 主要图形　216
10.2　Altair 数据可视化案例　225
10.2.1　有效规避订单商品退货　225
10.2.2　制作各类型商品退货量的多线图　226
10.2.3　制作各月份商品退货量的脊线图　228
10.3　上机实践题　229

## 附录 A　Python 3.9.0 及可视化库安装 / 230

## 附录 B　Python 常用第三方工具包简介 / 233

B.1　数据分析类包　233
B.2　数据可视化类包　234
B.3　机器学习类包　235

## 参考文献 / 238

# 第 1 章

# Python 商业数据可视化概述

本章介绍商业数据可视化的挑战及其难点、3 种商业数据可视化思维和 6 种商业数据可视化技巧，重点介绍 3 种 Python 可视化开发环境、用 Python 连接各类数据源，以及 Python 数据可视化库。

# 1.1 商业数据可视化概述

## 1.1.1 商业数据可视化的挑战及其难点

### 1．商业数据可视化的挑战

目前，大数据技术正在深刻地引领商业数据分析的变革。

企业已有的技术解决方案已经不能高效地处理日常经营中产生的大量数据。对于企业来说，尤其是互联网企业，如果无法及时分析日常经营中产生的大量数据，则其价值就会得不到有效利用，因此大数据时代对企业利用与挖掘数据的能力提出了更高的要求。

在大数据时代，企业主要面临以下 4 个技术挑战。

第一个挑战是数据量大。

数据的计量单位有 PB（1000TB）、EB（100 万 TB）或 ZB（10 亿 TB）。目前，大部分企业正面临着数据量呈现几何级增长的趋势，这就导致我们无法直接通过一些传统的软件工具进行分析（如 SPSS、R 等），实现协助企业管理者优化经营决策的目标。

第二个挑战是数据类型繁多。

数据的种类较多，主要包括日志、图片、语音和视频，这主要是新型的非结构化数据的大量产生所导致的。其中，越来越多的传感器被安装在火车、汽车和飞机上，每种传感器都增加了数据的多样性。

第三个挑战是数据价值密度低。

对于海量的结构化和非结构化数据，一条数据的价值密度相对很低。此外，随着物联网技术在各行业的应用，也会产生大量的信息，如何通过合适的算法迅速地使其产生价值，这是现阶段大部分企业面临的困境。

第四个挑战是高速性。

高速性指的是数据被创建和移动的速度。尤其是互联网企业，不仅需要了解如何快速创建数据，还必须知道如何将数据快速地清洗、分析并及时返回给用户，从而满足用户的实时性需求。

数据具有多层结构，意味着会呈现多变的形式和类型。传统业务数据随时间演变已拥有标准的格式，能够被标准的商务智能软件识别。相较于传统的业务数据，商业数据存在不规则和模糊不清的特性，造成很难甚至无法使用传统应用软件进行分析。

### 2．商业数据可视化的难点

以往的数据可视化工具通过从多个维度展现源数据，从而让用户发现有价值的信息。但是随着大数据技术的发展，新的数据可视化工具必须满足互联网时代的需求，需要具备快速采集、清洗、分析等功能，并且能进行实时在线分析，这也是目前商业数据可视化技术面临的难点。

有效的数据可视化不应该只是为管理层提供漂亮的报表，而应该通过考虑布局、迭代设计、吸引用户和了解业务需求来改善可视化视图。数据可视化需要关注以下几个方面。

① 了解业务。在开始数据分析之前应与业务人员深入沟通，了解他们希望获取什么信息。在构思不同的仪表板时，应始终考虑最终用户，如管理层、分析师、IT 人员和业务人员，希望从不同类型的可视化分析中获取什么信息，只有这样，数据的可视化才有实际价值。

② 注重个性化。应该确保仪表板向最终用户显示个性化信息，以及为最终用户提供离线访问服务，这将使可视化走得更远。仪表板需要考虑用户的实际需求，而不仅仅是强制列出所有可访问的数据。

③ 尽可能简化。数据分析师通过使用数据可视化工具，可能会制作出一些复杂的视图，但这将导致用户难以发掘其中有价值的信息。优秀的数据分析师应尽可能简化可视化视图，确保最终的仪表板，不是徒有炫酷的外表而不能满足实际需求。

④ 从用户角度出发。应该使用颜色、形状、大小和布局特性来显示可视化的设计和使用，例如，用颜色来突出希望用户关注的信息，而大小可以有效地说明数量，但过多使用可能会导致混乱，应该有选择地使用这些元素。

⑤ 选择合适的方法。面对不同的分析需求需要采用不同的可视化技巧与方法。例如，部分数据分析师建议不要使用饼图，这是因为人眼和头脑可以更容易地测量长度或位置之间的差异，而很难识别角度的差异。

### 3．数据可视化软件的特性

在大数据时代，数据可视化软件需要具备以下几点特性。

① 实时性：数据可视化软件必须能对采集的数据进行实时在线更新。

② 操作简单：数据可视化软件需要满足互联网时代信息多变的特点。

③ 更丰富的展现：数据可视化软件能够满足数据展现的多维度要求。

④ 多种数据集成：数据可视化软件能够支持数据仓库等多种数据源。

### 1.1.2　3 种商业数据可视化思维

大部分企业的日常运营往往以特定的业务平台为基础，其中，数据采集和数据分析是必备的环节。企业通过平台为目标用户群提供产品或服务。用户在使用产品或服务的过程中产生了大量的交易数据。企业根据这些数据洞察、反推用户的需求，创造出更多符合用户需求的增值产品和服务，再将其重新投入运营过程中，从而形成一个完整的业务闭环，实现企业数据驱动业务增长的目标，如图 1-1 所示。

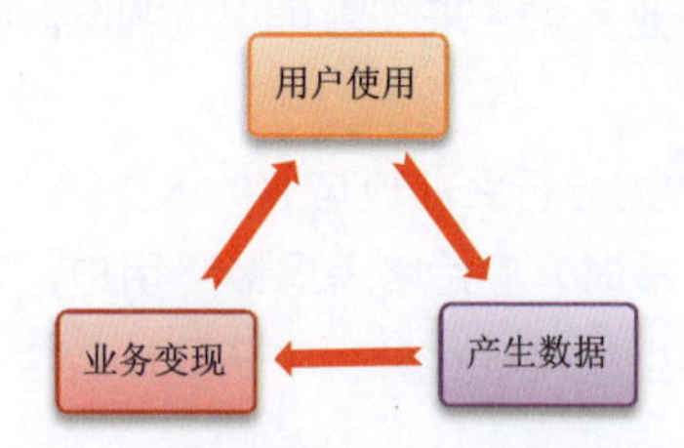


图 1-1　企业数据驱动业务增长

为什么说数据分析思维是非常重要的呢？这是由于我们在分析实际问题时，思维可能会出现缺失的现象，如图 1-2 所示的一样，往往不知道项目中遇到的问题应该从哪里下手，这就需要我们学习与提高数据分析思维。

图 1-2　分析过程的思维困境

#### 1．结构化思维：从不同维度进行分类

结构化思维可以被看作金字塔思维，把需要分析的问题按不同方向进行分类，然后不断拆分细化，从而做到全方位地思考问题。一般先把所有能想到的想法写出来，再进行整理并归纳成金字塔模型。可以通过思维导图来阐述我们的分析过程。

例如，现在有一个线下销售的产品，管理人员发现 2020 年 7 月的销售量出现大幅度下降，与 2019 年同期相比下降了 10%。首先可以观察时间趋势下的销售量波动，是突然暴跌还是逐渐下降，再按照不同区域分析地区性差异。此外，还可以从外部的角度，分析现在的市场环境怎么样。具体分析过程如图 1-3 所示。

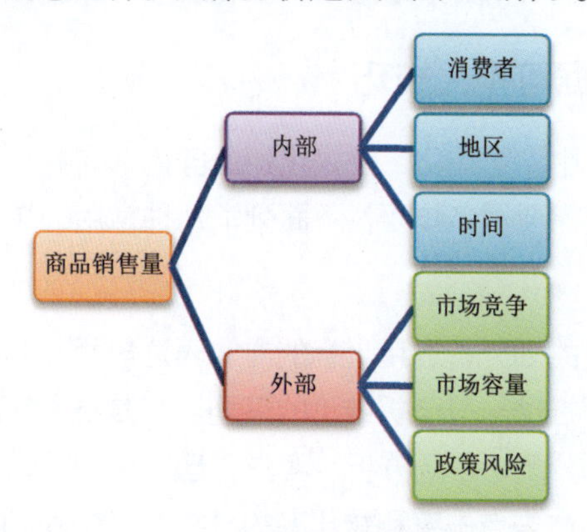


图 1-3　结构化思维

#### 2．公式化思维：对数据进行量化分析

在结构化的基础上，分析的变量往往存在一些数量关系，使其能够进行计算。公式化思维将分析过程进行量化，从而验证我们的观点是否正确。例如，企业销售数据的公式化思维如图 1-4 所示。

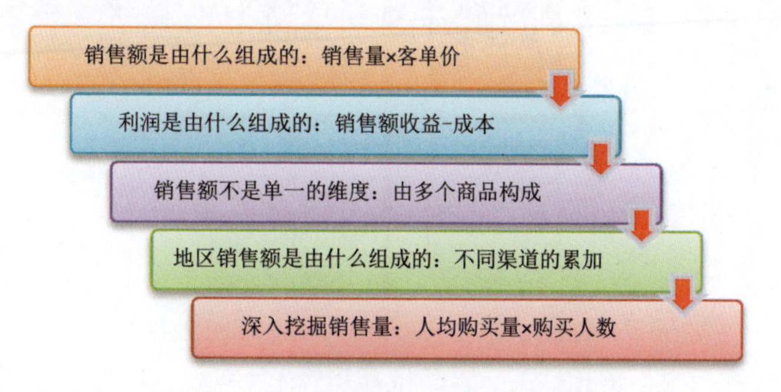


图 1-4　企业销售数据的公式化思维

#### 3．业务化思维：以理解业务为基础

业务化思维就是分析人员深入了解业务情况，结合具体业务进行分析，并且能让分析结果落地。用结构化和公式化思维得出的最终分析结果在很多时候表现的是一种现象，不能体现原因。所以需要继续用业务的思维去思考，站在业务人员的角度思考问题，深究出现这种现象的原因，从而实现通过数据推动业务增长的目标。

提升业务思维的主要途径如下所示。

- 贴近业务：多与一线的销售人员进行交流与沟通。

- 换位思考：站在业务人员和用户的角度思考问题。
- 积累经验：从成功和失败的经历中总结业务特点。

### 1.1.3 6 种商业数据可视化技巧

在商业数据可视化中，结构化、公式化和业务化 3 种核心分析思维是框架性的指引，而在实际应用中还需要很多技巧，下面列举几种常用的技巧。

#### 1．象限法：坐标化表达数据

象限法通过对维度的划分，运用坐标的方式表达出用户想要实现的价值，由价值直接转变为策略，从而推动一些分析结论的落地。它是一种策略驱动的思维，被广泛应用于战略分析、产品分析、市场分析、客户管理、用户管理和商品管理等。

例如，针对企业的广告点击率和转化率的分析，其中横轴从右到左代表点击率由高到低，纵轴从上到下代表转化率由高到低，这样形成了 4 个象限。将每次营销活动的点击率和转化率找到相应的数据标注点，然后将活动的效果归到每个象限中。4 个象限分别代表不同的营销效果。象限法如图 1-5 所示。

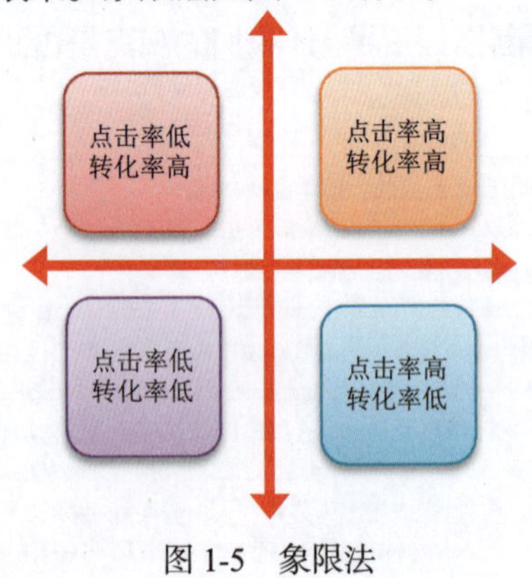


图 1-5　象限法

#### 2．多维法：多维度呈现数据

多维法是指从多个维度对分析对象进行分析，一般从 3 个维度，每个维度有不同的数据分类，这样代表总数据的立方体就被分割成一个个小立方体。落在同一个小立方体中的数据拥有同样的属性，从而可以通过对比小立方体内的数据进行分析。

数据立方体能在一个或多个维度上给立方体做索引。例如，某企业的产品销售额的数据立方体，虽然只有日期、地区和产品 3 个维度，但是根据这个立方体，已经能够解决很多管理者急需了解的问题，例如，通过切片，可以提取每个地区的销售额、每个月各类商品的销售额等。多维法如图 1-6 所示。

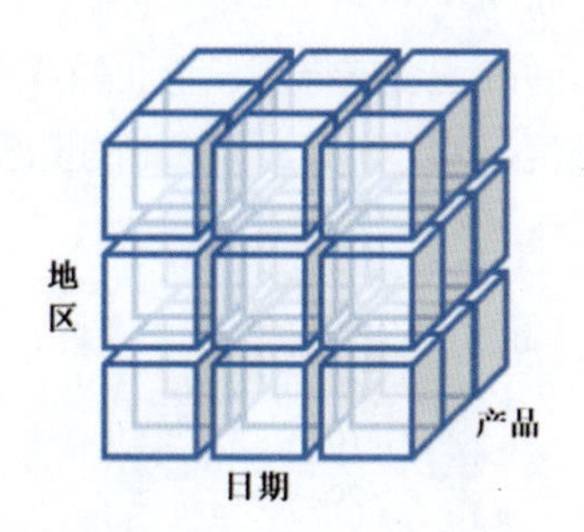


图 1-6　多维法

### 3．二八法：依据帕累托法则

二八法又名帕累托法则，它是意大利经济学家帕累托发现的。在任何一组事物中，最重要的事只占其中的一小部分，约 20%，其余约 80%尽管是多数，却是次要的。

例如，在个人财富上，可以说世界上约 20%的人掌握世界上约 80%的财富。而在数据分析中，则可以理解为约 20%的数据产生了约 80%的效果，需要围绕这约 20%的数据进行挖掘。二八法是抓重点分析方法，适用于大部分行业。分析人员利用数据找到重点，发现其特征，然后思考如何让其余的约 80%向这约 20%转化，从而提高效果。二八法如图 1-7 所示。

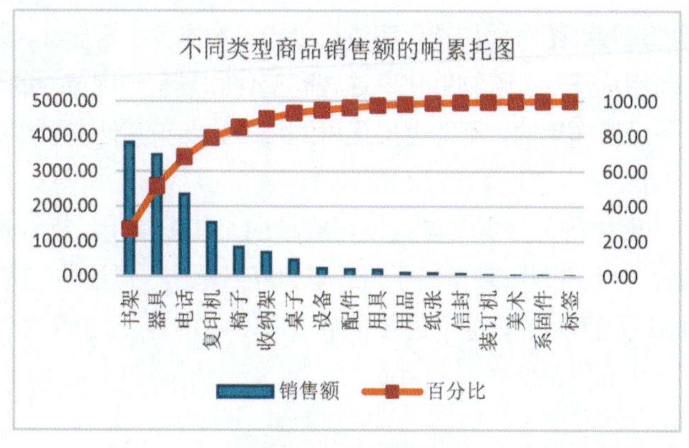


图 1-7　二八法

### 4．对比法：多角度对比分析

对比法就是用两组或两组以上的数据进行比较，常见的有基于时间维度上的同比、环比和定基比，以及与竞争对手的对比、类别之间的对比、特征和属性的对比等。对比法可以发现数据变化规律，使用非常频繁，常常与上述的技巧结合使用。

例如，由于地区之间存在空间地理位置、经济发展水平、地方金融政策、金融资源配置方式、金融市场发育程度、金融主体行为等差异，所以各地区的金融实力呈现显著差异。下面从宏观经济实力、金融业发展程度、企业融资能力、资本化程度、民间资本活跃度、金融机构实力 6 个维度，对比分析 8 个城市的地区金融竞争力，如图 1-8 所示。

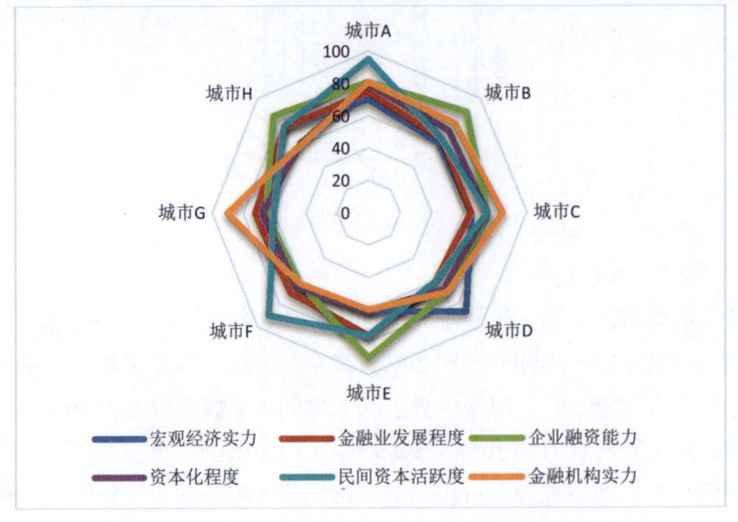


图 1-8　对比法

### 5．漏斗法：挖掘有价值的用户

漏斗法是指使用漏斗图对用户转化率进行分析，像倒金字塔形状，是一种流程化思考方式，常用于新用户开发、购物转化率这些有变化和具有一定流程的分析中。不过，单一的漏斗分析是没有作用的，不能得出正确的结果，要与其他方面相结合，如与历史数据的对比等。

漏斗分析对于用户行为分析来说是不可或缺的，其中常用的指标是转化率和流失率。例如，有 1000 个用户浏览某电商平台，有 300 人单击了“注册”按钮，其中有 100 人成功注册并购买了商品，则整个过程的转化率为 10%，流失率为 90%，如图 1-9 所示。

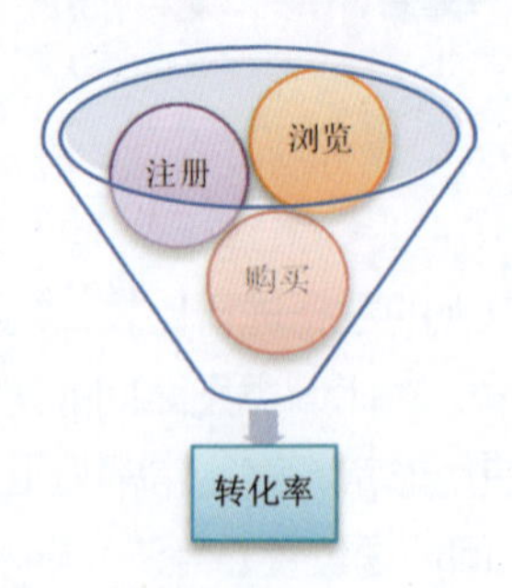


图 1-9　漏斗法

### 6．模型法：建立与应用模型

模型法是指从大量企业经营数据中挖掘出隐含的、潜在的且有价值的信息的过程，主要有数据准备、数据挖掘和模型应用几个步骤。

例如，商业选址模型是企业经营模式对场地的具体要求，同时也反映了企业经营策略、开店能力、扩张能力等。其中比较有名的就有星巴克选址策略，如图 1-10 所示。

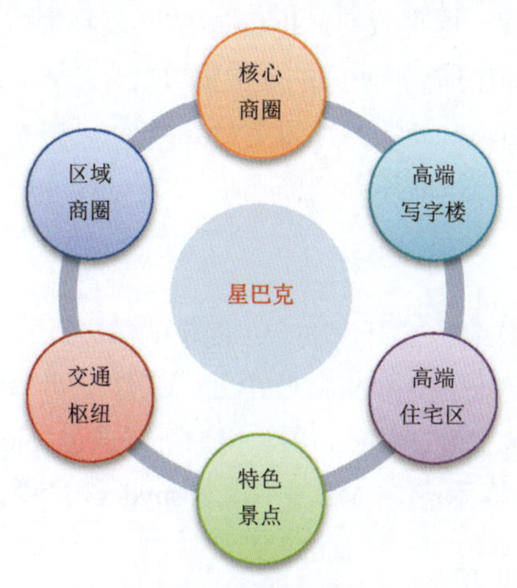


图 1-10　模型法

## 1.2　Python 可视化开发环境

目前，Python 分为 2.X 和 3.X 两个版本。Python 的 3.X 版本，是一个较大的升级，为了避免带入过多的东西，设计师在设计的时候没有考虑向下兼容。2018 年 3 月，Python 开发者宣布 Python 2.7 将于 2020 年 1 月 1 日终止支持。用户如果想要在这个日期之后继续得到与 Python 2.7 有关的支持，则需要付费给商业供应商，其他版本的发布日期和终止支持日期如表 1-1 所示。

表 1-1　Python 版本信息

| 版　本　号 | 目 前 状 态 | 发 布 日 期 | 终止支持日期 |
| --- | --- | --- | --- |
| 3.10 | features | 2021/10/4 | — |
| 3.90 | bugfix | 2020/10/5 | — |
| 3.80 | bugfix | 2019/10/14 | 2024/10/1 |
| 3.70 | bugfix | 2018/6/27 | 2023/6/27 |
| 3.60 | security | 2016/12/23 | 2021/12/23 |

续表

| 版　本　号 | 目 前 状 态 | 发 布 日 期 | 终止支持日期 |
| --- | --- | --- | --- |
| 3.50 | security | 2015/9/13 | 2020/9/13 |
| 2.70 | end-of-life | 2010/7/3 | 2020/1/1 |

工欲善其事，必先利其器，Python 的学习过程也需要使用代码开发环境，它可以帮助开发者加快开发速度，提高效率。Python 的开发环境较多，如 Spyder、Jupyter Notebook 和 JupyterLab。由于本书研究的是数据可视化技术，经常需要展示一些图表，相对而言，笔者认为 JupyterLab 工具比较适合。当然，每个人有每个人的喜好，读者可以根据个人的实际情况进行选择。

### 1.2.1　Spyder

Spyder 是 Python 的作者为它开发的一个简单的集成开发环境。与其他的开发环境相比，Spyder 最大的优点就是模仿 MATLAB 的"工作空间"的功能，使用户可以方便地观察和修改数组的值。安装 Python 后，用户可以通过 pip install spyder 命令安装 Spyder。在计算机的命令提示符（CMD）中输入 spyder3 命令，即可启动 Spyder 程序，如图 1-11 所示。

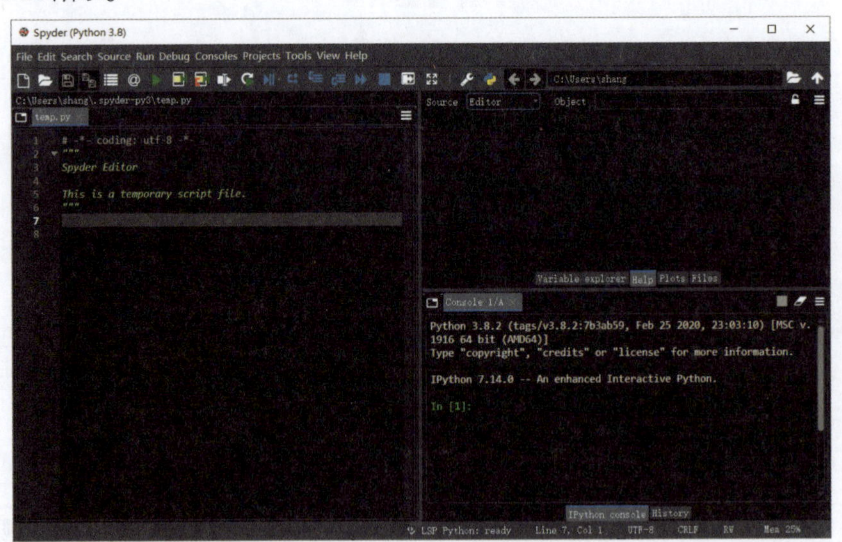


图 1-11　Spyder 启动界面

Spyder 的启动界面由"Editor""Console""Variable explorer""Help""Plots""Files"等窗格组成，用户可以根据自己的喜好调整它们的位置和大小。表 1-2 中列出了 Spyder 的主要窗格及其作用。

表 1-2 Spyder 的主要窗格及其作用

| 窗格名称 | 作用 |
|---|---|
| Editor | 编辑程序，可用标签页的形式编辑多个程序文件 |
| Console | 在其他进程中运行的 Python 控制台 |
| Variable explorer | 显示 Python 控制台中的变量列表 |
| Help | 查看对象的说明文档 |
| Plots | 图片浏览器，用于打开图片 |
| Files | 文件浏览器，用于打开程序文件或者切换当前路径 |

### 1.2.2 Jupyter Notebook

Jupyter Notebook 是一个在浏览器中使用的交互式的笔记本，可以将代码、文字完美地结合起来，其用户大多数是一些与数据科学领域相关（机器学习、数据分析等）的人员。在安装 Python 后，可以通过 pip install jupyter 命令安装 Jupyter Notebook。在计算机的命令提示符（CMD）中输入 jupyter notebook 命令，即可启动 Jupyter Notebook 程序。

在启动前这里需要先说明一个概念，即在 Jupyter Notebook 中有一个概念叫作工作空间（即工作目录），也就是你想在哪个目录中进行之后的编程工作，那就在哪个目录中启动它。程序启动后浏览器会自动打开 Jupyter Notebook 界面，如图 1-12 所示，说明 Jupyter Notebook 安装成功。

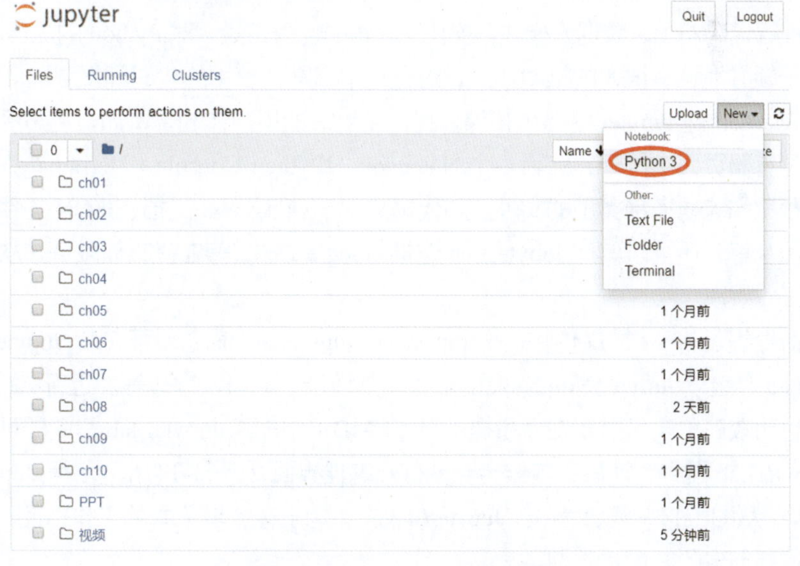


图 1-12 Jupyter Notebook 界面

想要运行 Python 代码是比较简单的，因为 Python 代码最后都是在 Cell 中编写的。首先在 Cell 中编写好 Python 代码，然后单击“运行”按钮，即可直接在下方看到结果。从运行结果可以看出，第一个 Cell 前面有“In [1]:”提示符，第二个 Cell 前面有“In [2]:”提示符，如图 1-13 所示。

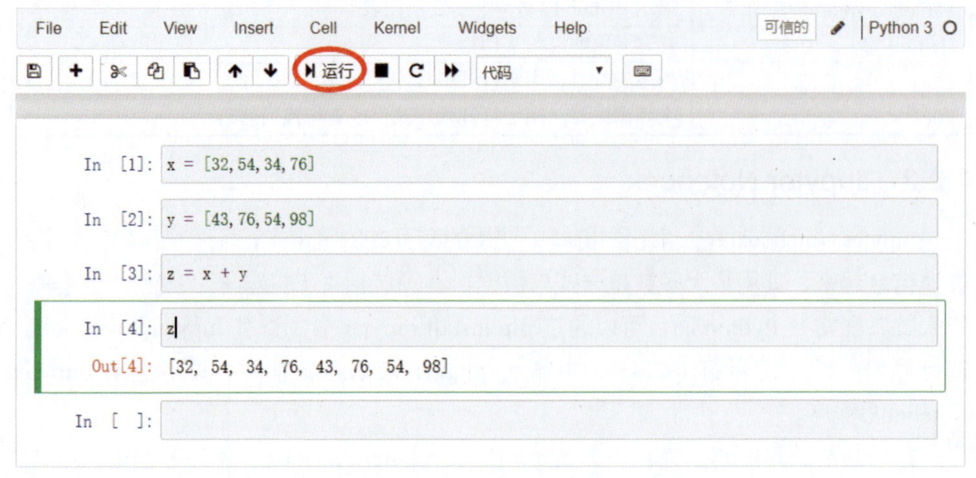


图 1-13　代码运行结果

### 1.2.3　JupyterLab

JupyterLab 源于 IPython Notebook，是使用 Python（R、Julia、Node 等其他语言的内核）进行代码演示、数据分析、可视化、教学的优秀工具，对 Python 的流行和在 AI 领域处于领导地位有很大的推动作用，这也是本书默认使用的代码开发环境。

JupyterLab 是 Jupyter 的一个拓展，提供了更好的用户体验，例如，用户可以同时在一个浏览器页面中打开并编辑多个 Notebook、IPython Console 和 terminal 终端，并且支持预览和编辑多种类型的文件，如代码文件、Markdown 文档、JSON 文件和各种格式的图片等，还可以使用 JupyterLab 连接 Google Drive 等在线存储服务，从而极大地提高工作效率。

在命令提示符（CMD）中输入 pip install jupyterlab 命令即可安装 JupyterLab。JupyterLab 会继承 Jupyter Notebook 的配置，如地址、端口、密码等。运行 JupyterLab 的方式也比较简单，只需要在命令提示符（CMD）中输入 Jupyter lab 命令即可。

JupyterLab 程序启动后浏览器会自动打开编程界面，如图 1-14 所示，说明 JupyterLab 安装成功。从图 1-14 中可以看出，JupyterLab 左边用于存放笔记本的工作路径，右边就是用户需要创建的笔记本类型。

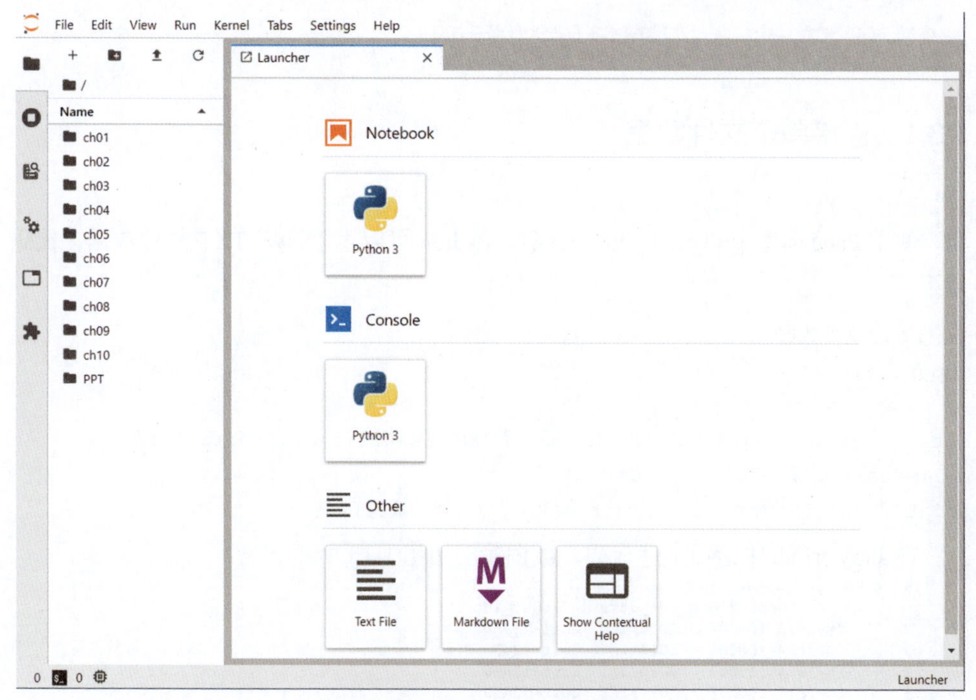


图 1-14　JupyterLab 编程界面

我们可以对 JupyterLab 的参数进行修改，如远程访问、工作路径等参数，配置文件位于 C 盘系统用户名下的 jupyter 文件夹中，文件名称为 jupyter_notebook_config.py。

如果配置文件不存在，则需要用户自行创建。在命令提示符中，输入 jupyter notebook --generate-config 命令生成配置文件，并且会显示出文件的存储路径及名称。

如果需要设置密码，则在命令提示符中输入 jupyter notebook password 命令，生成的密码存储在 jupyter_notebook_config.json 文件中。

如果需要允许远程登录，则需要在 jupyter_notebook_config.py 中找到下面的几行代码，取消注释并根据项目的实际情况进行修改，修改后的配置如下：

```
c.NotebookApp.ip = '*'
c.NotebookApp.open_browser = False
c.NotebookApp.port = 8888
```

如果需要修改 JupyterLab 的默认工作路径，则需要找到下面的代码，取消注释并根据项目的实际情况进行修改，修改后的配置如下：

```
c.NotebookApp.notebook_dir = u'D:\\Python 商业数据可视化实战'
```

上述配置参数都修改完成后，需要重新启动 JupyterLab 才能生效。

# 1.3 用 Python 连接各类数据源

## 1.3.1 连接单个文件数据

### （1）读取 TXT 文件数据

使用 Pandas 库中的 read_table()函数，Python 可以直接读取 TXT 文件数据，代码如下：

```
#连接 TXT 文件数据
import pandas as pd

data = pd.read_table('D:\Python 商业数据可视化实战\ch01\orders.txt',
delimiter=',', encoding='UTF-8')
print(data[['order_id','order_date','cust_id']])
```

在 JupyterLab 中运行上述代码，数据输出如图 1-15 所示。

```
         order_id order_date     cust_id
0      CN-2014-100007   2014/1/1  Cust-11980
1      CN-2014-100001   2014/1/1  Cust-12430
2      CN-2014-100002   2014/1/1  Cust-12430
3      CN-2014-100003   2014/1/1  Cust-12430
4      CN-2014-100004   2014/1/1  Cust-13405
...               ...        ...         ...
19485  CN-2020-101502  2020/6/30  Cust-18715
19486  CN-2020-101503  2020/6/30  Cust-18715
19487  CN-2020-101499  2020/6/30  Cust-19900
19488  CN-2020-101500  2020/6/30  Cust-19900
19489  CN-2020-101505  2020/6/30  Cust-21790

[19490 rows x 3 columns]
```

图 1-15　数据输出（1）

### （2）读取 CSV 文件数据

使用 Pandas 库中的 read_csv()函数，Python 可以直接读取 CSV 文件数据，代码如下：

```
#连接 CSV 文件数据
import pandas as pd

data = pd.read_csv('D:\Python 商业数据可视化实战\ch01\orders.csv',
delimiter=',', encoding='UTF-8')
print(data[['order_id','order_date','cust_type']])
```

在 JupyterLab 中运行上述代码，数据输出如图 1-16 所示。

```
              order_id order_date cust_type
0      CN-2014-100007   2014/1/1       消费者
1      CN-2014-100001   2014/1/1      小型企业
2      CN-2014-100002   2014/1/1      小型企业
3      CN-2014-100003   2014/1/1      小型企业
4      CN-2014-100004   2014/1/1       消费者
...               ...        ...       ...
19485  CN-2020-101502  2020/6/30        公司
19486  CN-2020-101503  2020/6/30        公司
19487  CN-2020-101499  2020/6/30       消费者
19488  CN-2020-101500  2020/6/30       消费者
19489  CN-2020-101505  2020/6/30       消费者

[19490 rows x 3 columns]
```

图 1-16　数据输出（2）

### （3）读取 Excel 文件数据

使用 Pandas 库中的 read_excel()函数，Python 可以直接读取 Excel 文件数据，代码如下：

```
#连接 Excel 文件数据
import pandas as pd

data = pd.read_excel('D:\Python 商业数据可视化实战\ch01\orders.xls',
delimiter=',', encoding='UTF-8')
print(data[['order_id','order_date','product_id']])
```

在 JupyterLab 中运行上述代码，数据输出如图 1-17 所示。

```
             order_id order_date      product_id
0      CN-2014-100007 2014-01-01 Prod-10003020
1      CN-2014-100001 2014-01-01 Prod-10003736
2      CN-2014-100002 2014-01-01 Prod-10000501
3      CN-2014-100003 2014-01-01 Prod-10002358
4      CN-2014-100004 2014-01-01 Prod-10004748
...               ...        ...           ...
19485  CN-2020-101502 2020-06-30 Prod-10002305
19486  CN-2020-101503 2020-06-30 Prod-10004471
19487  CN-2020-101499 2020-06-30 Prod-10000347
19488  CN-2020-101500 2020-06-30 Prod-10002353
19489  CN-2020-101505 2020-06-30 Prod-10004787

[19490 rows x 3 columns]
```

图 1-17　数据输出（3）

## 1.3.2　连接关系型数据库

### （1）读取 MySQL 数据

Python 可以直接读取 MySQL 数据，连接 MySQL 之前需要先安装 pymysql 库，例如，统计汇总 2020 年上半年不同类型商品的销售额和利润额，代码如下：

```
#连接 MySQL
import pandas as pd
import pymysql
```

```
#读取 MySQL 数据
conn = pymysql.connect(host='192.168.93.207',port=3306,user='root',
password='Wren_2014',db='sales'charset='utf8')
sql_num = "SELECT category,ROUND(SUM(sales/10000),2) as sales,ROUND(SUM
(profit/10000),2) as profit FROM orders where dt=2020 GROUP BY category"
data = pd.read_sql(sql_num,conn)
print(data)
```

在 JupyterLab 中运行上述代码，数据输出如图 1-18 所示。

```
  category  sales  profit
0     办公用品  79.13    5.65
1       技术  78.35    4.11
2       家具  87.51    4.54
```

图 1-18　数据输出（4）

### （2）读取 SQL Server 数据

Python 可以直接读取 SQL Server 数据，连接 SQL Server 之前需要先安装 pymssql 库，例如，查询 2020 年上半年利润额在 400 元以上的所有订单，代码如下：

```
#连接 SQL Server
import pandas as pd
import pymssql

#读取 SQL Server 数据
conn = pymssql.connect(host='192.168.93.207',user='sa',password='Wren2014',
database='sales',charset='utf8')
sql_num = "SELECT order_id,sales,profit FROM orders where dt=2020 and
profit>400"
data = pd.read_sql(sql_num,conn)
print(data)
```

在 JupyterLab 中运行上述代码，数据输出如图 1-19 所示。

```
          order_id         sales      profit
0   CN-2020-100004  10514.028320  472.329987
1   CN-2020-100085   7341.600098  479.140015
2   CN-2020-100115   6668.899902  472.640015
3   CN-2020-100113  10326.400391  408.290009
4   CN-2020-100148   5556.600098  486.059998
..             ...           ...         ...
56  CN-2020-101326  11486.160156  420.279999
57  CN-2020-101365   7188.299805  406.570007
58  CN-2020-101370   8346.744141  408.019989
59  CN-2020-101471   7982.100098  407.519989
60  CN-2020-101509   6919.080078  468.660004

[61 rows x 3 columns]
```

图 1-19　数据输出（5）

# 1.4　Python 数据可视化库简介

Python 数据可视化库较多，初学者第一次接触到的 Python 数据可视化库基本上是 Matplotlib。Python 有很多数据可视化库，主要分为探索式可视化库（如 Matplotlib、Seaborn 等）和交互式可视化库（如 Bokeh、Plotly 等），前者透过简单直接的视觉图形，更方便用户看懂原数据，后者主要用于与业务结合过程中展现总体分析结果。

## 1.4.1　探索式可视化库

探索式分析最大的优势在于，可以让业务人员在海量数据中"自由发挥"，不受数据模型的限制。通过探索式分析和可视化，业务人员可以快速发现业务中存在的问题。Python 探索式可视化库主要包括如下几个。

（1）Matplotlib

Matplotlib 是 Python 数据可视化库的元老，尽管它已有十多年的历史，但仍然是 Python 社区中使用最广泛的可视化库，它的设计与 MATLAB 非常相似。MATLAB 是 20 世纪 80 年代开发的专有编程语言。

（2）Seaborn

Seaborn 利用 Matplotlib 的强大功能，只用几行代码就能创建出漂亮的图表。它们的关键区别在于，Seaborn 的默认款式和调色板设计更加美观和现代。由于 Seaborn 是在 Matplotlib 基础上构建的，因此用户还需要了解 Matplotlib 以便调整 Seaborn 的默认值。

（3）Pyecharts

Pyecharts 是我国开发人员开发的，相比较 Matplotlib、Seaborn 等可视化库，Pyecharts 十分符合国内用户的使用习惯。Pyecharts 是一个用于生成 Echarts 图表的类库，用 Echarts 生成的图表的可视化效果非常美观。Pyecharts 的目的是实现 Echarts 与 Python 的对接，以便在 Python 中使用 Echarts 生成图表。

（4）Missingno

处理缺失的数据是一件让人痛苦的事，Missingno 通过使用视觉摘要来快速评估数据集的完整性，而不是通过大篇幅的表格。它可以根据热力图或树状图的完成度或点的相关度对数据进行过滤和排序。

## 1.4.2　交互式可视化库

数据可视化可以是静态的也可以是交互的，交互式的数据可视化是指人们使用计算机和移动设备深入图表和图形的具体细节，然后用交互的方式改变他们看到的数据。Python 交互式可视化库主要包括如下几个。

（1）Bokeh

Bokeh 基于图形语法，与 ggplot 不同，它是原生 Python 语法，而不是从 R 语言移植过来的。它的优势在于能够创建交互式的网站图，可以很容易地将数据输出为 JSON 对象、HTML 文档或交互式 Web 应用程序。Bokeh 还支持流媒体和实时数据。

（2）HoloViews

HoloViews 是一个开源的 Python 库，可以用非常少的代码行完成数据分析和可视化。除了默认的 Matplotlib 后端，它还添加了一个 Bokeh 后端。结合 Bokeh 提供的交互式小部件，可以使用 HTML5 和 WebGL 快速生成交互式视图，以及进行高维数据的可视化探索。

（3）Plotly

Plotly 是一个数据可视化的在线平台，与 Bokeh 一样，Plotly 的强项在于制作交互式视图，但它提供了一些在大多数库中没有的图表，如等高线图、树状图和 3D 图表。

（4）pygal

与 Bokeh 和 Plotly 一样，pygal 提供了可以嵌入 Web 浏览器的交互式视图。区别在于，它能够将图表输出为 SVG 格式。如果用户使用较小的数据集，则输出为 SVG 格式的图像就可以了，但是如果用户制作的图表包含数十万个数据点，那么它们就会很难被渲染并变得反应迟钝。

（5）plotnine

plotnine 是 Python 中图形语法的一种实现，它基于 ggplot2 包，语法允许用户通过将数据显式地映射到构成图的可视对象来构成图。

（6）Altair

Altair 是一个基于 Vega-lite 的声明性统计可视化库。声明意味着用户只需要提供数据列与编码通道之间的链接，例如，$x$ 轴、$y$ 轴、颜色等，其余的绘图细节它会自动处理。声明使 Altair 变得简单、友好和一致，用户使用 Altair 可以轻松设计出有效且美观的可视化代码。

（7）ggplot

ggplot 是基于 R 语言的 ggplot2 包和 Python 的绘图系统。ggplot 的运行方式与 Matplotlib 不同，它允许用户对组件进行分层以创建完整的绘图。例如，用户可以从轴开始画，然后添加点，接着添加线、趋势线等。虽然图形语法被认为是绘图的“直观”方法，但经验丰富的 Matplotlib 用户可能需要时间来适应这个新的方式。

（8）Gleam

Gleam 的灵感来自 R 语言的 Shiny 包。它允许用户仅使用 Python 脚本就可将分析结果转换为交互式 Web 应用程序，因此用户不必了解任何其他语言，如 HTML、CSS 或 JavaScript。Gleam 适用于任何 Python 数据可视化库。在创建绘图后，用户可以在它的上面添加字段，以便对数据进行筛选和排序。

## 1.5　上机实践题

练习 1：登录 Python 官方网站，下载和安装 Python 3.9.0。

练习 2：读取本地 TXT 文件格式的客户表（customers.txt）。

练习 3：读取本地 MySQL 中的客户表（customers）。

# 第 2 章

# Python 数据可视化的经典：Matplotlib

本章介绍 Matplotlib 可视化库（它是 Python 中比较基础且使用最多的可视化库），重点讲解 Matplotlib 在绘制图形时的参数配置和图形整合。

本章从企业门店经营的角度客观、公正地分析如何提升门店的销售额，并统计 2020 年上半年各门店的销售额，以及年度业绩完成情况。

# 2.1　Matplotlib 可视化库概述

## 2.1.1　Matplotlib 可视化库简介

Matplotlib 是一个比较基础的 Python 可视化库，它基于 Numpy 的数组运算功能，功能非常强大。用户通过使用 Matplotlib 可以轻松地画一些简单或复杂的图形，编写几行代码即可生成线图、直方图、功率谱密度图、条形图、错误图、散点图等。

Python 的可视化库众多，各有各的特点，但是 Matplotlib 是一个非常基础的 Python 可视化库，如果需要学习 Python 数据可视化，那么 Matplotlib 是非学不可的，之后再学习其他库就比较简单了。Matplotlib 的中文学习资料比较丰富，其中最好的学习资料是其官方网站的帮助文档，用户可以在上面查阅自己感兴趣的内容。

安装 Anaconda 后，会默认安装 Matplotlib 库。如果要单独安装 Matplotlib 库，则可以通过 pip 命令实现，命令为 pip install Matplotlib，前提是需要先安装 pip 包。

## 2.1.2　Matplotlib 参数配置

### （1）线条的设置

在 Matplotlib 中，用户可以很方便地绘制各类图形，如果不在程序中设置参数，则软件会使用默认的参数。例如，需要对输入的数据进行数据变换，并绘制曲线，具体代码如下：

```
#导入与绘图相关的模块
import matplotlib.pyplot as plt
import numpy as np

#生成数据
x = np.arange(0,20,1)
y1 = (x-9)**2 + 1
y2 = (x+5)**2 + 8

#绘制图形
plt.plot(x,y1)
plt.plot(x,y2)

#输出图形
plt.show()
```

运行上述代码，生成如图 2-1 所示的简单视图。

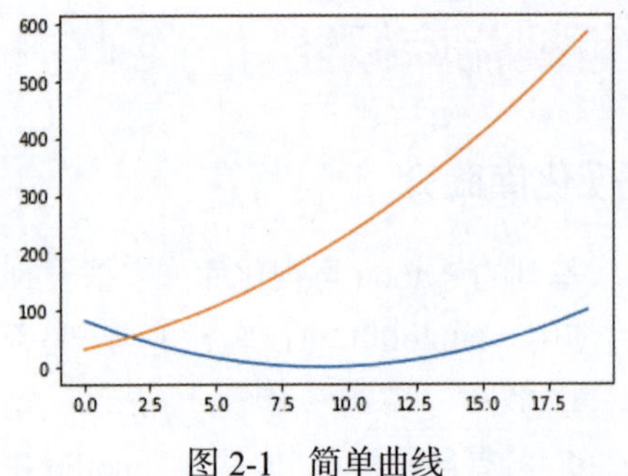

图 2-1　简单曲线

上面绘制的曲线比较简单，我们可以设置曲线的样式、颜色、线宽，还可以添加点，并设置点的样式、颜色、大小，上述案例优化后的代码如下：

```
#导入与绘图相关的模块
import matplotlib.pyplot as plt
import numpy as np

#生成数据
x = np.arange(0,20,1)
y1 = (x-9)**2 + 1
y2 = (x+5)**2 + 8

#设置曲线的样式、颜色、线宽
plt.plot(x,y1,linestyle='-.',color='red',linewidth=5.0)
#添加点，设置点的样式、颜色、大小
plt.plot(x,y2,marker='*',color='green',markersize=10)

#输出图形
plt.show()
```

运行上述代码，生成如图 2-2 所示的视图。

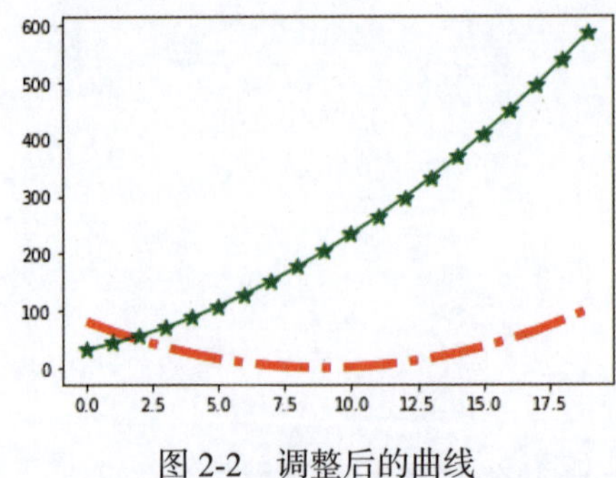

图 2-2　调整后的曲线

在 Matplotlib 中，用户可以通过设置线的颜色（color）、标记（marker）、线型（line）等参数来美化图形，其中，线的颜色（color）参数说明如表 2-1 所示。

表 2-1　线的颜色（color）参数说明

| 参　数 | 说　明 |
| --- | --- |
| 'b' | 蓝色 |
| 'g' | 绿色 |
| 'r' | 红色 |
| 'c' | 青色 |
| 'm' | 品红 |
| 'y' | 黄色 |
| 'k' | 黑色 |
| 'w' | 白色 |

在图形中，用户可以为不同的线条添加不同的标记，以显示其区别，线的标记（marker）参数说明如表 2-2 所示。

表 2-2　线的标记（marker）参数说明

| 参　数 | 说　明 |
| --- | --- |
| '.' | 点标记 |
| ',' | 像素标记 |
| 'o' | 圆圈标记 |
| 'v' | triangle_down 标记 |
| '^' | triangle_up 标记 |
| '<' | triangle_left 标记 |
| '>' | triangle_right 标记 |
| '1' | tri_down 标记 |
| '2' | tri_up 标记 |
| '3' | tri_left 标记 |
| '4' | tri_right 标记 |
| 's' | 方形标记 |
| 'p' | 五角大楼标记 |
| '*' | 星形标记 |
| 'h' | hexagon1 标记 |
| 'H' | hexagon2 标记 |
| '+' | 加号标记 |
| 'x' | x 标记 |
| 'D' | 钻石标记 |
| 'd' | thin_diamond 标记 |

续表

<table>
<tr><th>参　数</th><th>说　明</th></tr>
<tr><td>'|'</td><td>均标记</td></tr>
<tr><td>'_'</td><td>修身标记</td></tr>
</table>

此外，用户还可以通过设置各线条的类型，突出显示线之间的差异，线的线型（line）参数说明如表 2-3 所示。

表 2-3　线的线型（line）参数说明

| 参　数 | 说　明 |
|---|---|
| '-' | 实线样式 |
| '--' | 虚线样式 |
| '-.' | 破折号——点线样式 |
| ':' | 点线样式 |

### （2）坐标轴的设置

Matplotlib 坐标轴的刻度设置，可以使用 plt.xlim()和 plt.ylim()函数，参数分别是坐标轴的最小值和最大值，例如，要绘制两条曲线，*x* 轴的刻度范围为 0～20，*y* 轴的刻度范围为 0～400，具体代码如下：

```
#导入与绘图相关的模块
import matplotlib.pyplot as plt
import numpy as np

#生成数据
x = np.arange(0,20,1)
y1 = (x-9)**2 + 1
y2 = (x+5)**2 + 8

#设置线的样式、颜色、线宽
plt.plot(x,y1,linestyle='-.',color='red',linewidth=5.0)
#添加点，设置点的样式、颜色、大小
plt.plot(x,y2,marker='*',color='green',markersize=10)

#设置 x 轴的刻度范围
plt.xlim(0,20)

#设置 y 轴的刻度范围
plt.ylim(0,400)
```

```
#输出图形
plt.show()
```

运行上述代码，生成如图 2-3 所示的视图。

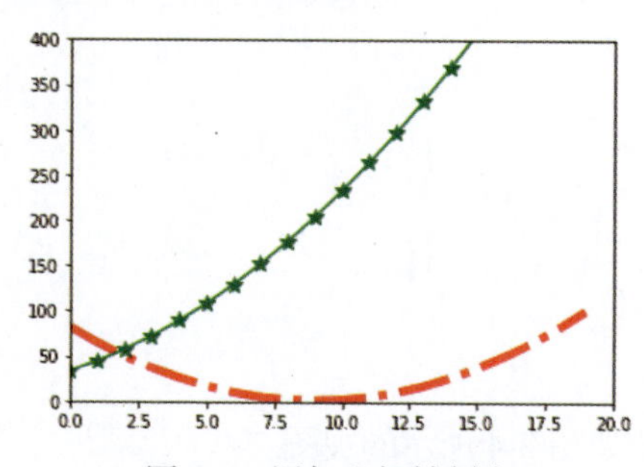


图 2-3　添加坐标轴刻度

在 Matplotlib 中，用户可以使用 plt.xlabel()函数，对坐标轴的标签进行设置，其中，参数 xlabel 和 ylabel 用于设置标签的内容、size 用于设置标签的大小、rotation 用于设置标签的旋转度、horizontalalignment 用于设置标签的左右位置（分为 center、right 和 left）、verticalalignment 用于设置标签的上下位置（分为 center、top 和 bottom）。

例如，要绘制两条曲线，*x* 轴的刻度范围为 0～20，*y* 轴的刻度范围为 0～400，并且为 *x* 轴和 *y* 轴分别添加 x 和 y 标签，以及设置标签的大小、旋转度、位置等，具体代码如下：

```
#导入与绘图相关的模块
import matplotlib.pyplot as plt
import numpy as np

#生成数据并绘图
x = np.arange(0,20,1)
y1 = (x-9)**2 + 1
y2 = (x+5)**2 + 8

#设置线的样式、颜色、线宽
plt.plot(x,y1,linestyle='-.',color='red',linewidth=5.0)
#添加点，设置点的样式、颜色、大小
plt.plot(x,y2,marker='*',color='green',markersize=10)

#给 x 轴加上标签
plt.xlabel('x',size=15)

#给 y 轴加上标签
```

```
plt.ylabel('y',size=15,rotation=90,horizontalalignment='right',
verticalalignment='center')

#设置 x 轴的刻度范围
plt.xlim(0,20)

#设置 y 轴的刻度范围
plt.ylim(0,400)

#输出图形
plt.show()
```

运行上述代码，生成如图 2-4 所示的视图。

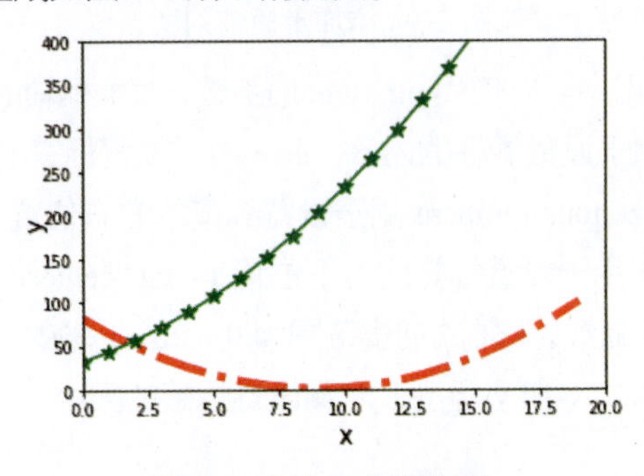


图 2-4　添加坐标轴标签

在 Matplotlib 中，可以导入 MultipleLocator 类，用于设置坐标轴刻度之间的间隔。例如，要修改上述曲线，将 *x* 轴的刻度间隔调整为 2，*y* 轴的刻度间隔调整为 40，具体代码如下：

```
#导入与绘图相关的模块
import matplotlib.pyplot as plt
import numpy as np
#从 pyplot 中导入 MultipleLocator 类，用于设置刻度间隔
from Matplotlib.pyplot import MultipleLocator

#生成数据并绘图
x = np.arange(0,20,1)
y1 = (x-9)**2 + 1
y2 = (x+5)**2 + 8

#设置线的样式、颜色、线宽
plt.plot(x,y1,linestyle='-.',color='red',linewidth=5.0)
```

```
#添加点，设置点的样式、颜色、大小
plt.plot(x,y2,marker='*',color='green',markersize=10)

#给 x 轴加上标签
plt.xlabel('x',size=15)

#给 y 轴加上标签
plt.ylabel('y',size=15,rotation=90,horizontalalignment='right',
verticalalignment='center')

#自定义坐标轴刻度
#把 x 轴的刻度间隔设置为 2，并存在变量中
x_major_locator=MultipleLocator(2)
#把 y 轴的刻度间隔设置为 40，并存在变量中
y_major_locator=MultipleLocator(40)
#ax 为两条坐标轴的实例
ax=plt.gca()
#把 x 轴的主刻度设置为 2 的倍数
ax.xaxis.set_major_locator(x_major_locator)
#把 y 轴的主刻度设置为 40 的倍数
ax.yaxis.set_major_locator(y_major_locator)
#把 x 轴的刻度范围设置为 0～20
plt.xlim(0,20)
#把 y 轴的刻度范围设置为 0～400
plt.ylim(0,400)

#输出图形
plt.show()
```

运行上述代码，生成如图 2-5 所示的视图。

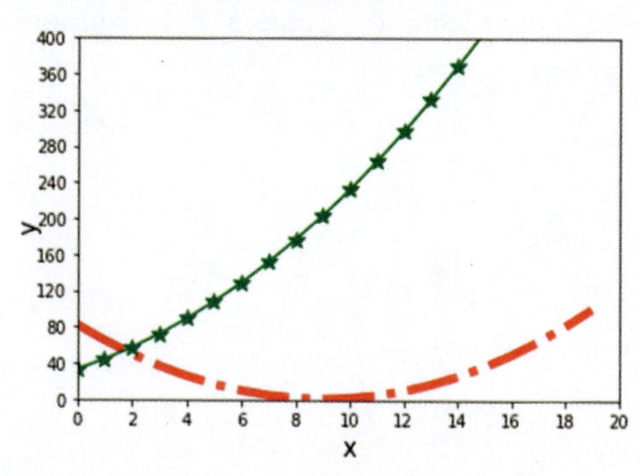


图 2-5　设置坐标轴刻度间隔

### （3）图例的设置

图例是集中于图形一角或一侧的图形上各种符号和颜色所代表的内容与指标的说明，它有助于用户更好地认识图形。

在 Matplotlib 中，图例的设置可以使用 plt.legend()函数，参数如下：

```
plt.legend(loc,fontsize,frameon,ncol,title,shadow,markerfirst,markerscale,
numpoints,fancybox,framealpha,borderpad,labelspacing,handlelength,bbox_
to_anchor,*)
```

在默认情况下，不带参数调用 legend()函数会自动获取图例句柄及相关标签，例如，上述添加坐标轴标签的案例添加 plt.legend()函数后的代码如下：

```
#导入与绘图相关的模块
import matplotlib.pyplot as plt
import numpy as np

#生成数据并绘图
x = np.arange(0,20,1)
y1 = (x-9)**2 + 1
y2 = (x+5)**2 + 8

#设置线的样式、颜色、线宽，以及图例的内容
plt.plot(x,y1,linestyle='-.',color='red',linewidth=5.0,label='convert A')
#添加点，设置点的样式、颜色、大小，以及图例的内容
plt.plot(x,y2,marker='*',color='green',markersize=10,label='convert B')

#给 x 轴加上标签
plt.xlabel('x',size=15)

#给 y 轴加上标签
plt.ylabel('y',size=15,rotation=90,horizontalalignment='right',
verticalalignment='center')

#设置 x 轴的刻度范围
plt.xlim(0,20)
#设置 y 轴的刻度范围
plt.ylim(0,400)

#设置图例
plt.legend()
```

```
#输出图形
plt.show()
```

运行上述代码，生成如图 2-6 所示的视图。

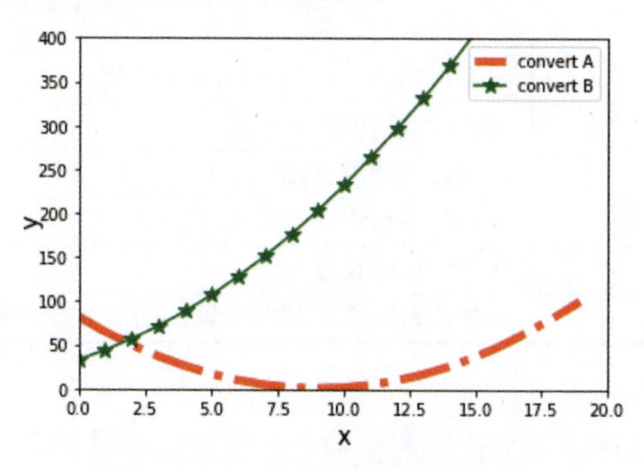


图 2-6　添加视图图例

我们还可以重新定义图例的内容、位置、字体大小等参数，例如，可以将 plt.legend() 函数修改为 plt.legend(labels=['A', 'B'],loc='upper left',fontsize=15)，运行结果如图 2-7 所示。

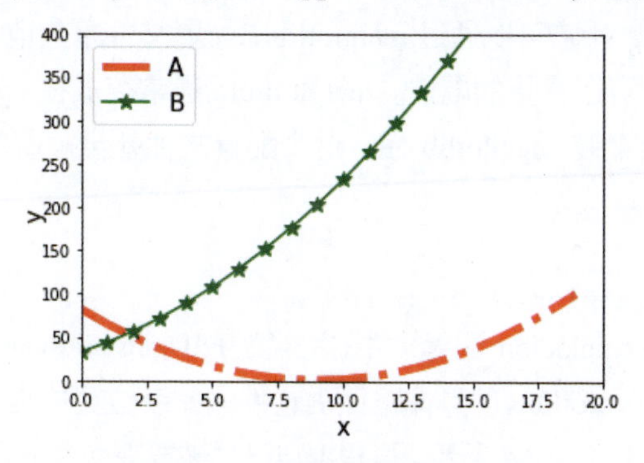


图 2-7　调整图例后的视图

Matplotlib 图例的主要参数说明如表 2-4 所示。

表 2-4　Matplotlib 图例的主要参数说明

| 参　数 | 说　明 |
| --- | --- |
| loc | 图例位置，如果使用了 bbox_to_anchor 参数，则该项无效 |
| fontsize | 设置图例字体大小 |
| frameon | 是否显示图例边框 |
| ncol | 图例的列的数量，默认值为 1 |
| title | 为图例添加标题 |
| shadow | 是否为图例边框添加阴影 |
| markerfirst | True 表示图例标签在句柄右侧，False 反之 |

续表

| 参　　数 | 说　　明 |
|---|---|
| markerscale | 图例标记为原图标记中的多少倍 |
| numpoints | 表示图例的句柄上的标记点的个数，一般设为 1 |
| fancybox | 是否将图例边框的边角设为圆形 |
| framealpha | 控制图例边框的透明度 |
| borderpad | 图例边框的内边距 |
| labelspacing | 图例中条目之间的距离 |
| handlelength | 图例句柄的长度 |
| bbox_to_anchor | 如果要自定义图例的位置，则需要设置该参数 |

#### （4）修改绘图参数文件

我们可以通过在程序中添加代码对参数进行配置，但是如果一个项目中的不同模块对于 Matplotlib 的特性参数总会设置相同的值，就没有必要在每次编写代码的时候都进行相同的配置。取而代之，应该在代码之外，使用一个永久的文件设定 Matplotlib 参数的默认值。

在 Matplotlib 中，用户可以通过 matplotlibrc 配置文件永久地修改绘图参数，该文件中包含了绝大部分可以变更的属性。matplotlibrc 通常存放在 Python 的 site-packages 目录下。不过在每次重装 Matplotlib 后，这个配置文件就会被覆盖，查看 matplotlibrc 所在目录的代码为：

```
import matplotlib
print(matplotlib.matplotlib_fname())
```

笔者计算机上的 matplotlibrc 配置文件的路径是 F:\Uninstall\Python39\Lib\site-packages\matplotlib\mpl-data\matplotlibrc，具体路径由软件的安装位置决定，用记事本程序打开 matplotlibrc 配置文件，如图 2-8 所示。再根据自己的需要来修改里面相应的属性即可。需要注意的是，在修改后记得把前面的#去掉。matplotlibrc 配置文件的配置项如表 2-5 所示。

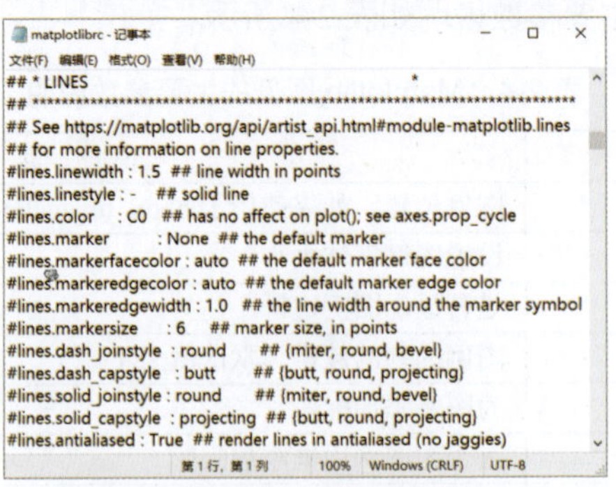


图 2-8　matplotlibrc 配置文件

表 2-5 matplotlibrc 配置文件的配置项

| 配 置 项 | 说 明 |
|---|---|
| axes | 设置坐标轴边界和颜色、坐标轴刻度值大小和网格 |
| figure | 设置边界颜色、图形大小和子区 |
| font | 设置字体集、字体大小和样式 |
| grid | 设置网格颜色和线型 |
| legend | 设置图例和其中文本的显示样式 |
| line | 设置线条和标记 |
| savefig | 可以对保存的图形进行单独设置 |
| text | 设置字体颜色、文本解析等 |
| xticks、yticks | 为 $x$、$y$ 轴的刻度设置颜色、大小、方向等 |

例如，在实际运用中，经常会碰到中文显示为“□□”的情况，那是因为没有给 Matplotlib 设置字体类型。如果不改变 matplotlibrc 配置文件，则需要在编写的代码文件中添加以下 3 行代码：

```
import matplotlib.pyplot as plt
# 用来正常显示中文标签
plt.rcParams['font.sans-serif'] = ['SimHei']
# 用来正常显示负号
plt.rcParams['axes.unicode_minus'] = False
```

如果不想每次在使用 Matplotlib 的时候写上面的代码，就需要使用修改 matplotlibrc 配置文件的方法。

### （5）绘图主要函数

Matplotlib 中的 pyplot 模块提供了一系列类似 MATLAB 的命令式函数。每个函数可以对图形对象进行改动，例如，新建一个图形对象、在图形中开辟绘图区、画一些曲线、为曲线加上标签等。在 matplotlib.pyplot 中，大部分状态是跨函数调用共享的，因此，它会跟踪当前图形对象和绘图区，绘制函数直接作用于当前绘制对象。

Matplotlib 中的 pyplot（一般简写为 plt）基础图表函数如表 2-6 所示。

表 2-6 pyplot 基础图表函数

| 函 数 | 说 明 |
|---|---|
| plt.plot() | 绘制坐标图 |
| plt.boxplot() | 绘制箱形图 |
| plt.bar() | 绘制条形图 |
| plt.barh() | 绘制水平条形图 |
| plt.polar() | 绘制极坐标图 |

续表

| 函　数 | 说　明 |
|---|---|
| plt.pie() | 绘制饼图 |
| plt.psd() | 绘制功率谱密度图 |
| plt.specgram() | 绘制谱图 |
| plt.cohere() | 绘制相关性函数 |
| plt.scatter() | 绘制散点图 |
| plt.step() | 绘制步阶图 |
| plt.hist() | 绘制直方图 |
| plt.contour() | 绘制等值图 |
| plt.vlines() | 绘制垂直图 |
| plt.stem() | 绘制柴火图 |
| plt.plot_date() | 绘制数据日期图 |
| plt.clabel() | 绘制轮廓图 |
| plt.hist2d() | 绘制 2D 直方图 |
| plt.quiverkey() | 绘制颤动图 |
| plt.stackplot() | 绘制堆积面积图 |
| plt.violinplot() | 绘制小提琴图 |

### 2.1.3 Matplotlib 图形整合

#### 1．图形整合的应用场景

图形整合是用简单有序的图形表示复杂问题的方法，它将多个图形有机地整合为一个图形，达到一目了然的效果，便于用户后续进行深入的比较分析，有效提高分析效果。

#### 2．图形整合的主要方法

Matplotlib 可以将多张图画到一个显示界面中，这里涉及将面板切分成一个个子图的用法。这是怎么做到的呢？Matplotlib 提供两种方法：直接指定划分方式和按位置进行绘图。

方法 1：subplot()函数。

subplot()函数共有 3 个参数，前面 2 个参数用于指定一个面板被分割成的行数和列数，其乘积是面板总共被划分的区域个数，编号从左向右逐行追加，最后一个参数是当前正在绘制的图形所在的区域编号，例如：

```
import matplotlib as mpl
import matplotlib.pyplot as plt
import numpy as np
```

```
t=np.arange(0.0,2.0,0.1)
s=np.sin(t*np.pi)
plt.subplot(2,2,1)    #2 行 2 列，这是第 1 个图形
plt.plot(t,s,'b*')
plt.ylabel('y1')
plt.subplot(2,2,2)    #2 行 2 列，这是第 2 个图形
plt.plot(2*t,s,'r--')
plt.ylabel('y2')
plt.subplot(2,2,3)    #2 行 2 列，这是第 3 个图形
plt.plot(3*t,s,'m--')
plt.ylabel('y3')
plt.subplot(2,2,4)    #2 行 2 列，这是第 4 个图形
plt.plot(4*t,s,'k*')
plt.ylabel('y4')
plt.show()
```

运行上述代码，生成如图 2-9 所示的整合图形。

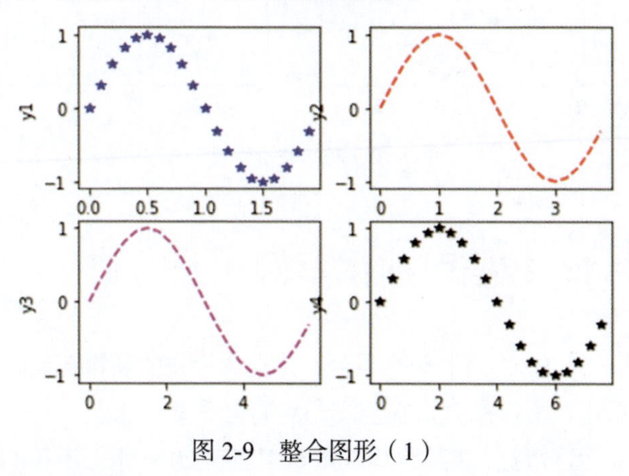


图 2-9　整合图形（1）

方法 2：subplots()函数

subplots()函数更直接，它事先把面板分割成指定的区域个数，该函数有 2 个参数，即一个画板被分割成的行数和列数，例如：

```
import matplotlib as mpl
import matplotlib.pyplot as plt
import numpy as np

t=np.arange(0.0,2.0,0.1)
s=np.sin(t*np.pi)
```

```
c=np.cos(t*np.pi)

figure,ax=plt.subplots(2,2)         #画板被分割成 2 行 2 列
ax[0][0].plot(t,s,'r*')             #第 1 个图形
ax[0][1].plot(t*2,s,'b--')          #第 2 个图形
ax[1][0].plot(t,c,'g*')             #第 3 个图形
ax[1][1].plot(t*2,c,'y--')          #第 4 个图形
```

运行上述代码，生成如图 2-10 所示的整合图形。

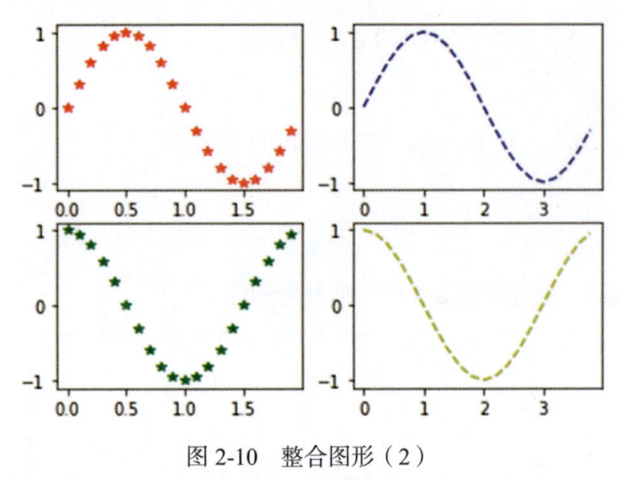


图 2-10 整合图形（2）

## 2.2 Matplotlib 数据可视化案例

电商 A 是新一代 B2C 网上购物平台，是业界领先的新零售商，现已覆盖传统家电、办公用品、日用百货等品类，在全国已经有上千家门店。

本节通过企业运营数据，对某地几家重要门店在 2020 年上半年的销售额进行比较分析，考核业绩是否达到预期，分析结果可以为门店的后续经营提供参考。

### 2.2.1 提升门店销售额

目前，门店的运营越来越不容易，对于电商 A 来说，几年的经营已经积累了海量的销售数据，以及通过前期建立的积分会员制，采集了很多会员数据，主要信息如下。

- 会员信息：客户 ID、邮箱、城市、年龄、性别、职业等。
- 交易信息：商品 ID、交易金额、交易时间、交易数量等。
- 商品信息：商品名称、热销商品、实际售价、商品类别等。

营销数据的分析是一个闭环的流程，必须协助开展相应的营销设计、营销活动执行、营销评估及优化工作，用数据洞察支撑营销，打通闭环。

通过数据分析，可以更好地维护老客户和分析门店近况，深入分析影响门店销售额的因素。门店销售量可以用以下公式来表示：

门店销售量=客流量×进店率×（成交率+回头率+分享率）

### 1．客流量

对于门店零售数据分析来说，客流量是一个最重要的基础指标，开店第一要素是地段，这里的地段就是指商圈。所谓商圈客流量，是指在门店所处商圈中来往经过的潜在客户的流量，客流量大小直接决定了进店客户的多少。

### 2．进店率

进店率是指经过门店的客户进店的比例。进店的人数越多意味着销售机会越多。进店率上下浮动范围在 2%～3%属于正常，如果达不到，则说明店铺的陈列、氛围没有吸引力，因此需要改善陈列，使用海报等增添气氛。

### 3．成交率

成交率是指进店客户达成购买事实的比例。成交率的高低取决于门店销售人员的服务态度、销售技巧和产品等，门店销售人员销售技巧高，产品对路，则成交率高。成交率在 20%～30%属于正常情况，否则需要思考是否存在货品不够丰富的问题。

### 4．回头率

回头率是指一个客户在产生一次购买行为以后，依赖并信任门店的产品及服务，不断重复购买，成为老客户的比例。老客户的开发维护需要门店销售人员充分运用销售服务技巧，例如，新品推出或有销售活动时及时通知客户，促销时老客户可以享受比较好的折扣等。

### 5．分享率

分享率是指客户通过口碑相传介绍其他客户到店并购买商品的比例。分享分为两种情况：第一种是客户主动进行，另一种是接受某种利益被动进行。一般门店为了让客户积极分享，都会采取激励措施，比如，每成功介绍一个客户，老客户可以领取礼品或优惠券等。

新老客户带来的利益适用于二八法，也就是说，老客户会带来 80%的利润，而新客户只能带来 20%的利润，而且老客户的维护成本远比新客户的开发成本来得低。通常情况下，开发一个新客户的成本相当于维护 5～8 个老客户的成本。

### 2.2.2 制作门店销售额的树状图

#### 1．树状图简介

树状图采用矩形表示层次结构的节点，父子层次关系用矩阵间的相互嵌套来表达。从根节点开始，空间根据相应的子节点数目被分为多个矩形，矩形面积大小对应节点属性。每个矩形又按照相应节点的子节点递归地进行分割，直到叶子节点为止。

树状图较紧凑，在同样大小的画布中可以比其他类型的图形展现更多信息，以及成员间的权重，但是存在不够直观、明确，不容易排布等缺点。

#### 2．应用场景

树状图适合展现具有层级关系的数据，能够直观地体现同级类型数据之间的对比关系。

#### 3．squarify 包

在 Python 中，可以借助 squarify 包来绘制树状图，即 squarify.plot()函数，下面介绍该函数的语法及其参数的含义。

函数语法：

```
squarify.plot(sizes, norm_x, norm_y, color, label, value, alpha,**kwargs)
```

squarify.plot()函数的参数说明如表 2-7 所示。

表 2-7 squarify.plot()函数的参数说明

| 参 数 | 说 明 |
|---|---|
| sizes | 指定离散变量各水平对应的数值，即反映树状图子节点的面积大小 |
| norm_x | 默认将 $x$ 轴的范围限定在 0～100 |
| norm_y | 默认将 $y$ 轴的范围限定在 0～100 |
| color | 自定义树状图子节点的填充色 |
| label | 为每个子节点指定标签 |
| value | 为每个子节点添加数值大小的标签 |
| alpha | 设置填充色的透明度 |
| **kwargs | 关键字参数，与条形图的关键字参数类似，如设置边框颜色、边框粗细等 |

#### 4．案例数据集

对于企业数据集，我们抽取了某上市电商企业 A 的客户数据、订单数据、股价数据中的部分指标，分别存储在 customers、orders 和 stocks 3 张表中，下面逐一进行说明。

（1）客户表（customers）

客户表包含客户属性的基本信息，例如，客户 ID、性别、年龄、学历、职业等 12

个字段，如表 2-8 所示。

表 2-8　客户表（customers）

| 序　　号 | 变　量　名 | 说　　明 |
| --- | --- | --- |
| 1 | cust_id | 客户 ID |
| 2 | gender | 性别 |
| 3 | age | 年龄 |
| 4 | education | 学历 |
| 5 | occupation | 职业 |
| 6 | income | 收入 |
| 7 | telephone | 手机号码 |
| 8 | marital | 婚姻状况 |
| 9 | email | 邮箱地址 |
| 10 | address | 家庭地址 |
| 11 | retire | 是否退休 |
| 12 | custcat | 客户等级 |

### （2）订单表（orders）

订单表包含客户订单的基本信息，例如，订单 ID、订单日期、门店名称、支付方式、发货日期等 25 个字段，如表 2-9 所示。

表 2-9　订单表（orders）

| 序　　号 | 变　量　名 | 说　　明 |
| --- | --- | --- |
| 1 | order_id | 订单 ID |
| 2 | order_date | 订单日期 |
| 3 | store_name | 门店名称 |
| 4 | pay_method | 支付方式 |
| 5 | deliver_date | 发货日期 |
| 6 | landed_days | 实际发货天数 |
| 7 | planned_days | 计划发货天数 |
| 8 | cust_id | 客户 ID |
| 9 | cust_name | 姓名 |
| 10 | cust_type | 类型 |
| 11 | city | 城市 |
| 12 | province | 省份 |
| 13 | region | 地区 |
| 14 | product_id | 商品 ID |
| 15 | product | 商品名称 |
| 16 | category | 类别 |

续表

| 序　　号 | 变 量 名 | 说　　明 |
|---|---|---|
| 17 | subcategory | 子类别 |
| 18 | sales | 销售额 |
| 19 | amount | 数量 |
| 20 | discount | 折扣 |
| 21 | profit | 利润额 |
| 22 | manager | 销售经理 |
| 23 | return | 是否退回 |
| 24 | satisfied | 是否满意 |
| 25 | dt | 年份 |

（3）股价表（stocks）

股价表包含 A 企业近 3 年股价的走势信息，例如，交易日期、开盘价、最高价、最低价、收盘价、成交量和成交额 7 个字段，如表 2-10 所示。

表 2-10　股价表（stocks）

| 序　　号 | 变 量 名 | 说　　明 |
|---|---|---|
| 1 | trade_date | 交易日期 |
| 2 | open | 开盘价 |
| 3 | high | 最高价 |
| 4 | low | 最低价 |
| 5 | close | 收盘价 |
| 6 | volume | 成交量 |
| 7 | amount | 成交额 |

### 5．案例代码

为了深入研究 A 企业各门店的销售额是否具有差异性，我们绘制了各门店销售额的树状图，具体代码如下：

```
import pandas as pd
import Matplotlib as mpl
import Matplotlib.pyplot as plt
mpl.rcParams['font.sans-serif']=['SimHei']          #显示中文
plt.rcParams['axes.unicode_minus']=False            #正常显示负号
import squarify
import pymysql

#连接 MySQL
conn = pymysql.connect(host='127.0.0.1',port=3306,user='root',password=
'root',db='sales',charset='utf8')
```

```
#读取订单表数据
sql = "SELECT store_name,ROUND(SUM(sales)/10000,2) as sales FROM orders
where dt=2020 GROUP BY store_name order by sales desc"
df = pd.read_sql(sql,conn)

plt.figure(figsize=(12,7))                        #设置图形大小
colors = ['DarkSlateBlue','DarkBlue','DarkCyan','DarkGreen','MidnightBlue',
'Blue','Olive','Orange','Sienna']                 #设置颜色数据
plot=squarify.plot(
    sizes=df['sales'],                            #指定绘图数据
    label=df['store_name'],                       #标签
    color=colors,                                 #自定义颜色
    alpha=0.9,                                    #指定透明度
    value=df['sales'],                            #添加数值标签
    edgecolor='white',                            #设置边框为白色
    linewidth=8                                   #设置边框宽度为 8
)

plt.rc('font',size=18)                            #设置标签字体大小
#设置标题及大小
plot.set_title('2020 年上半年 A 企业各门店销售额统计',fontdict={'fontsize':18})
plt.axis('off')                                   #去除坐标轴
plt.tick_params(top='off',right='off')            #去除上边框和右边框刻度
plt.savefig('门店销售额统计.png')
plt.show()
```

### 6．案例结论

在 JupyterLab 中运行上述代码，生成如图 2-11 所示的树状图。从图 2-11 中可以看出，A 企业在 2020 年上半年，各门店的销售额差异较大，其中临泉店的销售额最多，为 33.02 万元，其次是庐江店，销售额为 32.21 万元，最少的是杨店店，销售额为 20.2 万元。

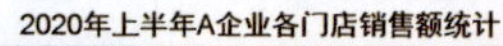

图 2-11　A 企业各门店销售额树状图

### 2.2.3 制作业绩考核的误差条形图

#### 1．误差条形图简介

误差条形图是一类特殊的条形图，由带标记的线条组成，用于显示有关图形中所显示数据的统计信息，误差条形图具有 3 个 *y* 值，即平均值、下限误差值、上限误差值。

操作者可以将统计信息手动分配给每个点，但在大多数情况下，是根据其他序列中的数据来计算的，*y* 值的顺序十分重要，因为值数组中的每个位置都表示误差条形图上的一个数值。

#### 2．应用场景

误差条形图既可以显示每个门店的销售额状况，又可以比较各门店的销售额。A 企业经过几年的努力，管理与销售额达到了一定的水平，这里使用误差条形图绘制门店的销售额与销售目标的差值。

#### 3．bar 库

下面通过 Matplotlib 绘制条形图，这里使用 plt.bar()函数，参数如下：

```
plt.bar(x, height, width=0.8, bottom=None, *, align='center', data=None,
 **kwargs)
```

plt.bar()函数的参数说明如表 2-11 所示。

表 2-11　plt.bar()函数的参数说明

| 参　　数 | 说　　明 |
|---|---|
| x | 设置横坐标 |
| height | 条形的高度 |
| width | 条形的宽度，默认值为 0.8 |
| bottom | 条形的起始位置 |
| align | 条形的中心位置 |
| color | 条形的颜色 |
| edgecolor | 边框的颜色 |
| linewidth | 边框的宽度 |
| tick_label | 下标的标签 |
| log | *y* 轴使用科学记数法表示 |
| orientation | 是竖直条还是水平条 |

#### 4．案例代码

为了深入研究 A 企业在 2020 年上半年各门店的销售额是否达标，我们绘制了各门店销售额误差条形图，具体代码如下：

```
import pandas as pd
import Matplotlib as mpl
import Matplotlib.pyplot as plt
import pymysql
mpl.rcParams['font.sans-serif']=['SimHei']      #显示中文
plt.rcParams['axes.unicode_minus']=False        #正常显示负号

#连接 MySQL
conn = pymysql.connect(host='127.0.0.1',port=3306,user='root',password=
'root',db='sales',charset='utf8')
#读取订单表数据
sql = "SELECT store_name,ROUND(SUM(sales)/10000,2) as sales, ROUND(SUM
(sales)/10000-70,2) as err FROM orders where dt=2020 GROUP BY store_name
order by err desc"
df = pd.read_sql(sql,conn)

plt.figure(figsize=(12,7))                                  #设置图形大小
colors = ['DarkSlateBlue','DarkBlue','DarkCyan','DarkGreen','MidnightBlue',
'Blue','Olive','Orange','Sienna']                           #设置颜色数据
plt.bar(df['store_name'], df['sales'], yerr=df['err'], width=0.8, align=
'center', ecolor='Maroon', alpha=0.9,color=colors, label='门店销售额');

#添加数据标签
for a,b in zip(df['store_name'],df['sales']):
   plt.text(a, b+0.05, '%.2f' % b, ha='center', va= 'bottom',fontsize=16)

plt.tick_params(labelsize=16)                    #设置坐标轴刻度值的大小及刻度值的字体
plt.rc('font',size=16)                           #设置标签字体大小

#添加坐标轴标签
plt.xlabel('门店名称',size=16)
plt.ylabel('销售额',size=16)
plt.title('2020 年上半年各门店销售额完成情况',size=16)
plt.legend(loc='upper right',fontsize=16)
plt.savefig('门店销售额考核.png')
plt.show()
```

### 5．案例结论

在 JupyterLab 中运行上述代码，生成如图 2-12 所示的各门店销售额误差条形图，从图 2-12 中可以看出，A 企业在 2020 年上半年，各门店的销售额与业绩目标 30 万元

之间的差距，其中，只有临泉店、庐江店和定远店 3 家达到了业绩目标，分别是 33.02 万元、32.21 万元和 30.81 万元，其他门店均没有达到业绩目标。

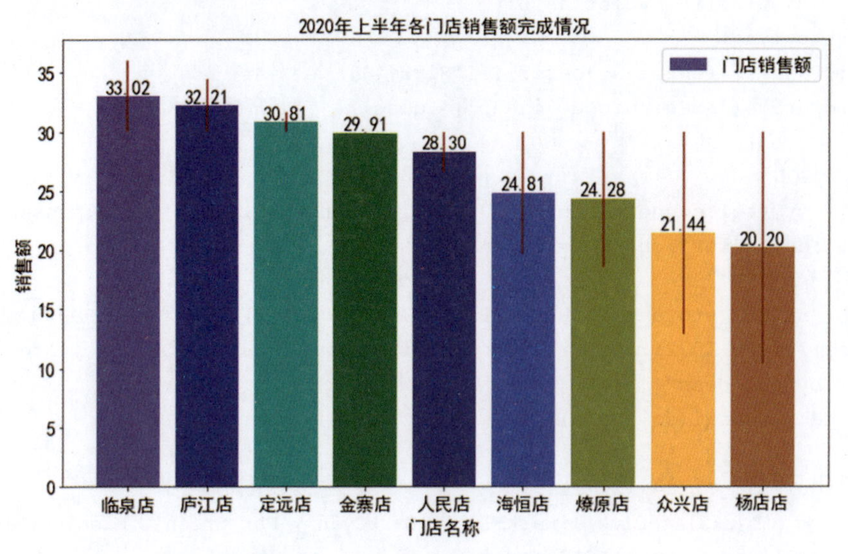


图 2-12　各门店销售额误差条形图

## 2.3　上机实践题

练习 1：通过 pip 安装最新版本的 Matplotlib 可视化库。

练习 2：使用 Matplotlib 可视化库绘制 2020 年上半年各门店销售额的饼图。

练习 3：使用 Matplotlib 可视化库绘制最近 3 年各门店销售额的堆积图。

# 第 3 章

# 基于 Matplotlib 的高级 API 封装：Seaborn

本章介绍 Seaborn 可视化库（它是基于 Matplotlib 的更高级的 API 封装，使用户绘图更加容易），重点讲解 Seaborn 在绘制图形时的风格设置和颜色设置。

本章将从销售数据的角度研究数据背后隐藏的规律，并从细分、对比和溯源 3 个角度解读企业销售数据，即先分解问题，再建立对比参照系，最后分析原因找到改进方案。

## 3.1 Seaborn 可视化库概述

### 3.1.1 Seaborn 可视化库简介

Seaborn 同 Matplotlib 一样，也是 Python 进行数据可视化分析的重要第三方包。但 Seaborn 在 Matplotlib 的基础上进行了更高级的 API 封装，使用户绘图更加容易，所绘图形更加漂亮。Seaborn 是基于 Matplotlib 的一个模块，专用于统计可视化，可以和 Pandas 进行无缝连接，使可视化的初学者更容易上手。相对于 Matplotlib，Seaborn 语法更简洁，两者的关系类似于 Numpy 和 Pandas 的关系。但是需要注意的是，应该把 Seaborn 视为 Matplotlib 的补充，而不是替代物。

安装 Anaconda 后，会默认安装 Seaborn 库，如果要单独安装 Seaborn 库，则可以通过 pip install seaborn 命令实现，前提是先安装 pip 包。

Seaborn 库旨在以数据可视化为中心来挖掘与理解数据，它提供的面向数据集制图函数主要是对行列索引和数组的操作，包含对整个数据集进行内部的语义映射与统计整合，以此生成信息丰富的图表。

众所周知，在西方国家的服务行业中，客户会给服务员一定金额的小费，这里我们使用餐饮行业的小费数据集，它包括消费总金额（totall_bill）、小费金额（tip）、客户性别（sex）、是否抽烟（smoker）、消费的周日期（day）、消费的时间段（time）和用餐人数（size）7 个字段，如表 3-1 所示。

表 3-1　餐饮行业的小费数据集

| total_bill | tip | sex | smoker | day | time | size |
|---|---|---|---|---|---|---|
| 14.83 | 3.02 | Female | No | Sun | Dinner | 2 |
| 21.58 | 3.92 | Male | No | Sun | Dinner | 2 |
| 10.33 | 1.67 | Female | No | Sun | Dinner | 3 |
| 16.29 | 3.71 | Male | No | Sun | Lunch | 3 |
| 16.97 | 3.5 | Female | No | Sun | Lunch | 3 |
| 20.65 | 3.35 | Male | No | Sat | Lunch | 3 |
| 17.92 | 4.08 | Male | No | Sat | Lunch | 2 |
| 20.29 | 2.75 | Female | No | Sat | Lunch | 2 |
| 15.77 | 2.23 | Female | No | Sat | Dinner | 2 |
| … | … | … | … | … | … | … |

下面分析不同性别的客户的小费金额与消费金额之间的关系，具体代码如下所示。从图 3-1 中可以看出，无论是客户性别还是吸烟与否，小费金额与消费金额都存在正相关的关系，即消费的金额越多，给的小费也就越多。

```
import seaborn as sns
import pandas as pd
sns.set()
tips = pd.read_csv('D:/Python 商业数据可视化实战/ch03/tips.csv',
delimiter=',', encoding='UTF-8')
sns.relplot(x="total_bill", y="tip", col="sex",hue="smoker",
style="smoker", size="size",data=tips);
```

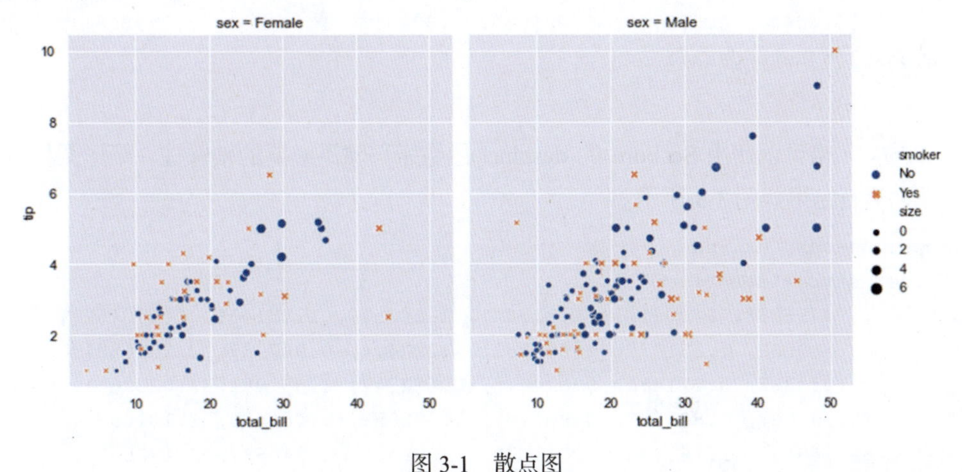


图 3-1　散点图

此外，图 3-1 说明了小费数据集中 5 个变量（totall_bill、tip、sex、size、smoker）之间的关系，totall_bill、tip 和 size 是数值变量，另外两个是类别变量。其中，total_bill 和 tip 这两个数值变量决定了坐标轴上每个点出现的位置，另外一个数值变量 size 影响点的大小；第一个类别变量 sex 将散点图分为两个子图，第二个类别变量 smoker 决定点的形状。

## 3.1.2　Seaborn 风格设置

在数据可视化的过程中，我们对图形的美观程度比较关心，因为风格设置是一些通用性的操作，对于各种绘图方法都适用。Seaborn 有 5 种风格，分别是 darkgrid、dark、whitegrid、white 和 ticks，默认的是 darkgrid，它们各自适合不同的应用和个人喜好，控制风格的函数是 set_style()，下面逐一介绍 5 种风格。

### 1．darkgrid 风格

darkgrid 风格的图形上有网格，它可以帮助用户定量地查找数据，并且灰色背景上的白色网格线可以避免网格线与数据线出现冲突，下面以绘制箱形图为例进行介绍，具体代码如下，运行结果如图 3-2 所示。

```
import seaborn as sns
sns.set_style("darkgrid")
data = [[1.716938, 0.969111, 1.313401, 1.500519, 1.591406, 0.670162],
        [0.288208, 1.031337, 2.683332, 2.227474, 0.947037, 2.257658],
        [1.023312, 0.111484, 0.624475, 0.682342, 1.551981, 2.029264],
        [0.701567, 0.807321, 0.866991, 1.592059, 1.461618, 2.131652],
        [1.766493, 1.469235, 1.045779, 1.899585, 2.344627, 2.173643],
        [0.110403, 0.523769, 0.985059, 1.524016, 1.635007, 2.279868]]
sns.boxplot(data=data);
```

### 2. dark 风格

dark 风格可以使用 Seaborn 的 despine()函数来移除不必要的轴脊柱，箱形图代码如下，运行结果如图 3-3 所示。

```
import seaborn as sns
sns.set_style("dark")
data = [[1.716938, 0.969111, 1.313401, 1.500519, 1.591406, 0.670162],
        [0.288208, 1.031337, 2.683332, 2.227474, 0.947037, 2.257658],
        [1.023312, 0.111484, 0.624475, 0.682342, 1.551981, 2.029264],
        [0.701567, 0.807321, 0.866991, 1.592059, 1.461618, 2.131652],
        [1.766493, 1.469235, 1.045779, 1.899585, 2.344627, 2.173643],
        [0.110403, 0.523769, 0.985059, 1.524016, 1.635007, 2.279868]]
sns.boxplot(data=data)
sns.despine();
```

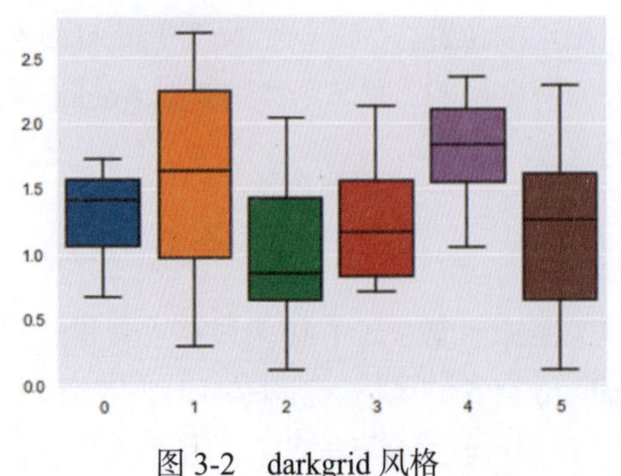


图 3-2　darkgrid 风格

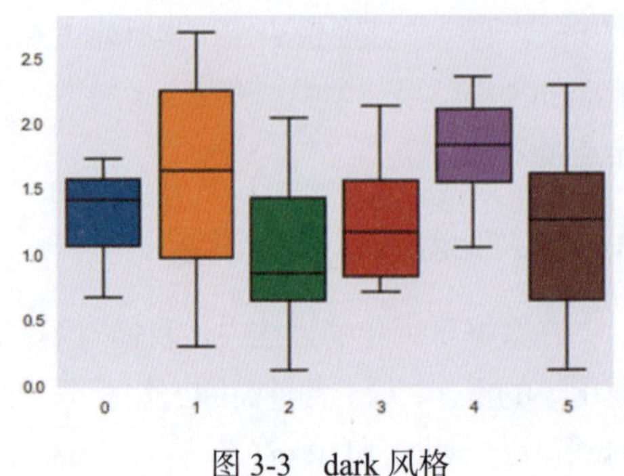


图 3-3　dark 风格

### 3. whitegrid 风格

whitegrid 风格使用 Seaborn 的 despine()函数，默认删除上方和右方的边框，箱形图代码如下，运行结果如图 3-4 所示。

```
import seaborn as sns
sns.set_style("whitegrid")
```

```
data = [[1.716938, 0.969111, 1.313401, 1.500519, 1.591406, 0.670162],
        [0.288208, 1.031337, 2.683332, 2.227474, 0.947037, 2.257658],
        [1.023312, 0.111484, 0.624475, 0.682342, 1.551981, 2.029264],
        [0.701567, 0.807321, 0.866991, 1.592059, 1.461618, 2.131652],
        [1.766493, 1.469235, 1.045779, 1.899585, 2.344627, 2.173643],
        [0.110403, 0.523769, 0.985059, 1.524016, 1.635007, 2.279868]]
sns.boxplot(data=data)
sns.despine();                          #默认删除上方和右方的边框
```

### 4. white 风格

white 风格使用 despine()函数控制哪个脊柱被删除，例如，despine(left=True)表示删除左方的脊柱，箱形图代码如下，运行结果如图 3-5 所示。

```
import seaborn as sns
sns.set_style("white")
data = [[1.716938, 0.969111, 1.313401, 1.500519, 1.591406, 0.670162],
        [0.288208, 1.031337, 2.683332, 2.227474, 0.947037, 2.257658],
        [1.023312, 0.111484, 0.624475, 0.682342, 1.551981, 2.029264],
        [0.701567, 0.807321, 0.866991, 1.592059, 1.461618, 2.131652],
        [1.766493, 1.469235, 1.045779, 1.899585, 2.344627, 2.173643],
        [0.110403, 0.523769, 0.985059, 1.524016, 1.635007, 2.279868]]
sns.boxplot(data=data)
sns.despine(left=True);                 #默认删除上方和右方的边框，以及删除左方的脊柱
```

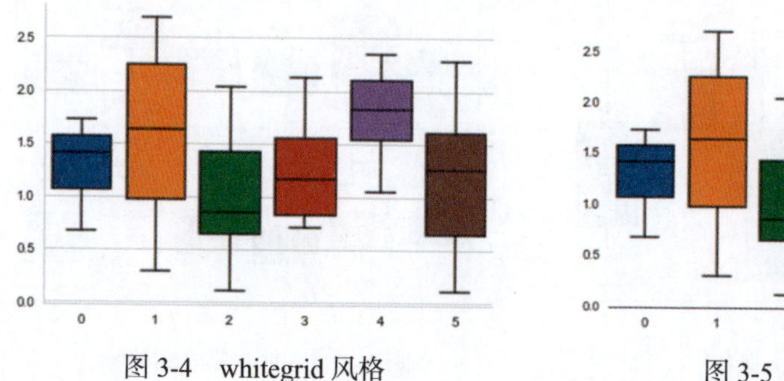


图 3-4　whitegrid 风格　　　　图 3-5　white 风格

### 5. ticks 风格

ticks 风格可以在 $y$ 轴上添加数值刻度，箱形图代码如下，运行结果如图 3-6 所示。

```
import seaborn as sns
sns.set_style("ticks")
data = [[1.716938, 0.969111, 1.313401, 1.500519, 1.591406, 0.670162],
        [0.288208, 1.031337, 2.683332, 2.227474, 0.947037, 2.257658],
        [1.023312, 0.111484, 0.624475, 0.682342, 1.551981, 2.029264],
```

```
        [0.701567, 0.807321, 0.866991, 1.592059, 1.461618, 2.131652],
        [1.766493, 1.469235, 1.045779, 1.899585, 2.344627, 2.173643],
        [0.110403, 0.523769, 0.985059, 1.524016, 1.635007, 2.279868]]
sns.boxplot(data=data)
sns.despine(left=True);    #默认删除上方和右方的边框，以及删除左方的脊柱
```

在绘图的过程中，虽然来回切换风格很容易，但是我们还可以在一个 with 语句中使用 axes_style()函数来临时设置绘图风格，使绘图变得更容易。绘制复合箱形图的代码如下，运行结果如图 3-7 所示。

```
import seaborn as sns
data = [[1.716938, 0.969111, 1.313401, 1.500519, 1.591406, 0.670162],
        [0.288208, 1.031337, 2.683332, 2.227474, 0.947037, 2.257658],
        [1.023312, 0.111484, 0.624475, 0.682342, 1.551981, 2.029264],
        [0.701567, 0.807321, 0.866991, 1.592059, 1.461618, 2.131652],
        [1.766493, 1.469235, 1.045779, 1.899585, 2.344627, 2.173643],
        [0.110403, 0.523769, 0.985059, 1.524016, 1.635007, 2.279868]]
with sns.axes_style("ticks"):
    plt.subplot(211)
    sns.boxplot(data=data)
sns.set_style("dark")
plt.subplot(212)
sns.boxplot(data=data);
```

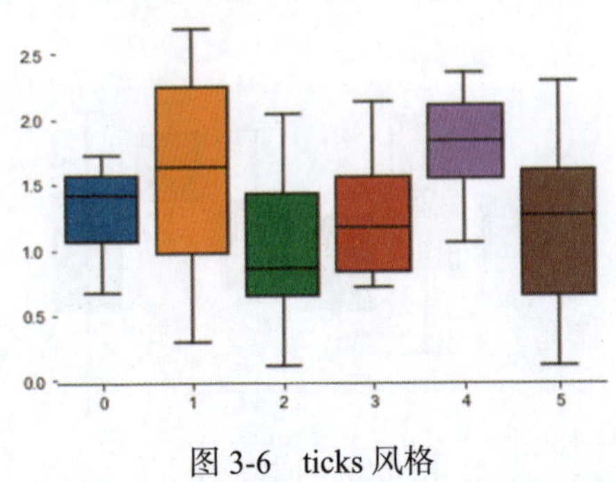


图 3-6　ticks 风格

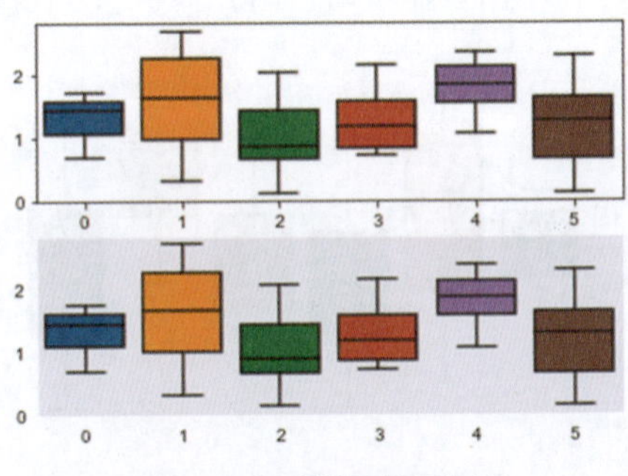


图 3-7　临时设置绘图风格

此外，如果需要定制化 Seaborn 风格，则可以将一个字典参数传递给 axes_style()和 set_style()函数的参数 rc，从而覆盖风格定义中的部分参数。我们还可以调用 axes_style()函数，查看函数中的具体参数。

```
sns.axes_style()
```

将会返回下面的设置信息：

```
{'axes.facecolor': '#EAEAF2',
 'axes.edgecolor': 'white',
```

```
'axes.grid': True,
'axes.axisbelow': True,
'axes.labelcolor': '.15',
'figure.facecolor': 'white',
'grid.color': 'white',
'grid.linestyle': '-',
'text.color': '.15',
'xtick.color': '.15',
'ytick.color': '.15',
'xtick.direction': 'out',
'ytick.direction': 'out',
'lines.solid_capstyle': 'round',
'patch.edgecolor': 'w',
'image.cmap': 'rocket',
'font.family': ['sans-serif'],
'font.sans-serif': ['Arial',
'DejaVu Sans',
'Liberation Sans',
'Bitstream Vera Sans',
'sans-serif'],
'patch.force_edgecolor': True,
'xtick.bottom': False,
'xtick.top': False,
'ytick.left': False,
'ytick.right': False,
'axes.spines.left': True,
'axes.spines.bottom': True,
'axes.spines.right': True,
'axes.spines.top': True}
```

我们可以自行设置这些参数，例如，对axes.facecolor进行背景颜色设置，箱形图代码如下，运行结果如图3-8所示。

```
import seaborn as sns
sns.set_style("white", {"axes.facecolor": '#FFFAFA'})
data = [[1.716938, 0.969111, 1.313401, 1.500519, 1.591406, 0.670162],
       [0.288208, 1.031337, 2.683332, 2.227474, 0.947037, 2.257658],
       [1.023312, 0.111484, 0.624475, 0.682342, 1.551981, 2.029264],
       [0.701567, 0.807321, 0.866991, 1.592059, 1.461618, 2.131652],
       [1.766493, 1.469235, 1.045779, 1.899585, 2.344627, 2.173643],
       [0.110403, 0.523769, 0.985059, 1.524016, 1.635007, 2.279868]]
sns.boxplot(data=data);
```

此外，Seaborn 可以通过参数控制绘图元素的比例，有 4 个预置的参数，按顺序从小到大排列分别为 paper、notebook、talk 和 poster，默认为 notebook。例如，通过 set_context() 函数缩放坐标轴刻度字体的大小，箱形图代码如下，运行结果如图 3-9 所示。

```
import seaborn as sns
sns.set_style("white", {"axes.facecolor": '#FFFAFA'})
sns.set_context("notebook", font_scale=1.5, rc={"lines.linewidth": 1.5})
data = [[1.716938, 0.969111, 1.313401, 1.500519, 1.591406, 0.670162],
        [0.288208, 1.031337, 2.683332, 2.227474, 0.947037, 2.257658],
        [1.023312, 0.111484, 0.624475, 0.682342, 1.551981, 2.029264],
        [0.701567, 0.807321, 0.866991, 1.592059, 1.461618, 2.131652],
        [1.766493, 1.469235, 1.045779, 1.899585, 2.344627, 2.173643],
        [0.110403, 0.523769, 0.985059, 1.524016, 1.635007, 2.279868]]
sns.boxplot(data=data);
```

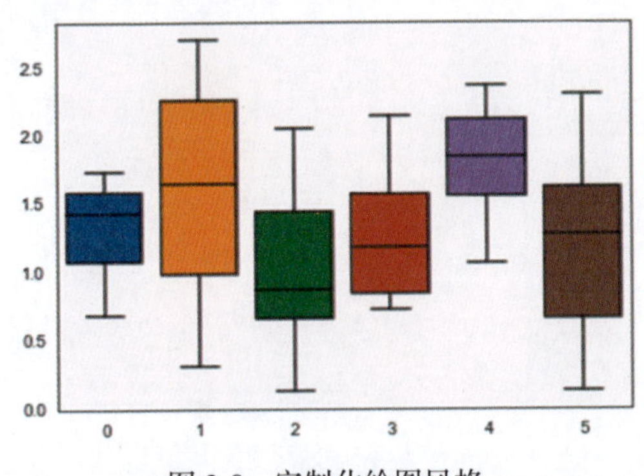


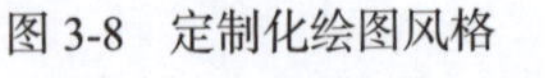
图 3-8 定制化绘图风格

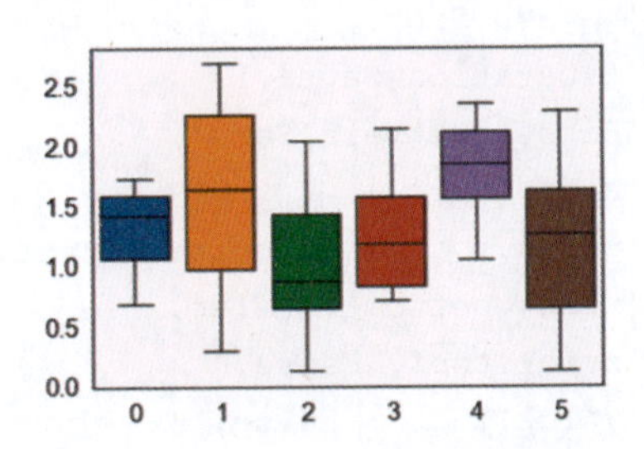


图 3-9 缩放坐标轴刻度字体的大小

## 3.1.3 Seaborn 颜色设置

在使用 Seaborn 库进行可视化分析的过程中，用户可以针对数据类型自定义合适的颜色，从而可以避免进行大量的可视化颜色的调整工作。对于外观颜色设置而言，最重要的函数是 color_palette()，该函数拥有许多方法，可以很方便地生成各种颜色，并且可以被相关函数调用。

color_palette()函数可以接受任何 Seaborn 或 Matplotlib 颜色表中的颜色，该函数的返回值是一个由 RGB 元组组成的列表，无参数调用 color_palette()函数则会返回当前默认的颜色列表，如图 3-10 所示。

```
import seaborn as sns
sns.color_palette()
```

在 Seaborn 中，通常有 3 种通用的颜色调色板可以使用，分别是分类调色板

（qualitative）、连续调色板（sequential）和离散调色板（diverging）。

```
[(0.12156862745098039, 0.4666666666666667, 0.7058823529411765),
 (1.0, 0.4980392156862745, 0.054901960784313725),
 (0.17254901960784313, 0.6274509803921569, 0.17254901960784313),
 (0.8392156862745098, 0.15294117647058825, 0.1568627450980392),
 (0.5803921568627451, 0.403921568627451, 0.7411764705882353),
 (0.5490196078431373, 0.33725490196078434, 0.29411764705882354),
 (0.8901960784313725, 0.4666666666666667, 0.7607843137254902),
 (0.4980392156862745, 0.4980392156862745, 0.4980392156862745),
 (0.7372549019607844, 0.7411764705882353, 0.13333333333333333),
 (0.09019607843137255, 0.7450980392156863, 0.8117647058823529)]
```

图 3-10　颜色列表

### 1．分类调色板（qualitative）

qualitative 又被称为分类调色板，因为它对于分类数据的显示很有帮助。当用户想要区别“不连续的且内在没有顺序关系的”数据时，这种方式是最适合的。

当导入 Seaborn 时，默认的色彩序列（即色环）被改变成一组包含 10 种颜色的调色板，为了让绘图变得更美观，qualitative 使用了标准的 Matplotlib 色环，如图 3-11 所示。

```
import seaborn as sns
current_palette = sns.color_palette()
sns.palplot(current_palette)
```

图 3-11　标准的 Matplotlib 色环

在 Seaborn 中，有 6 种颜色主题，分别是 deep、muted、pastel、bright、dark 和 colorblind，如图 3-12 所示。

```
import seaborn as sns
themes = ['deep', 'muted', 'pastel', 'bright', 'dark', 'colorblind']
for theme in themes:
    current_palette = sns.color_palette(theme)
    sns.palplot(current_palette)
```

图 3-12　颜色主题

如果要选择特定的颜色主题，则可以直接传入对应的参数，如图 3-13 所示。

```
import seaborn as sns
current_palette = sns.color_palette("dark")
sns.palplot(current_palette)
```

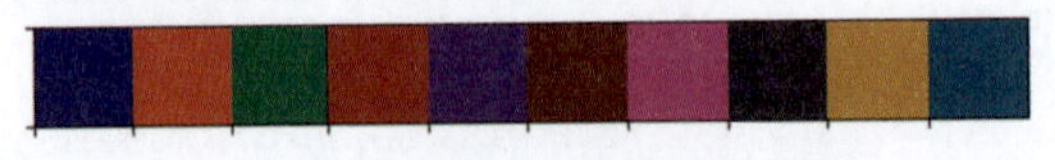

图 3-13　选择特定的颜色主题

主题默认的是 10 种颜色，但是在实际数据可视化工作中，我们的数据通常不是 10 种类型，最简单的方法就是在一个颜色空间内使用均匀分布的颜色，常用的是 hls 颜色空间，它是一种简单的 RGB 值的转换，如图 3-14 所示。

```
import seaborn as sns
sns.palplot(sns.color_palette("hls", 10))
```

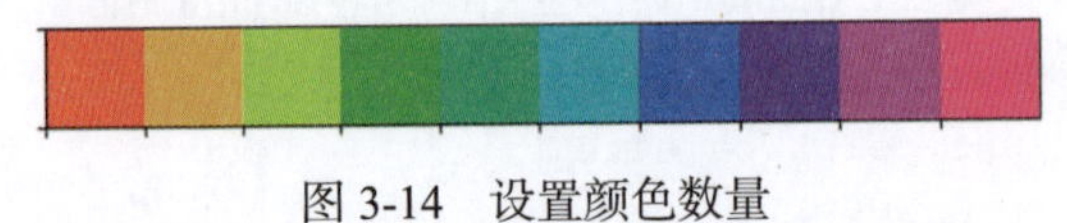

图 3-14　设置颜色数量

除此之外，Seaborn 还有一个 hls_palette()函数，它可以控制 hls 颜色空间的亮度（Lightness）和饱和度（Saturation），如图 3-15 所示。

```
import seaborn as sns
sns.palplot(sns.hls_palette(10, l=.4, s=.7))
```

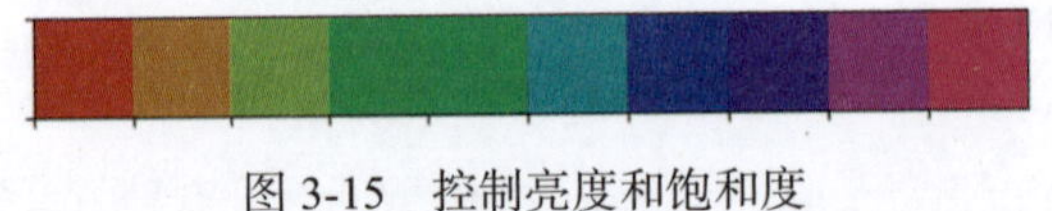

图 3-15　控制亮度和饱和度

### 2．连续调色板（sequential）

连续调色板，对于连续型的数据非常适合，这是由于它具有在色调上有相对细微的变化，同时在亮度和饱和度上有较大变化的特点，如图 3-16 所示。

```
import seaborn as sns
sns.palplot(sns.color_palette("Blues",10))
```

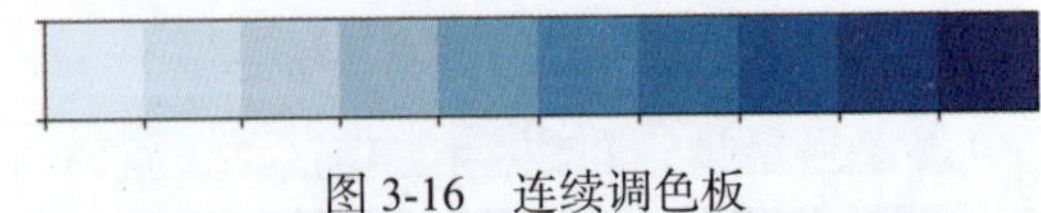

图 3-16　连续调色板

如果需要翻转颜色，与 Matplotlib 类似，可以在面板名称中添加一个_r 后缀，如图 3-17 所示。

```
import seaborn as sns
```

```
sns.palplot(sns.color_palette("BuGn_r",10))
```

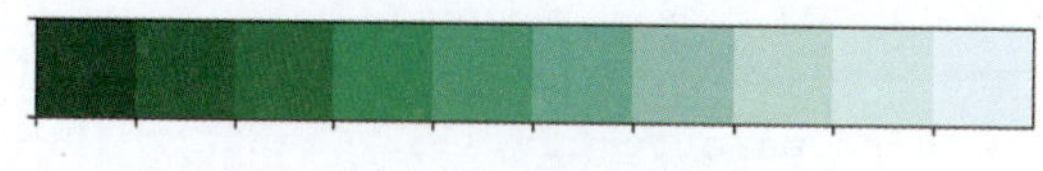

图 3-17　翻转颜色

Seaborn 还增加了一个允许创建没有动态范围的暗处理面板，这种暗处理的颜色，需要在面板名称中添加一个_d 后缀，如图 3-18 所示。

```
import seaborn as sns
sns.palplot(sns.color_palette("GnBu_d",10))
```

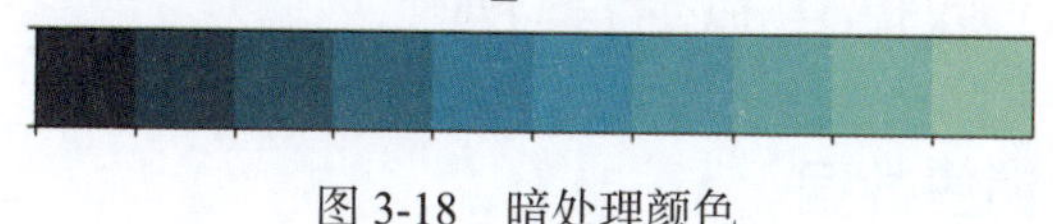

图 3-18　暗处理颜色

### 3．离散调色板（diverging）

离散调色板适用于波动性较大的数据，并有一个意义明确的中点（例如，想要从某个基线时间点绘制温度变化），如图 3-19 所示。

```
import seaborn as sns
sns.palplot(sns.color_palette("BrBG", 10))
```

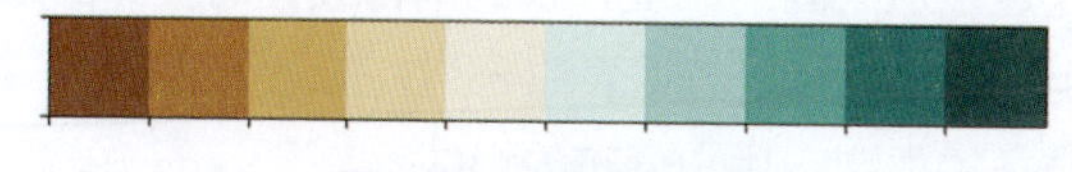

图 3-19　离散调色板

此外，可以使用 diverging_palette()函数为离散的数据创建一个定制的颜色映射，该函数使用 husl 颜色空间的离散调色板，如图 3-20 所示。如果需要传递两种色调，则可以选择性地设定亮度和饱和度。

```
import seaborn as sns
sns.palplot(sns.diverging_palette(145, 280, s=85, l=25, n=10))
```

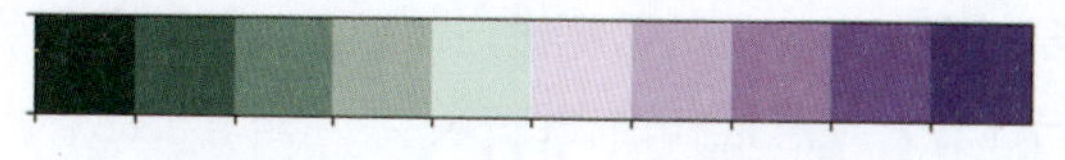

图 3-20　husl 颜色空间的离散色板

可以使用 sep 参数控制面板中间区域渐变的宽度，如图 3-21 所示。

```
import seaborn as sns
sns.palplot(sns.diverging_palette(10, 220, sep=80, n=10))
```

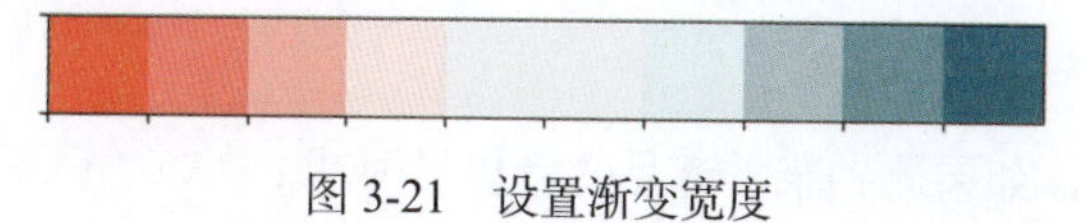

图 3-21　设置渐变宽度

还可以使用 center 参数设置面板中间区域的色调，而不用亮度，如图 3-22 所示。

```
import seaborn as sns
sns.palplot(sns.diverging_palette(255, 133, l=60, n=10, center="dark"))
```

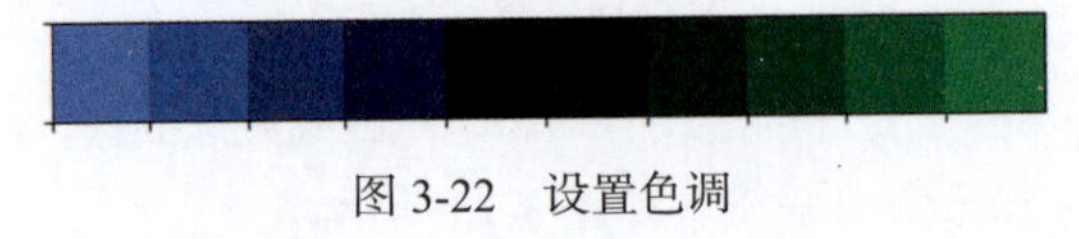

图 3-22　设置色调

## 3.2　Seaborn 数据可视化案例

### 3.2.1　解读企业销售数据

如何正确分析企业销售数据背后隐藏的规律呢？我们需要使用数据分析框架来解读数据。数据分析有经典的 6 字策略：细分、对比、溯源。具体来说就是，先分解问题，再建立对比参照系，最后分析原因找到改进方案。

#### 1. 细分

所谓细分，就是通过从不同的维度，找到销售额等的影响因素。细分体现在增加维度和降低颗粒度上。一个维度是数据表的一列，在通常情况下，维度是指定性数据，例如，产品提供的服务的类型、用户分布的地域等。

在分析数据时，增加分析的维度，改变看待问题的视角，能够在更细分的级别上分析数据，洞察更多的内容，增加数据分析的深度。例如，关于新用户的留存率，通过增加客户来源的维度，可以监控各个来源的新用户的留存率，把有限的经费使用到真正可以带来有效转化的地方。

#### 2. 对比

细分之后，需要对同一维度上的数据进行比较，找到薄弱环节，主要通过建立比较参照系的方式进行比较，注意谁和谁在比较、弄清楚怎么比、比完后要做什么。

数据仅存储不利用，是没有意义的，只有对其进行比较，才能体现出数据分析的价值。无对比，不分析，对比在数据分析中的地位，不言而喻。数据没有可对比性，就无法进行分析，在对比分析时，要记住 3 个“要”：对比要可比、差异要显著、描述要全面。

#### 3. 溯源

在一般情况下，如果遇到某类商品的销售量很差，有效的分析方法，不是拍脑袋猜测，而是把所有可能涉及的问题都追溯一遍，从而找到问题的源头。

溯源，就是到细节数据中查看原始数据，反思客户的行为。在进行数据分析时，一定要明白分析的数据是二手的，还是一手的。一手数据是最原始的数据，包含的内容最丰富，但数据可能不规范；二手数据是经过处理的，甚至是分析之后的数据，这些数据可能是片面的、阉割的、面向特定主题的。

## 3.2.2　制作销售数据的密度直方图

### 1．密度直方图简介

密度直方图是直方图与核密度估计的组合图形。在 Seaborn 中，密度直方图 distplot()函数集合了 Matplotlib 直方图 hist()函数与核密度估计 kdeplot()函数的功能。

直方图是表示资料变化情况的一种主要工具。用直方图可以解析资料的规则性，比较直观地看出产品质量特性的分布状态，对于资料分布状况表现得一目了然，便于用户判断其总体质量分布情况。直方图表示通过沿着数据范围形成分箱，然后绘制条形以显示落入每个分箱的观测次数的数据分布。

### 2．应用场景

核密度估计是在概率论中用来估计未知的密度函数，属于非参数检验方法的一种。由于核密度估计不利用有关数据分布的先验知识，对数据分布不附加任何假定，是一种从数据样本本身出发研究数据分布特征的方法，因而，在统计学理论和应用领域均受到高度的重视。

### 3．kdeplot()函数

核密度估计 kdeplot()函数的具体用法如下：

```
seaborn.kdeplot(data, data2=None, shade=False, vertical=False,
kernel='gau', bw='scott', gridsize=100, cut=3, clip=None, legend=True,
cumulative=False, shade_lowest=True, cbar=False, cbar_ax=None,
cbar_kws=None, ax=None, **kwargs)
```

核密度估计 kdeplot()函数参数说明如表 3-2 所示。

表 3-2　核密度估计 kdeplot()函数参数说明

| 参　数 | 说　明 |
| --- | --- |
| data | 输入数据 |
| data2 | 第二个输入数据。如果存在，则将估计双变量 KDE 图 |
| shade | 如果值为 True，则在双变量 KDE 图下方的区域中增加阴影 |
| vertical | 如果值为 True，则密度图将显示在 *x* 轴 |

续表

| 参　　数 | 说　　明 |
|---|---|
| kernel | 要拟合的核的形状代码，双变量 KDE 图只能使用高斯核 |
| bw | 确定双变量 KDE 图的每个维度的核大小、标量因子或参考方法名称 |
| gridsize | 评估网格中的离散点数 |
| cut | 绘制估计值以从极端数据点切割* bw |
| clip | 用于拟合双变量 KDE 图的数据点的上下限值 |
| legend | 如果值为 True，则为绘制的图像添加图例或者标记坐标轴 |
| cumulative | 如果值为 True，则绘制双变量 KDE 图的累积分布 |
| shade_lowest | 如果值为 True，则屏蔽双变量 KDE 图的最低轮廓 |
| cbar | 如果值为 True，则绘制双变量 KDE 图，并为绘制的图像添加颜色刻度条 |
| cbar_ax | 用于绘制颜色刻度条的坐标轴，若为空，就在主轴绘制颜色刻度条 |
| cbar_kws | fig.colorbar()的关键字参数 |
| ax | 要绘图的坐标轴，若为空，则使用当前坐标轴 |
| **kwargs | 键/值对，其他关键字参数 |

#### 4．distplot()函数

密度直方图 distplot()函数的具体用法如下：

```
Seaborn.distplot(a, bins=None, hist=True, kde=True, rug=False, fit=None,
hist_kws=None, kde_kws=None, rug_kws=None, fit_kws=None, color=None,
vertical=False, norm_hist=False, axlabel=None, label=None, ax=None)
```

密度直方图 distplot()函数参数说明如表 3-3 所示。

表 3-3　密度直方图 distplot()函数参数说明

| 参　　数 | 说　　明 |
|---|---|
| a | 观察数据 |
| bins | 直方图 bins（柱）的数目 |
| hist | 是否绘制（标准化）直方图 |
| kde | 是否绘制高斯核密度估计图 |
| rug | 是否在横轴上绘制观测值竖线 |
| fit | 一个带有 fit()方法的对象，返回一个元组 |
| hist_kws | 底层绘图函数的关键字参数 |
| kde_kws | 底层绘图函数的关键字参数 |
| rug_kws | 底层绘图函数的关键字参数 |
| fit_kws | 底层绘图函数的关键字参数 |
| color | 可以绘制除拟合曲线以外的颜色 |
| vertical | 如果值为 True，则观测值在纵轴显示 |
| norm_hist | 如果值为 True，则直方图的高度将显示密度而不是计数 |

续表

| 参　数 | 说　明 |
|---|---|
| axlabel | 横轴的名称 |
| label | 图形相关组成部分的图例标签 |
| ax | 若提供该参数，则在参数设定的坐标轴上绘图 |

### 5．案例代码

下面举一个 Seaborn 数据可视化的例子，例如，如果要分析 A 企业在 2020 年上半年销售额的分布情况，则可以通过密度直方图进行可视化分析，数据存储在本地的 MySQL 中，数据库名为 sales，使用的表为订单表 orders，具体代码如下：

```
import pandas as pd
import matplotlib.pyplot as plt
import seaborn as sns
import pymysql
plt.rcParams['font.sans-serif']=['SimHei']
plt.rcParams['axes.unicode_minus'] = False

#连接 MySQL，读取订单表数据
conn =
pymysql.connect(host='127.0.0.1',port=3306,user='root',password='root',
db='sales',charset='utf8')
sql = "SELECT province,ROUND(SUM(sales)/10000,2) as sales FROM orders
where dt=2020 GROUP BY province"
df = pd.read_sql(sql,conn)

#设置图形大小
plt.figure(figsize=(12,7))
#核密度估计和密度直方图
sns.kdeplot(df['sales'],shade=True,color='r', label='销售额核密度')
sns.distplot(df['sales'],hist=True,kde=True,rug=True,bins=25,color="g")

plt.xlabel('销售额',size=14)
plt.ylabel('次数',size=14)
plt.title('2020 年上半年销售额的密度直方图',size=16)
plt.legend(loc='upper left');
```

### 6．案例结论

通过运行上面的代码，可以绘制出 A 企业在 2020 年上半年销售额的密度直方图。如图 3-23 所示，从图 3-23 中可以看出销售额基本接近正态分布。

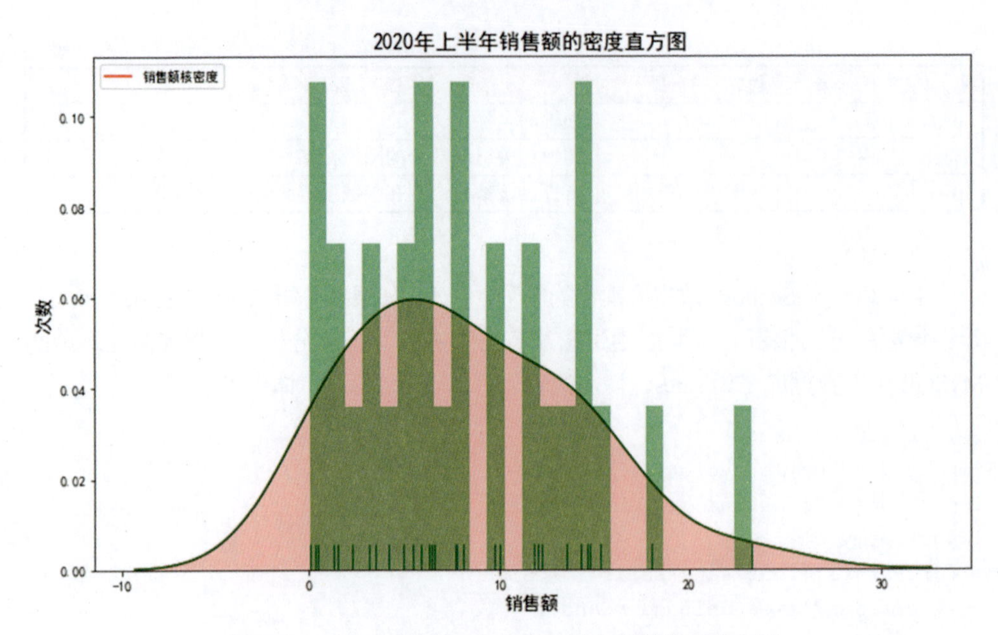


图 3-23　A 企业在 2020 年上半年销售额的密度直方图

### 3.2.3　制作销售金额的线性回归图

#### 1．相关分析简介

在进行线性回归分析之前，需要先进行变量之间的相关分析。相关分析是最基本的关系研究方法，也是其他一些分析方法的基础，在研究中我们经常会使用到相关分析。相关分析用于研究定量数据之间的关系，包括是否有关系，以及关系紧密程度等，通常用于回归分析的过程之前。例如，某电商平台需要研究客户满意度和重复购买意愿之间是否有关系，以及关系紧密程度如何时，就需要进行相关分析。

相关分析使用相关系数表示变量之间的关系，首先判断是否有关系，然后判断关系是正相关还是负相关，相关系数大于 0 为正相关，反之为负相关，也可以通过散点图直观地查看变量之间的关系，最后判断关系紧密程度。

相关分析的主要方法是计算相关系数。相关系数是反映变量之间关系紧密程度的统计指标，反映了变量之间线性关系的强弱程度。通过正负号表示相关的方向。相关系数的取值区间为 1～-1。1 表示两个变量完全正相关，-1 表示两个变量完全负相关，0 表示两个变量不相关，系数越趋近于 0，相关关系越弱。

在 Python 中，我们使用热力图绘制相关系数矩阵，它以特殊高亮的形式显示数据的特征，用颜色矩阵显示数据在两个维度下的度量值。热力图 heatmap()函数的具体用法如下：

```
Seaborn.heatmap(data, vmin=None, vmax=None, cmap=None, center=None,
robust=False, annot=None, fmt='.2g', annot_kws=None, linewidths=0,
linecolor='white', cbar=True, cbar_kws=None, cbar_ax=None, square=False,
xticklabels='auto', yticklabels='auto', mask=None)
```

热力图 heatmap()函数参数说明如表 3-4 所示。

表 3-4　热力图 heatmap()函数参数说明

| 参　数 | 说　明 |
| --- | --- |
| data | 要显示的数据 |
| vmin | 显示的数据值的最小范围 |
| vmax | 显示的数据值的最大范围 |
| cmap | Matplotlib 颜色表名称或对象或颜色列表 |
| center | 指定色彩的中心值 |
| robust | 使用强分位数计算颜色映射范围，而不使用极值 |
| annot | 如果值为 True，则将数据值写入每个单元格中 |
| fmt | 表格中显示的数据的类型 |
| annot_kws | 是否显示热力图矩阵上的数值，可选 |
| linewidths | 设置每个单元格的线的宽度 |
| linecolor | 设置每个单元格的线的颜色 |
| cbar | 是否绘制颜色刻度条 |
| cbar_kws | 关于颜色带的设置 |
| cbar_ax | 热力图颜色刻度条的位置 |
| square | 值为 True 时，整个网格为一个正方形 |
| xticklabels | 如果值为 True，则绘制 dataframe 的列名 |
| yticklabels | 如果值为 True，则绘制 dataframe 的行名 |
| mask | 屏蔽热力图相应位置的数据 |

### 2. 相关分析案例

为了分析 2020 年上半年某企业在各省份商品的销售额、利润额和订单量三者之间的相关性，可以绘制三者相关系数的热力图，具体代码如下：

```
import pandas as pd
import matplotlib.pyplot as plt
import seaborn as sns
import pymysql

plt.figure(figsize=[12,7])          #指定图片大小
sns.set_style('ticks')              #设置图形风格为 ticks
```

```
#连接 MySQL，读取订单表数据
conn = pymysql.connect(host='127.0.0.1',port=3306,user='root',password=
'root',db='sales',charset='utf8')
sql = "SELECT province,ROUND(SUM(sales)/10000,2) as sales,ROUND(SUM
(profit)/10000,2) as profit, SUM(amount) as amount FROM orders where
dt=2020 GROUP BY province"
df = pd.read_sql(sql,conn)

#计算皮尔逊相关系数
corr = df[['sales','profit','amount']].corr()
print(corr)

#绘制相关系数热力图
plt.figure(figsize=[12,7])          #指定图片大小
sns.heatmap(corr,annot=True, square=True, linewidths=1.0, annot_kws=
{'size':14,'weight':'bold', 'color':'blue'});
```

在 JupyterLab 中运行上述代码，生成如图 3-24 所示的相关系数热力图。从图 3-24 中可以看出，利润额和订单量的相关系数为 0.9786，销售额与利润额的相关系数为 0.9392，订单量与销售额的相关系数为 0.9357，三者之间存在高度的相关性。

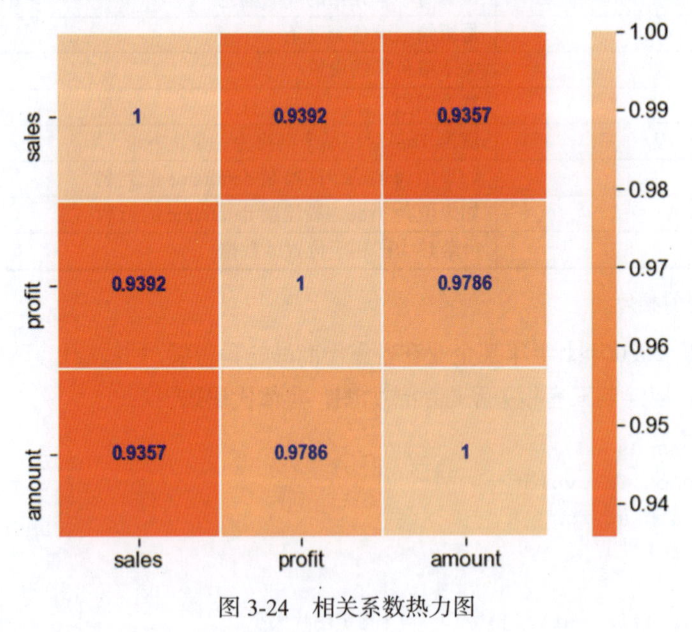


图 3-24　相关系数热力图

### 3．线性回归简介

回归分析是指在掌握大量观察数据的基础上，利用数理统计方法建立因变量与自变量之间的回归方程。在回归分析中，当研究的因果关系只涉及因变量和一个自变量时，称为一元回归分析；当研究的因果关系涉及因变量和两个或两个以上自变量时，称为多元回归分析。此外，在回归分析中，依据描述自变量与因变量之间因果关系的函数表达式是线性还是非线性的，分为线性回归分析和非线性回归分析。

在 Seaborn 中，regplot()函数用线性回归模型对数据进行拟合，用户只需要指定自变量和因变量即可，regplot()函数会自动完成线性回归拟合，线性回归图 regplot()函数的具体用法如下：

```
seaborn.regplot(x, y, data=None, x_estimator=None, x_bins=None,
x_ci='ci', scatter=True, fit_reg=True,ci=95,n_boot=1000, units=None,
order=1, logistic=False, lowess=False, robust=False, logx=False,
x_partial=None,y_partial=None,truncate=False,dropna=True,x_jitter=None,
y_jitter=None, label=None, color=None, marker='o', scatter_kws=None,
line_kws=None, ax=None)
```

线性回归图 regplot()函数参数说明如表 3-5 所示。

表 3-5　线性回归图 regplot()函数参数说明

| 参　数 | 说　明 |
| --- | --- |
| x | 输入变量 x |
| y | 输入变量 y |
| data | 要显示的数据 |
| x_estimator | 可调用的映射向量 |
| x_bins | 分箱数 |
| x_ci | 绘制 x 离散值的置信区间 |
| scatter | 如果值为 True，则绘制带有基础观测值的散点图 |
| fit_reg | 如果值为 True，则估计并绘制与 x 和 y 变量相关的回归模型 |
| ci | 回归估计的置信区间 |
| n_boot | 估计置信区间的自助法（Bootstrap）重采样次数 |
| units | 设置观察结果嵌套在采样单元中 |
| order | 如果 order 大于 1，则使用 numpy.polyfit()函数来估计多项式回归模型 |
| logistic | 如果值为 True，则使用 statsmodels 模块来估计逻辑回归模型 |
| lowess | 如果值为 True，则使用局部加权线性回归模型 |
| robust | 如果值为 True，则使用 statsmodels 来估计稳健回归模型 |
| logx | 如果值为 True，则估计形式 y~log(x)的线性回归模型 |
| x_partial | 混淆变量，在绘图之前退回 x 变量 |

续表

| 参　　数 | 说　　明 |
|---|---|
| y_partial | 混淆变量，在绘图之前退回 y 变量 |
| truncate | 如果值为 True，则散点图将会受到数据的限制 |
| dropna | 是否删除有缺失值的数据 |
| x_jitter | 将此大小的均匀随机噪声添加到 x 变量中 |
| y_jitter | 将此大小的均匀随机噪声添加到 y 变量中 |
| label | 应用于散点图或回归线的标签 |
| color | 适用于所有绘图元素的颜色 |
| marker | 散点图的标记 |
| scatter_kws | 传递给 plt.scatter()函数的附加关键字参数 |
| line_kws | 传递给 plt.plot()函数的附加关键字参数 |
| ax | 绘制到指定轴对象，否则在当前轴对象上绘图 |

在 Seaborn 中，residplot()函数用于展示线性回归模型拟合后各点对应的残值，线性回归残差图 residplot()函数的具体用法如下：

```
seaborn.residplot(x, y, data=None, lowess=False, x_partial=None,
y_partial=None, order=1, robust=False,dropna=True,label=None,color=None,
scatter_kws=None, line_kws=None, ax=None)
```

线性回归残差图 residplot()函数参数说明如表 3-6 所示。

表 3-6　线性回归残差图 residplot()函数参数说明

| 参　　数 | 说　　明 |
|---|---|
| x | 预测变量数据中的数据或列名称 |
| y | 响应变量数据中的数据或列名称 |
| data | 要显示的数据 |
| lowess | 将局部加权回归散点平滑法应用到残差散点图中 |
| x_partial | 绘图之前从 x 变量中删除与 x 相同的矩阵中的列名称 |
| y_partial | 绘图之前从 y 变量中删除与 y 相同的矩阵中的列名称 |
| order | 计算残差时拟合多项式的阶数 |
| robust | 在计算残差时拟合稳健的线性回归 |
| dropna | 如果值为 True，则在拟合和绘图时忽略缺少的数据 |
| label | 将在任何图的图例中使用的标签 |
| color | 用于绘图的所有元素的颜色 |
| scatter_kws | 用于绘制图像的组件而传递给 plt.scatter()函数的其他关键字参数 |
| line_kws | 用于绘制图像的组件而传递给 plt.plot()函数的其他关键字参数 |
| ax | 将回归图像绘制到指定轴对象，如果不存在，则创建一个新轴 |

### 4．线性回归图案例

想要深入研究利润额与订单量之间的关系，可以通过商品的订单量来预测商品的利润额，这里绘制两者之间的线性回归图，具体代码如下：

```
import pandas as pd
import matplotlib.pyplot as plt
import seaborn as sns
import pymysql

plt.figure(figsize=[12,7])                    #指定图片大小
sns.set_style('whitegrid')                    #设置图形风格为 whitegrid

#连接 MySQL，读取订单表数据
conn = pymysql.connect(host='127.0.0.1',port=3306,user='root',password=
'root',db='sales',charset='utf8')
sql = "SELECT province,ROUND(SUM(profit)/10000,2) as profit, SUM(amount)
as amount FROM orders where dt=2020 GROUP BY province"
df = pd.read_sql(sql,conn)

#给 x 轴和 y 轴加上标签
plt.xlabel('amount',size=16)
plt.ylabel('profit',size=16)

#设置 x 轴和 y 轴的标签字体大小
plt.xticks(fontsize=13)
plt.yticks(fontsize=13)

#设置 x 轴和 y 轴的刻度范围
plt.xlim(0,400)
plt.ylim(0,1)

#绘制线性回归图
sns.regplot(x=df['amount'],y=df['profit'],data=df);
```

在 JupyterLab 中运行上述代码，生成如图 3-25 所示的线性回归图。从图 3-25 中可以看出，利润额与订单量之间基本呈现线性关系，而且置信区间的波动幅度较小，说明回归模型效果较好。

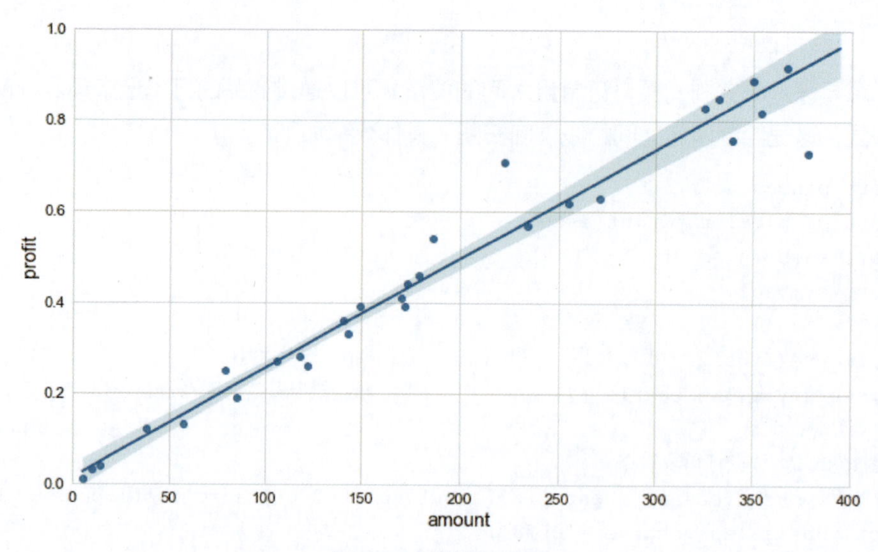


图 3-25　线性回归图

为了检验建立的线性回归模型是否合适，可以通过绘制线性回归残差图来检验，这是检验回归模型优劣的方法之一。这里以利润额的实际值与其估计值之间的差为纵坐标，以订单量为横坐标绘制线性回归残差图，具体代码如下：

```
import pandas as pd
import matplotlib.pyplot as plt
import seaborn as sns
import pymysql

plt.figure(figsize=[12,7])                              #指定图片大小
sns.set_style('whitegrid')                              #设置图形风格为 whitegrid

#连接 MySQL，读取订单表数据
conn = pymysql.connect(host='127.0.0.1',port=3306,user='root',password=
'root',db='sales',charset='utf8')
sql = "SELECT province,ROUND(SUM(profit)/10000,2) as profit, SUM(amount)
as amount FROM orders where dt=2020 GROUP BY province"
df = pd.read_sql(sql,conn)

#给 x 轴和 y 轴加上标签
plt.xlabel('amount',size=16)
plt.ylabel('profit',size=16)

#设置 x 轴和 y 轴的标签字体大小
```

```
plt.xticks(fontsize=13)
plt.yticks(fontsize=13)

#设置 x 轴和 y 轴的刻度范围
plt.xlim(0,400)
plt.ylim(-0.2,0.2)

#绘制线性回归残差图
sns.residplot(x=df['amount'],y=df['profit'],data=df)
plt.ylabel('regression residual');
```

在 JupyterLab 中运行上述代码，生成如图 3-26 所示的线性回归残差图。从图 3-26 中可以看出，线性回归的残差基本在 0 附近波动，且波动幅度较小，说明建立的线性回归模型较好，可以通过商品的订单量预测利润额。

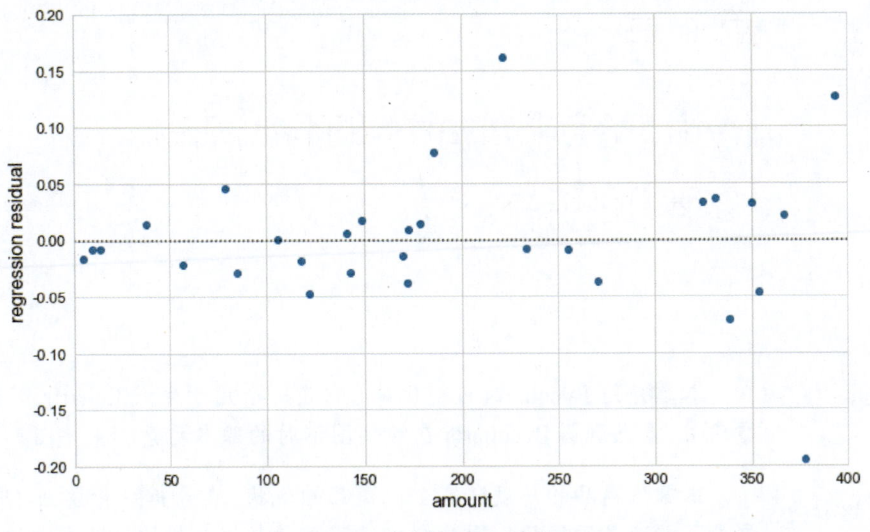


图 3-26　线性回归残差图

## 3.3　上机实践题

练习 1：通过 pip 安装最新版本的 Seaborn 可视化库。

练习 2：使用 Seaborn 可视化库绘制 2020 年上半年各省份销售额和利润额的散点图。

练习 3：使用 Seaborn 可视化库绘制 2020 年上半年各省份销售额与利润额的线性回归图。

# 第 4 章

# Python 与 Echarts 的有机结合：Pyecharts

本章介绍 Pyecharts 可视化库（它是一个用于生成 Echarts 图表的类库），重点讲解 Pyecharts 在绘制图形时的基本元素和主要图形。

本章从商品的角度研究企业商品的现状，在分析经营数据之前需要先了解商品的现状，因为它决定了后续数据分析的思路和方法等，例如，是不是必需品、是否产生重复购买行为等。

## 4.1　Pyecharts 可视化库概述

### 4.1.1　Pyecharts 可视化库简介

Pyecharts 是一个用于生成 Echarts 图表的类库，可以与 Python 对接，以便在 Python 中直接使用数据生成图。Echarts 是百度开源的一个数据可视化 JavaScript 库，生成的图的可视化效果非常好，其凭借良好的交互性，精巧的图表设计，得到了众多开发者的认可，安装方法如下：

```
pip install pyecharts
```

Pyecharts 分为 v0.5.X 和 v1 两个版本，v0.5.X 和 v1 不兼容，v1 是一个全新的版本。Pyecharts 经过了半年的沉寂后，终于发布了新版本，新版本号将从 v1.0.0 开始，这是一个全新的、向下不兼容的 Pyecharts 版本，类似 Python3 与 Python2 的关系。不过，如果开发者以前接触过 Pyecharts，那么新版本对于你们来说也是很容易上手的。

截至 2020 年 8 月，Pyecharts 的最新版本是 1.8.1，具有以下特点。

#### 1．全面拥抱 Python3 和 TypeHint

Pyecharts v1 停止对 Python 2.7、3.4～3.5 版本的支持和维护，仅支持 Python 3.6+。如果读者还不知道什么是 TypeHint，建议尽早学习，官方学习指南 typing—Support for type hints。

#### 2．弃用插件机制

Pyecharts v1 废除原有的插件机制，包括地图包插件和主题插件，插件的本质是提供 Pyecharts 运行所需要的静态资源文件，所以现在开放了两种模式来提供静态资源文件：online 模式，使用 Pyecharts 官方提供的 assetshost，或者部署自己的 remotehost；local 模式，使用自己本地开启的文件服务提供的 assetshost。

#### 3．更加轻量级

新版本的 Pyecharts 只依赖两个第三方库：jinja2 和 prettytable。这意味着 Pyecharts 总体的体积将变小，安装更加轻松，用户也可以很方便地进行离线安装，安装时可配合上面讲的 local 模式。

#### 4．支持原生 JavaScript

0.5.X 版本对原生 JavaScript 的支持较局限，v1 版本彻底打破了局限，支持传入任意的 JavaScript 代码，以及任意的配置项回调函数。

### 5．支持 JupyterLab

对 JupyterLab 的支持一直是很多开发者关心的功能，毕竟 JupyterLab 号称是下一代的 Notebook。Pyecharts v1 支持在 JupyterLab 中渲染图表。

### 6．代码风格重构

所有配置项均面向对象程序设计（OOP），在新版本的 Pyecharts 中，一切皆选项，配置项种类更多，可操作性更强，可以画出更丰富的图表，Pyecharts 官方画廊为 Pyecharts/Pyecharts-gallery。

### 7．支持 selenium/phantomjs 渲染图片

此功能不是必要的，无此需求的开发者可忽略，并不会影响正常的使用。Pyecharts v1 提供 selenium 和 phantomjs 两种模式渲染图片，分别需要安装 snapshot-selenium 和 snapshot-phantomjs。

### 8．新增更多的图表类型

新增了图表类型和组件类型，如旭日图、百度地图等。

Pyecharts 可以通过 render()函数生成 HTML 文件，下面的代码绘制了某商场商家 A 和商家 B 的销售情况的条形图，并将结果生成 HTML 文件。

```
from Pyecharts.charts import Bar
from Pyecharts import options as opts
bar = (
    Bar()
    .add_xaxis(["衬衫", "毛衣", "领带", "裤子", "风衣", "高跟鞋", "袜子"])
    .add_yaxis("商家A", [114, 55, 27, 101, 125, 27, 105])
    .add_yaxis("商家B", [57, 134, 137, 129, 145, 60, 49])
    .set_global_opts(title_opts=opts.TitleOpts(title="某商场销售情况"))
",title_textstyle_opts=opts.TextStyleOpts(font_size=20)), #设置标题及字体大小
                        xaxis_opts=opts.AxisOpts(axislabel_opts=opts.
LabelOpts(font_size = 16)),  #设置x轴数据项字体大小
                        yaxis_opts=opts.AxisOpts(axislabel_opts=opts.
LabelOpts(font_size = 16)),  #设置y轴数据项字体大小
                        #设置图例及字体大小
                        legend_opts=opts.LegendOpts(is_show=True,item_
width=40,item_height=20,textstyle_opts=opts.TextStyleOpts(font_size=16)))
                        )
    #设置标签字体大小
    .set_series_opts(label_opts=opts.LabelOpts(font_size = 16))
)
```

```
)
bar.render('mall_sales.html')
```

生成的视图如图 4-1 所示。

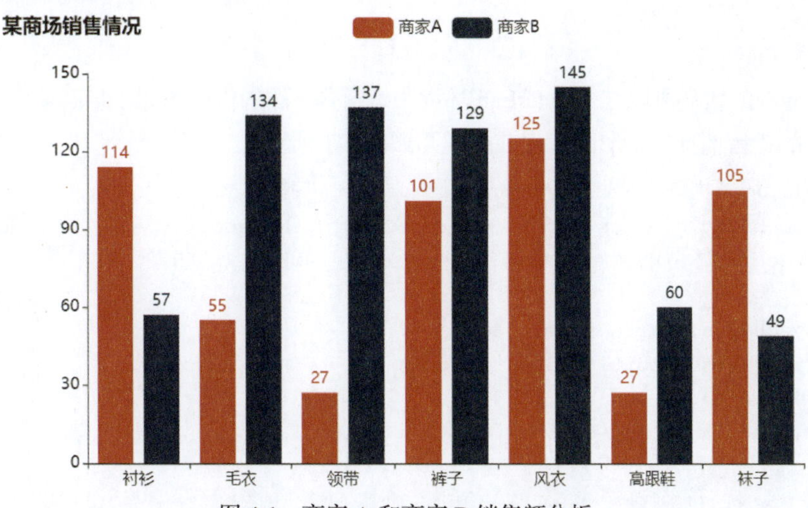


图 4-1　商家 A 和商家 B 销售额分析

此外，在可视化分析中，Pyecharts 还可以运行在 Jupyter Notebook 和 JupyterLab 环境下，每种环境下的代码存在一定差异，但是输出结果都是一样的。

（1）Jupyter Notebook

Python 的代码可以在 Jupyter Notebook 环境下运行，下面的代码绘制了某商场商家 A 和商家 B 的销售情况的条形图，生成的视图如图 4-1 所示。

```
from Pyecharts.charts import Bar
from Pyecharts import options as opts
bar = (
    Bar()
    .add_xaxis(["衬衫", "毛衣", "领带", "裤子", "风衣", "高跟鞋", "袜子"])
    .add_yaxis("商家A", [114, 55, 27, 101, 125, 27, 105])
    .add_yaxis("商家B", [57, 134, 137, 129, 145, 60, 49])
    .set_global_opts(title_opts=opts.TitleOpts(title="某商场销售情况"))
,title_textstyle_opts=opts.TextStyleOpts(font_size=20)),
                        xaxis_opts=opts.AxisOpts(axislabel_opts=opts.
LabelOpts(font_size = 16)),
                        yaxis_opts=opts.AxisOpts(axislabel_opts=opts.LabelOpts
(font_size = 16)),
                        legend_opts=opts.LegendOpts(is_show=True,item_width=
40,item_height=20,textstyle_opts=opts.TextStyleOpts(font_size=16)))
```

```
                )
    .set_series_opts(label_opts=opts.LabelOpts(font_size = 16))
)
bar.render_notebook()
```

（2）JupyterLab

Python 的代码可以在 JupyterLab 环境下运行，下面的代码绘制了某商场商家 A 和商家 B 的销售情况的条形图，生成的视图如图 4-1 所示。

```
#声明 Notebook 类型，必须在引入 Pyecharts.charts 等模块之前声明
from Pyecharts.globals import CurrentConfig, NotebookType
CurrentConfig.NOTEBOOK_TYPE = NotebookType.JUPYTER_LAB

from Pyecharts.charts import Bar
from Pyecharts import options as opts

bar = (
    Bar()
    .add_xaxis(["衬衫", "毛衣", "领带", "裤子", "风衣", "高跟鞋", "袜子"])
    .add_yaxis("商家A", [114, 55, 27, 101, 125, 27, 105])
    .add_yaxis("商家B", [57, 134, 137, 129, 145, 60, 49])
    .set_global_opts(title_opts=opts.TitleOpts(title="某商场销售情况"))
,title_textstyle_opts=opts.TextStyleOpts(font_size=20)),
                         xaxis_opts=opts.AxisOpts(axislabel_opts=opts.
LabelOpts(font_size = 16)),
                         yaxis_opts=opts.AxisOpts(axislabel_opts=opts.
LabelOpts(font_size = 16)),
                         legend_opts=opts.LegendOpts(is_show=True,item_
width=40,item_height=20,textstyle_opts=opts.TextStyleOpts(font_size=16)))
                         )
    .set_series_opts(label_opts=opts.LabelOpts(font_size = 16))
)

#在第一次渲染时调用 load_javascript 文件
bar.load_javascript()
bar.render_notebook()
```

### 4.1.2 Pyecharts 基本元素

Pyecharts 基本元素的配置项主要包括 InitOpts、ToolBoxFeatureOpts、ToolboxOpts、TitleOpts、DataZoomOpts、LegendOpts、VisualMapOpts 和 TooltipOpts。

### 1．InitOpts

InitOpts 为初始化配置项，如表 4-1 所示。

表 4-1　初始化配置项

| 配置项参数 | 说　明 |
| --- | --- |
| width | 图表画布宽度 |
| height | 图表画布高度 |
| chart_id | 图表 ID，图表唯一标识，用于有多张图表时进行区分 |
| renderer | 渲染风格，可选值有'canvas'或'svg' |
| page_title | 网页标题 |
| theme | 图表主题 |
| bg_color | 图表背景颜色 |
| js_host | 远程 js host |

### 2．ToolBoxFeatureOpts

ToolBoxFeatureOpts 为工具箱工具配置项，如表 4-2 所示。

表 4-2　工具箱工具配置项

| 配置项参数 | 说　明 |
| --- | --- |
| save_as_image | 保存为图片 |
| restore | 配置项还原 |
| data_view | 数据视图工具，可以展现当前图表所用的数据，编辑后可以动态更新 |
| data_zoom | 数据区域缩放，目前只支持直角坐标系的缩放 |

### 3．ToolboxOpts

ToolboxOpts 为工具箱配置项，如表 4-3 所示。

表 4-3　工具箱配置项

| 配置项参数 | 说　明 |
| --- | --- |
| is_show | 是否显示工具栏组件 |
| orient | 工具栏 icon 的布局朝向。可选值有'horizontal'或'vertical' |
| pos_left | 工具栏组件距容器左侧的距离。pos_left 的值可以是像 20 这样的具体像素值，也可以是像 20%这样的相对于容器高宽的百分比，还可以是'left'、'center'或'right'。如果 pos_left 的值为'left'、'center'或'right'，则组件会根据相应的位置自动对齐 |
| pos_right | 工具栏组件距容器右侧的距离。pos_right 的值可以是像 20 这样的具体像素值，也可以是像 20%这样的相对于容器高宽的百分比 |

续表

| 配置项参数 | 说　　明 |
| --- | --- |
| pos_top | 工具栏组件距容器上侧的距离。pos_top 的值可以是像 20 这样的具体像素值，也可以是像 20%这样的相对于容器高宽的百分比，还可以是'top'、'middle'或'bottom'。如果 pos_top 的值为'top'、'middle'或'bottom'，则组件会根据相应的位置自动对齐 |
| pos_bottom | 工具栏组件距容器下侧的距离。pos_bottom 的值可以是像 20 这样的具体像素值，也可以是像 20%这样的相对于容器高宽的百分比 |
| feature | 各工具配置项 |

### 4．TitleOpts

TitleOpts 为标题配置项，如表 4-4 所示。

表 4-4　标题配置项

| 配置项参数 | 说　　明 |
| --- | --- |
| title | 主标题文本，支持使用 \n 换行 |
| title_link | 主标题跳转 URL 链接 |
| title_target | 主标题跳转链接的方式，默认值是 blank，可选参数有'self'或'blank'，'self'表示在当前窗口打开；'blank' 表示在新窗口打开 |
| subtitle | 副标题文本，支持使用 \n 换行 |
| subtitle_link | 副标题跳转 URL 链接 |
| subtitle_target | 副标题跳转链接方式，默认值是 blank，可选参数有'self'或'blank'，'self'表示在当前窗口打开；'blank'表示在新窗口打开 |
| pos_left | title 组件距容器左侧的距离。pos_left 的值可以是像 20 这样的具体像素值，也可以是像 20%这样的相对于容器高宽的百分比，还可以是 'left'、'center'或'right'。如果 pos_left 的值为'left'、'center'或'right'，则组件会根据相应的位置自动对齐 |
| pos_right | title 组件距容器右侧的距离。pos_right 的值可以是像 20 这样的具体像素值，也可以是像 20%这样的相对于容器高宽的百分比 |
| pos_top | title 组件距容器上侧的距离。pos_top 的值可以是像 20 这样的具体像素值，也可以是像 20%这样的相对于容器高宽的百分比，还可以是 'top'、'middle'或'bottom'。如果 pos_top 的值为'top'、'middle'或'bottom'，则组件会根据相应的位置自动对齐 |
| pos_bottom | title 组件距容器下侧的距离。pos_bottom 的值可以是像 20 这样的具体像素值，也可以是像 20%这样的相对于容器高宽的百分比 |
| title_textstyle_opts | 主标题字体样式配置项 |
| subtitle_textstyle_opts | 副标题字体样式配置项 |

### 5．DataZoomOpts

DataZoomOpts 为区域缩放配置项，如表 4-5 所示。

表 4-5　区域缩放配置项

| 配置项参数 | 说　明 |
| --- | --- |
| is_show | 是否显示组件。如果设置值为 False，则不显示，但是数据过滤的功能还存在 |
| type_ | 组件类型，可选值为'slider''inside' |
| is_realtime | 拖曳时，是否实时更新系列的视图。如果设置值为 False，则只在拖曳结束的时候更新 |
| range_start | 数据窗口范围的起始百分比。范围是 0～100，表示 0～100% |
| range_end | 数据窗口范围的结束百分比。范围是 0～100 |
| start_value | 数据窗口范围的起始数值。如果设置了 start，则 startValue 失效 |
| end_value | 数据窗口范围的结束数值。如果设置了 end，则 endValue 失效 |
| orient | 布局方式是横还是竖。不仅是布局方式，对于直角坐标系而言，也决定了默认情况控制 $x$ 轴还是 $y$ 轴，可选值为'horizontal''vertical' |
| xaxis_index | 设置 dataZoom-inside 组件控制的 $x$ 轴（即 xAxis，是直角坐标系中的概念，参见 grid）。不指定时，当 dataZoom-inside.orient 的值为'horizontal'时，默认控制和 dataZoom 平行的第一个 xAxis，如果是 number，表示控制一个轴，如果是 Array，表示控制多个轴 |
| yaxis_index | 设置 dataZoom-inside 组件控制的 $y$ 轴（即 yAxis，是直角坐标系中的概念）。不指定时，当 dataZoom-inside.orient 为 'horizontal' 时，默认控制和 dataZoom 平行的第一个 yAxis，如果是 number，表示控制一个轴，如果是 Array，表示控制多个轴 |
| is_zoom_lock | 是否锁定选择区域（或叫作数据窗口）的大小。如果设置值为 True，则锁定选择区域的大小，也就是说，只能平移，不能缩放 |
| pos_left | dataZoom-slider 组件距容器左侧的距离。pos_left 的值可以是像 20 这样的具体像素值，也可以是像 20%这样的相对于容器高宽的百分比，还可以是 'left'、'center'或'right'。如果 pos_left 的值为 'left'、'center'或 'right'，则组件会根据相应的位置自动对齐 |
| pos_top | dataZoom-slider 组件距容器上侧的距离。pos_top 的值可以是像 20 这样的具体像素值，也可以是像 20%这样的相对于容器高宽的百分比，还可以是 'top'、'middle'或'bottom'。如果 pos_top 的值为 'top'、'middle'或 'bottom'，则组件会根据相应的位置自动对齐 |
| pos_right | dataZoom-slider 组件距容器右侧的距离。pos_right 的值可以是像 20 这样的具体像素值，也可以是像 20%这样的相对于容器高宽的百分比。默认自适应 |

续表

| 配置项参数 | 说　　明 |
| --- | --- |
| pos_bottom | dataZoom-slider 组件距容器下侧的距离。pos_bottom 的值可以是像 20 这样的具体像素值，也可以是像 20%这样的相对于容器高宽的百分比。默认自适应 |

### 6．LegendOpts

LegendOpts 为图例配置项，如表 4-6 所示。

表 4-6　图例配置项

| 配置项参数 | 说　　明 |
| --- | --- |
| type_ | 图例的类型。可选值为'plain'，普通图例，默认是普通图例；'scroll'，可滚动翻页的图例，当图例数量较多时可以使用 |
| selected_mode | 图例选择的模式，控制是否可以通过单击图例改变系列的显示状态。默认开启图例选择，可以设成 False 关闭，除此之外，也可以设成 'single' 或者 'multiple'，使用单选或者多选模式 |
| is_show | 是否显示图例组件 |
| pos_left | 图例组件距容器左侧的距离。pos_left 的值可以是像 20 这样的具体像素值，也可以是像 20%这样的相对于容器高宽的百分比，还可以是 'left'、'center'或 'right'。如果 pos_left 的值为'left'、'center'或'right'，则组件会根据相应的位置自动对齐 |
| pos_right | 图例组件距容器右侧的距离。pos_right 的值可以是像 20 这样的具体像素值，也可以是像 20%这样的相对于容器高宽的百分比 |
| pos_top | 图例组件距容器上侧的距离。pos_top 的值可以是像 20 这样的具体像素值，也可以是像 20%这样的相对于容器高宽的百分比，还可以是'top'、'middle'或'bottom'。如果 pos_top 的值为'top'、'middle'或'bottom'，则组件会根据相应的位置自动对齐 |
| pos_bottom | 图例组件距容器下侧的距离。pos_bottom 的值可以是像 20 这样的具体像素值，也可以是像 20%这样的相对于容器高宽的百分比 |
| orient | 图例列表的布局朝向。可选值有'horizontal'或'vertical' |
| textstyle_opts | 图例组件字体样式 |

### 7．VisualMapOpts

VisualMapOpts 为视觉映射配置项，如表 4-7 所示。

表 4-7　视觉映射配置项

| 配置项参数 | 说　　明 |
| --- | --- |
| type_ | 映射过渡类型，可选值为'color'或'size' |
| min_ | 指定 visualMap 组件的最小值 |
| max_ | 指定 visualMap 组件的最大值 |

续表

| 配置项参数 | 说　明 |
| --- | --- |
| range_text | 两端的文本，如['High', 'Low'] |
| range_color | visualMap 组件过渡颜色 |
| range_size | visualMap 组件过渡 symbol 大小 |
| orient | 如何放置 visualMap 组件，水平'horizontal'或竖直'vertical' |
| pos_left | visualMap 组件距容器左侧的距离。pos_left 的值可以是像 20 这样的具体像素值，也可以是像 20%这样的相对于容器高宽的百分比，还可以是 'left'、'center'或'right'。如果 pos_left 的值为'left'、'center'或'right'，则组件会根据相应的位置自动对齐 |
| pos_right | visualMap 组件距容器右侧的距离。pos_right 的值可以是像 20 这样的具体像素值，也可以是像 20%这样的相对于容器高宽的百分比 |
| pos_top | visualMap 组件距容器上侧的距离。pos_top 的值可以是像 20 这样的具体像素值，也可以是像 20%这样的相对于容器高宽的百分比，还可以是 'top'、'middle'或'bottom'。如果 pos_top 的值为'top'、'middle'或'bottom'，则组件会根据相应的位置自动对齐 |
| pos_bottom | visualMap 组件距容器下侧的距离。pos_bottom 的值可以是像 20 这样的具体像素值，也可以是像 20%这样的相对于容器高宽的百分比 |
| split_number | 对于连续型数据，自动平均切分成几段。默认为 5 段。连续数据的范围需要 max 和 min 来指定 |
| dimension | 组件映射维度 |
| is_calculable | 是否显示拖曳用的手柄（能拖曳手柄调整选中范围） |
| is_piecewise | 是否为分段型 |
| pieces | 自定义的每一段的范围和每一段的文字，以及每一段的特别样式 |
| out_of_range | 定义在选中范围外的视觉元素（用户可以和 visualMap 组件交互，用鼠标或触摸选择范围） |
| textstyle_opts | 文字样式配置项 |

### 8．TooltipOpts

TooltipOpts 为提示框配置项，如表 4-8 所示。

表 4-8　提示框配置项

| 配置项参数 | 说　明 |
| --- | --- |
| is_show | 是否显示提示框组件，包括提示框浮层和 axisPointer |
| trigger | 触发类型。可选值为'item'、'axis'或'none' |
| trigger_on | 提示框触发的条件，可选值有'mousemove'，移动鼠标时触发；'click'，单击鼠标时触发；'mousemove\|click'，同时移动和单击鼠标时触发；'none'，不再移动或单击鼠标时触发 |

续表

| 配置项参数 | 说　明 |
| --- | --- |
| axis_pointer_type | 指示器类型。可选值有'line'，直线指示器；'shadow'，阴影指示器；'none'，无指示器；'cross'，十字准星指示器，其实是一种简写，表示启用两个正交的轴的 axisPointer |
| background_color | 提示框浮层的背景颜色 |
| border_color | 提示框浮层的边框颜色 |
| border_width | 提示框浮层的边框宽 |
| textstyle_opts | 文字样式配置项 |

### 4.1.3 Pyecharts 主要图形

Pyecharts 可以绘制多种图形，下面逐一介绍主要图形。

#### 1．条形图

Pyecharts 通过 Bar()函数绘制条形图，例如，绘制 2020 年上半年商品订单量的区域分布的条形图，具体代码如下：

```
#声明 Notebook 类型，必须在引入 pyecharts.charts 等模块之前声明
from pyecharts.globals import CurrentConfig, NotebookType
CurrentConfig.NOTEBOOK_TYPE = NotebookType.JUPYTER_LAB

from pyecharts import options as opts
from pyecharts.charts import Bar, Page
import pymysql

#连接 MySQL
v1 = []
v2 = []
conn = pymysql.connect(host='127.0.0.1',port=3306,user='root',password=
'root',db='sales',charset='utf8')
cur = conn.cursor()
sql_num = "select province,count(cust_id) from orders where dt=2020 group
by province"
cur.execute(sql_num)
sh = cur.fetchall()
for s in sh:
    v2.append(s[1])
    v1.append(s[0])

#绘制条形图
```

```
def bar_base() -> Bar:
    c = (
        Bar()
        .add_xaxis(v1,)
        .add_yaxis("客户订单量", v2)
        .set_global_opts(title_opts=opts.TitleOpts(title="2020 年上半年商品订
单量的区域分布"),
",title_textstyle_opts=opts.TextStyleOpts(font_size=20)),
                          xaxis_opts=opts.AxisOpts(axislabel_opts=opts.
LabelOpts(font_size = 16)),
                          yaxis_opts=opts.AxisOpts(axislabel_opts=opts.
LabelOpts(font_size = 16)),
                     toolbox_opts=opts.ToolboxOpts(),
legend_opts=opts.LegendOpts(is_show=True,item_width=40,item_height=20,
textstyle_opts=opts.TextStyleOpts(font_size=16)))
        .set_series_opts(label_opts=opts.LabelOpts(font_size = 16))
    )
    return c

#在第一次渲染时调用 load_javascript 文件
bar_base().load_javascript()
#展示数据可视化图表
bar_base().render_notebook()
```

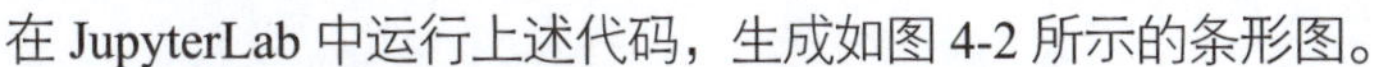

在 JupyterLab 中运行上述代码，生成如图 4-2 所示的条形图。

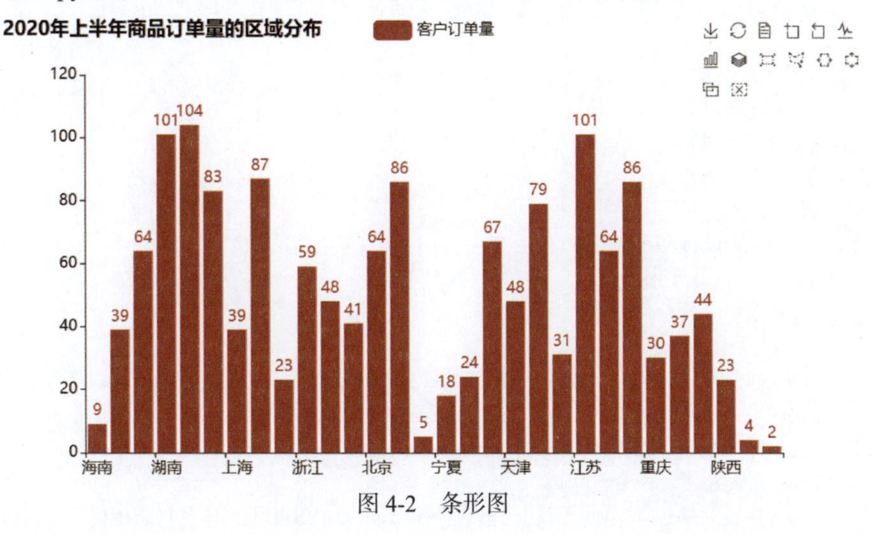


图 4-2　条形图

### 2. 折线图

Pyecharts 通过 Line()函数绘制折线图，例如，绘制 2020 年上半年门店销售额与利润额比较分析的折线图，具体代码如下：

```
#声明 Notebook 类型，必须在引入 pyecharts.charts 等模块之前声明
from pyecharts.globals import CurrentConfig, NotebookType
CurrentConfig.NOTEBOOK_TYPE = NotebookType.JUPYTER_LAB

from pyecharts import options as opts
from pyecharts.charts import Line, Page
import pymysql

#连接 MySQL
v1 = []
v2 = []
v3 = []
conn = pymysql.connect(host='127.0.0.1',port=3306,user='root',password=
'root',db='sales',charset='utf8')
cursor = conn.cursor()

#读取 MySQL
sql_num = "SELECT store_name,ROUND(SUM(sales/10000),2),ROUND(SUM(profit/
10000),2) FROM orders WHERE dt=2020 GROUP BY store_name"
cursor.execute(sql_num)
sh = cursor.fetchall()
for s in sh:
    v1.append(s[0])
    v2.append(s[1])
    v3.append(s[2])

#绘制折线图
def line_toolbox() -> Line:
    c = (
        Line()
        .add_xaxis(v1)
        #is_smooth 默认值是 False，即折线；is_selected 默认值是 False，即不选中
        .add_yaxis("销售额", v2, is_smooth=False)
        .add_yaxis("利润额", v3, is_smooth=False,is_selected=True)
        .set_global_opts(
            title_opts=opts.TitleOpts(title="2020 年上半年各门店销售额与利润额分
析",title_textstyle_opts=opts.TextStyleOpts(font_size=20)),
```

```
            xaxis_opts=opts.AxisOpts(axislabel_opts=opts.LabelOpts(font_
size = 16)),
            yaxis_opts=opts.AxisOpts(axislabel_opts=opts.LabelOpts(font_
size = 16)),"),
          toolbox_opts=opts.ToolboxOpts(),
legend_opts=opts.LegendOpts(is_show=True,pos_right=290,item_width=40,
item_height=20,textstyle_opts=opts.TextStyleOpts(font_size=16)))
        .set_series_opts(label_opts=opts.LabelOpts(font_size = 16)
        )
    )
    return c

#在第一次渲染时调用 load_javascript 文件
line_toolbox().load_javascript()
#展示数据可视化图表
line_toolbox().render_notebook()
```

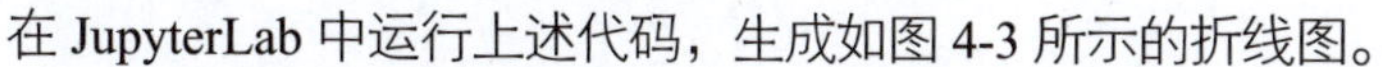
在 JupyterLab 中运行上述代码，生成如图 4-3 所示的折线图。

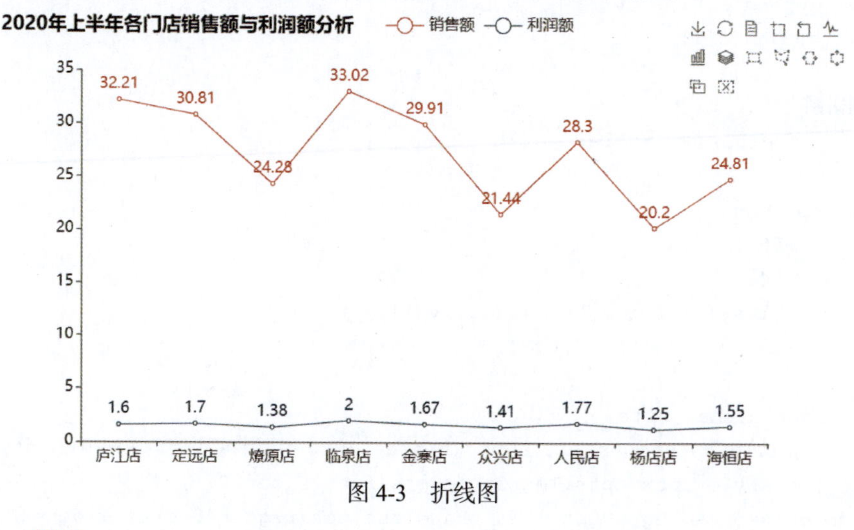


图 4-3　折线图

### 3．饼图

Pyecharts 通过 Pie()函数绘制饼图，例如，绘制 2020 年上半年不同地区的销售额分析的饼图，具体代码如下：

```
#声明 Notebook 类型，必须在引入 pyecharts.charts 等模块之前声明
from pyecharts.globals import CurrentConfig, NotebookType
CurrentConfig.NOTEBOOK_TYPE = NotebookType.JUPYTER_LAB
```

```
from pyecharts import options as opts
from pyecharts.charts import Pie
import pymysql

#连接 MySQL
v1 = []
v2 = []
conn = pymysql.connect(host='127.0.0.1',port=3306,user='root',password=
'root',db='sales',charset='utf8')
cursor = conn.cursor()

#读取 MySQL
sql_num = "SELECT region,ROUND(SUM(sales),2)FROM orders WHERE dt=2020
GROUP BY region"
cursor.execute(sql_num)
sh = cursor.fetchall()
for s in sh:
    v1.append(s[0])
    v2.append(s[1])

#绘制饼图
def Pie_toolbox() -> Pie:
    c = (
        Pie()
        .add(
            "",
            [list(z) for z in zip(v1, v2)],
            center=["45%", "60%"],
        )
        .set_global_opts(
          title_opts=opts.TitleOpts(title="2020 年上半年不同地区的销售额分析",
title_textstyle_opts=opts.TextStyleOpts(font_size=20)),
legend_opts=opts.LegendOpts( is_show=True,pos_right=40,item_width=40,
item_height=20,textstyle_opts=opts.TextStyleOpts(font_size=16))
     )
        .set_series_opts(label_opts=opts.LabelOpts(formatter="{b}: {c}%",
font_size=16))
    )
    return c

#在第一次渲染时调用 load_javascript 文件
```

```
Pie_toolbox().load_javascript()
#展示数据可视化图表
Pie_toolbox().render_notebook()
```

在 JupyterLab 中运行上述代码，生成如图 4-4 所示的饼图。

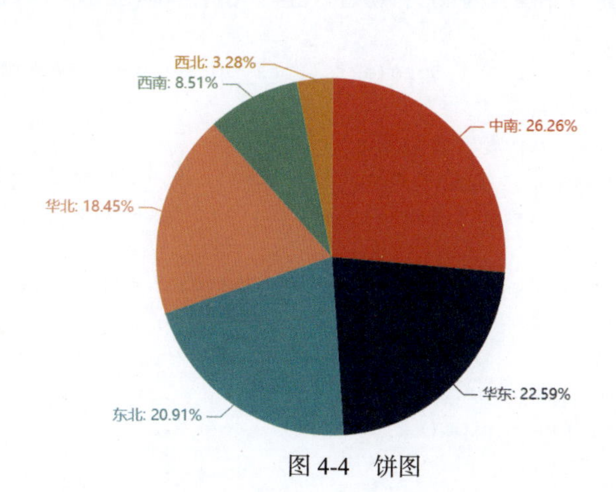


图 4-4　饼图

### 4．箱形图

Pyecharts 通过 Boxplot()函数绘制箱形图，例如，绘制新增客户数与流失客户数分析的箱形图，具体代码如下：

```
#声明 Notebook 类型，必须在引入 pyecharts.charts 等模块之前声明
from pyecharts.globals import CurrentConfig, NotebookType
CurrentConfig.NOTEBOOK_TYPE = NotebookType.JUPYTER_LAB

from pyecharts import options as opts
from pyecharts.charts import Boxplot

v1 = [
    [458, 445, 508, 579, 638, 653, 556, 616, 511, 615, 630, 639],
    [560, 540, 460, 540, 480, 500, 650, 580, 600, 640, 530, 590],]
v2 = [
    [603, 635, 619, 520, 580, 570, 560, 640, 550, 565, 510, 620],
    [411, 343, 367, 513, 366, 414, 471, 512, 420, 450, 370, 373],]

#绘制箱形图
def boxpolt_base() -> Boxplot:
    c = Boxplot()
```

```
    c.add_xaxis(["2018 年", "2019 年"])
    c.add_yaxis("新增客户数", c.prepare_data(v1))
    c.add_yaxis("流失客户数", c.prepare_data(v2))
    c.set_global_opts(title_opts=opts.TitleOpts(title="新增客户数与流失客户数
分析",title_textstyle_opts=opts.TextStyleOpts(font_size=20)),
            xaxis_opts=opts.AxisOpts(axislabel_opts=opts.LabelOpts(font_
size = 16)),
            yaxis_opts=opts.AxisOpts(axislabel_opts=opts.LabelOpts(font_
size = 16)),
            toolbox_opts=opts.ToolboxOpts()
            legend_opts=opts.LegendOpts(is_show=True,item_width=40,item_
height=20,textstyle_opts=opts.TextStyleOpts(font_size=16)))
    )
    c.set_series_opts(label_opts=opts.LabelOpts(font_size = 16))
    return c

#在第一次渲染时调用 load_javascript 文件
boxpolt_base().load_javascript()
#展示数据可视化图表
boxpolt_base().render_notebook()
```

在 JupyterLab 中运行上述代码，生成如图 4-5 所示的箱形图。

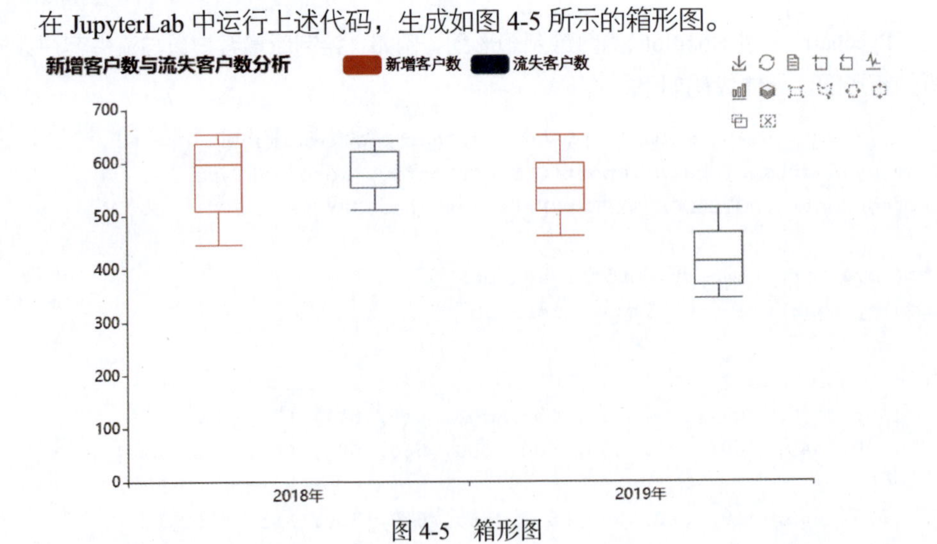


图 4-5　箱形图

### 5．涟漪散点图

Pyecharts 通过 EffectScatter()函数绘制涟漪散点图，例如，绘制 2020 年上半年不同收入等级客户的价值分析的涟漪散点图，具体代码如下：

```
#声明 Notebook 类型，必须在引入 pyecharts.charts 等模块之前声明
from pyecharts.globals import CurrentConfig, NotebookType
CurrentConfig.NOTEBOOK_TYPE = NotebookType.JUPYTER_LAB

from pyecharts import options as opts
from pyecharts.charts import EffectScatter, Page
import pymysql

#连接 MySQL
v1 = []
v2 = []
conn = pymysql.connect(host='127.0.0.1',port=3306,user='root',password=
'root',db='sales',charset='utf8')
cur = conn.cursor()
sql_num = "SELECT income,ROUND(SUM(sales/10000),2) FROM customers,orders
WHERE customers.customer_id=orders.cust_id and dt=2020 GROUP BY income"
cur.execute(sql_num)
sh = cur.fetchall()
for s in sh:
    v1.append(s[0])
    v2.append(s[1])

#绘制涟漪散点图
def effectscatter_splitline() -> EffectScatter:
    c = (
        EffectScatter()
        .add_xaxis(v1)
        .add_yaxis("", v2, symbol=SymbolType.ARROW)
        .set_global_opts(
            title_opts=opts.TitleOpts(title="2020 年上半年不同收入等级客户的价值
分析",title_textstyle_opts=opts.TextStyleOpts(font_size=20)),
            xaxis_opts=opts.AxisOpts(splitline_opts=opts.SplitLineOpts
(is_show=True,axislabel_opts=opts.LabelOpts(font_size = 16))),
            yaxis_opts=opts.AxisOpts(splitline_opts=opts.SplitLineOpts
(is_show=True,axislabel_opts=opts.LabelOpts(font_size = 16))),
            toolbox_opts=opts.ToolboxOpts(),
legend_opts=opts.LegendOpts(is_show=True,item_width=40,item_height=20,
textstyle_opts=opts.TextStyleOpts(font_size=16))
        )
        .set_series_opts(label_opts=opts.LabelOpts(font_size = 16))
    )
```

```
    return c

#在第一次渲染时调用 load_javascript 文件
effectscatter_splitline().load_javascript()
#展示数据可视化图表
effectscatter_splitline().render_notebook()
```

在 JupyterLab 中运行上述代码，生成如图 4-6 所示的涟漪散点图，注意收入区间是“左开右闭”的，例如，10 万至 20 万的区间不包含 10 万，而包含 20 万。

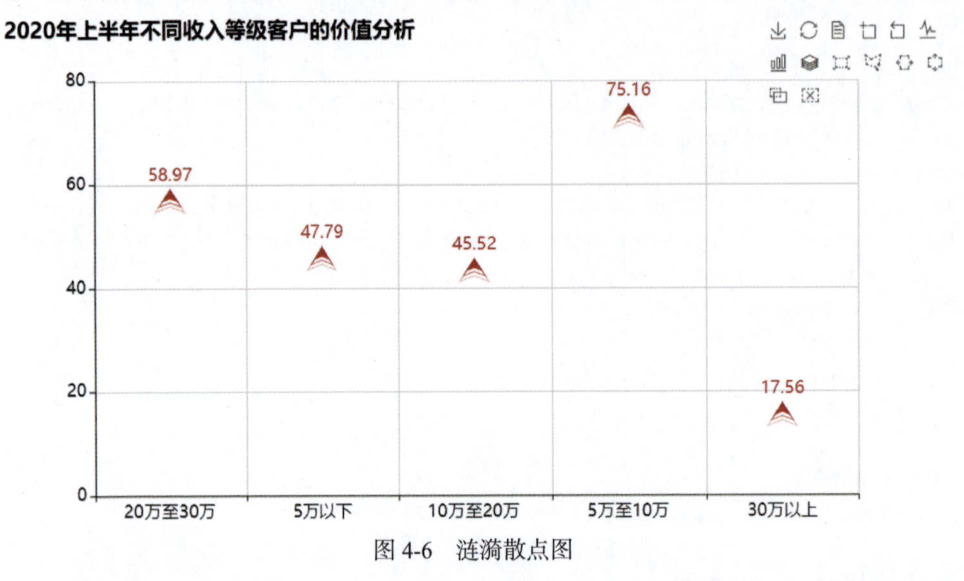


图 4-6 涟漪散点图

## 6．K 线图

Pyecharts 通过 Kline()函数绘制 K 线图，例如，绘制 2020 年 6 月企业股票价格走势的 K 线图，具体代码如下：

```
#声明 Notebook 类型，必须在引入 pyecharts.charts 等模块之前声明
from pyecharts.globals import CurrentConfig, NotebookType
CurrentConfig.NOTEBOOK_TYPE = NotebookType.JUPYTER_LAB

from pyecharts import options as opts
from pyecharts.charts import Kline, Page
import pymysql

#连接 MySQL
v1 = []
v2 = []
```

```
conn = pymysql.connect(host='127.0.0.1',port=3306,user='root',password=
'root',db='sales',charset='utf8')
cursor = conn.cursor()

#读取 MySQL
sql_num = "SELECT trade_date,open,close,low,high FROM stocks where year
(trade_date)=2020 and month(trade_date)=6 ORDER BY trade_date asc"
cursor.execute(sql_num)
sh = cursor.fetchall()
for s in sh:
    v1.append([s[0]])
for s in sh:
    v2.append([s[1],s[2],s[3],s[4]])
data = v2

#绘制 K 线图
def kline_markline() -> Kline:
    c = (
        Kline()
        .add_xaxis(v1)
        .add_yaxis(
            "企业股票价格走势",
            data,
            markline_opts=opts.MarkLineOpts(
                data=[opts.MarkLineItem(type_="max", value_dim="close")]
            ),#生成收盘价的水平虚线
        )
        .set_global_opts(
            xaxis_opts=opts.AxisOpts(is_scale=True,axislabel_opts=opts.
LabelOpts(font_size = 16)),
            yaxis_opts=opts.AxisOpts(
                is_scale=True,
                axislabel_opts=opts.LabelOpts(font_size = 16),
                splitarea_opts=opts.SplitAreaOpts(
                    is_show=True, areastyle_opts=opts.AreaStyleOpts(opacity=1)
                ),
            ),
            datazoom_opts=[opts.DataZoomOpts(pos_bottom="-2%")],
            title_opts=opts.TitleOpts(title="2020 年 6 月企业股票价格走势分析",
title_textstyle_opts=opts.TextStyleOpts(font_size=20)),
            toolbox_opts=opts.ToolboxOpts(),
```

```
        legend_opts=opts.LegendOpts(is_show=True,item_width=40,item_
height=20,textstyle_opts=opts.TextStyleOpts(font_size=16))
      )
   )
   return c

#在第一次渲染时调用 load_javascript 文件
kline_markline().load_javascript()
#展示数据可视化图表
kline_markline().render_notebook()
```

在 JupyterLab 中运行上述代码，生成如图 4-7 所示的 K 线图。

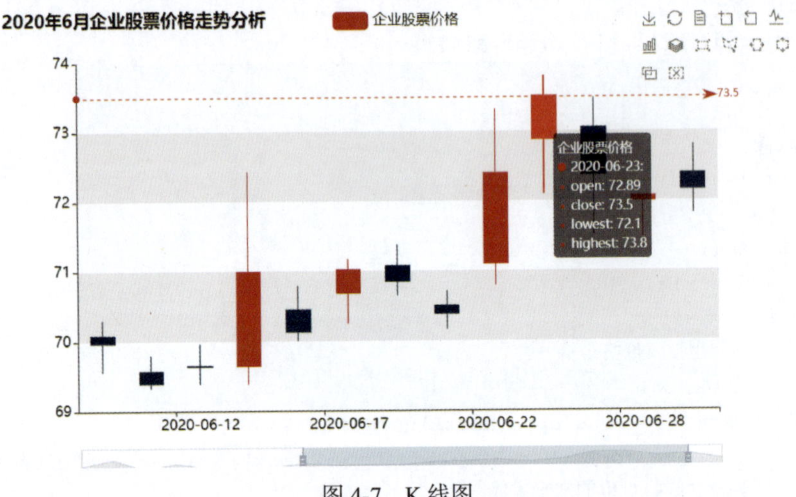


图 4-7　K 线图

### 7. 漏斗图

Pyecharts 通过 Funnel()函数绘制漏斗图，例如，绘制 2020 年上半年西北地区商品利润额分析的漏斗图，具体代码如下：

```
#声明 Notebook 类型，必须在引入 pyecharts.charts 等模块之前声明
from pyecharts.globals import CurrentConfig, NotebookType
CurrentConfig.NOTEBOOK_TYPE = NotebookType.JUPYTER_LAB

from pyecharts import options as opts
from pyecharts.charts import Funnel, Page
import pymysql

#连接 MySQL
v1 = []
```

```
v2 = []
conn = pymysql.connect(host='127.0.0.1',port=3306,user='root',password=
'root',db='sales',charset='utf8')
cursor = conn.cursor()

#读取 MySQL
sql_num = "SELECT province,ROUND(SUM(profit),2) FROM orders WHERE dt=2020
and region='西北' GROUP BY province"
cursor.execute(sql_num)
sh = cursor.fetchall()
for s in sh:
    v1.append(s[0])
    v2.append(s[1])

#绘制漏斗图
def funnel_label() -> Funnel:
    c = (
        Funnel()
        .add("利润额",
            [list(z) for z in zip(v1, v2)],
            #默认值是 descending，即从大到小，也可以设置为 ascending，即反向漏斗
            sort_="descending",
            label_opts=opts.LabelOpts(position="inside"),
        )
        .set_global_opts(title_opts=opts.TitleOpts(title="2020 年上半年西北地
区商品利润额分析",,title_textstyle_opts=opts.TextStyleOpts(font_size=20)),

legend_opts=opts.LegendOpts(is_show=True,pos_right=90,item_width=40,item_
height=20,textstyle_opts=opts.TextStyleOpts(font_
size=16))
                        )
        .set_series_opts(label_opts=opts.LabelOpts(font_size = 16))
    )
    return c

#在第一次渲染时调用 load_javascript 文件
funnel_label().load_javascript()
#展示数据可视化图表
funnel_label().render_notebook()
```

在 JupyterLab 中运行上述代码，生成如图 4-8 所示的漏斗图。

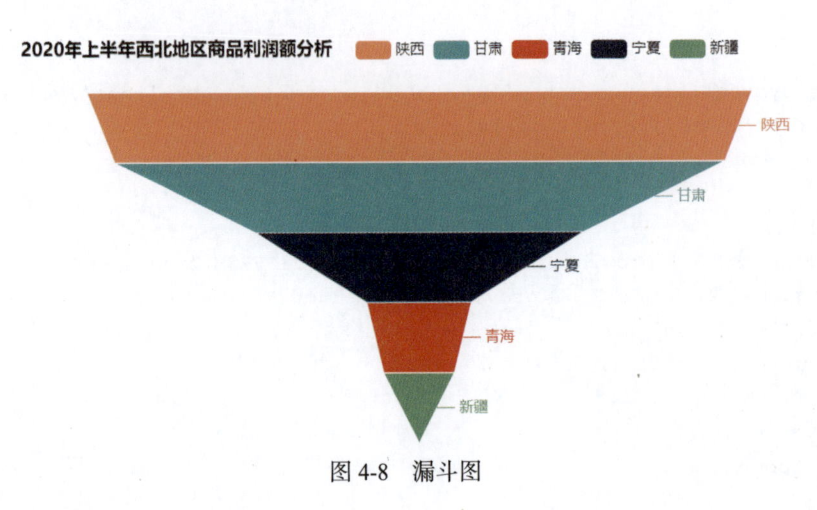


图 4-8　漏斗图

### 8. 仪表盘

Pyecharts 通过 Gauge()函数绘制仪表盘，例如，绘制 2020 年上半年企业商品销售额完成情况的仪表盘，具体代码如下：

```
#声明 Notebook 类型，必须在引入 pyecharts.charts 等模块之前声明
from pyecharts.globals import CurrentConfig, NotebookType
CurrentConfig.NOTEBOOK_TYPE = NotebookType.JUPYTER_LAB

from pyecharts import options as opts
from pyecharts.charts import Gauge, Page

#绘制仪表盘
def gauge_color() -> Gauge:
    c = (
        Gauge()
        .add("",
            [("销售额完成率", 85.69)],
            axisline_opts=opts.AxisLineOpts(
                linestyle_opts=opts.LineStyleOpts(
                    color=[(0.3, "#67e0e3"), (0.7, "#37a2da"), (1, "#fd666d")],
width=30
                )
            ),
        #配置轮盘内数据项标签
        detail_label_opts=opts.GaugeDetailOpts(is_show=True,font_weight=
'bolder',font_size=40,font_family='Arial',offset_center=[0, "30%"]),
        )
```

```
        .set_global_opts(
            title_opts=opts.TitleOpts(title="2020 年上半年企业商品销售额完成情况",
title_textstyle_opts=opts.TextStyleOpts(font_size=20)),
            toolbox_opts=opts.ToolboxOpts(),
legend_opts=opts.LegendOpts(is_show=True,item_width=40,item_height=20,
textstyle_opts=opts.TextStyleOpts(font_size=16)),
        )
        .set_series_opts(label_opts=opts.LabelOpts(font_size = 16))
    )
    )
    return c

#在第一次渲染时调用 load_javascript 文件
gauge_color().load_javascript()
#展示数据可视化图表
gauge_color().render_notebook()
```

在 JupyterLab 中运行上述代码，生成如图 4-9 所示的仪表盘。

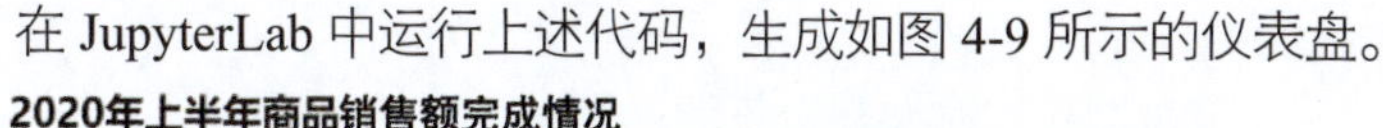


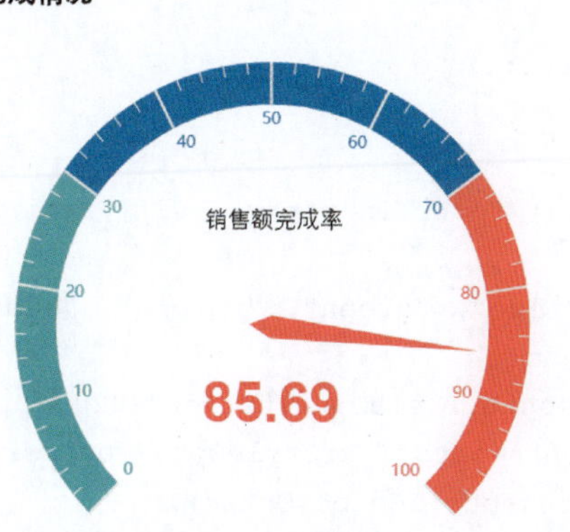


图 4-9　仪表盘

### 9．环形图

Pyecharts 通过 Pie()函数也可以绘制环形图，例如，绘制 2020 年上半年不同收入群体的购买力分析的环形图，具体代码如下：

```
#声明 Notebook 类型，必须在引入 pyecharts.charts 等模块之前声明
from pyecharts.globals import CurrentConfig, NotebookType
CurrentConfig.NOTEBOOK_TYPE = NotebookType.JUPYTER_LAB

from pyecharts import options as opts
from pyecharts.charts import Page, Pie
```

```
import pymysql

#连接 MySQL
v1 = []
v2 = []
conn = pymysql.connect(host='127.0.0.1',port=3306,user='root',password=
'root',db='sales',charset='utf8')
cursor = conn.cursor()

#读取 MySQL
sql_num = "SELECT income,ROUND(SUM(sales/10000),2) FROM customers,orders
WHERE customers.customer_id=orders.cust_id and dt=2020 GROUP BY income"
cursor.execute(sql_num)
sh = cursor.fetchall()
for s in sh:
    v1.append(s[0])
    v2.append(s[1])

#绘制环形图
def pie_radius() -> Pie:
    c = (
        Pie()
        .add("",[list(z) for z in zip(v1, v2)],radius=["50%", "65%"],)
        #设置颜色
        .set_colors(["blue", "green", "purple", "red", "silver"])
        .set_global_opts(
            title_opts=opts.TitleOpts(title="2020 年上半年不同收入群体的购买力分
析",title_textstyle_opts=opts.TextStyleOpts(font_size=20)),
            toolbox_opts=opts.ToolboxOpts(),
            legend_opts=opts.LegendOpts(orient="vertical", pos_top="35%",
pos_left="1%",item_width=40,item_height=20,textstyle_opts=opts.TextStyleOpts
(font_size=16)
            ),
        )
        .set_series_opts(label_opts=opts.LabelOpts(formatter="{b}: {c}万",
font_size = 16))
    )
    return c

#在第一次渲染时调用 load_javascript 文件
```

```
pie_radius().load_javascript()
#展示数据可视化图表
pie_radius().render_notebook()
```

在 JupyterLab 中运行上述代码，生成如图 4-10 所示的环形图，注意收入区间是“左开右闭”的，例如，10 万至 20 万的区间不包含 10 万，而包含 20 万。

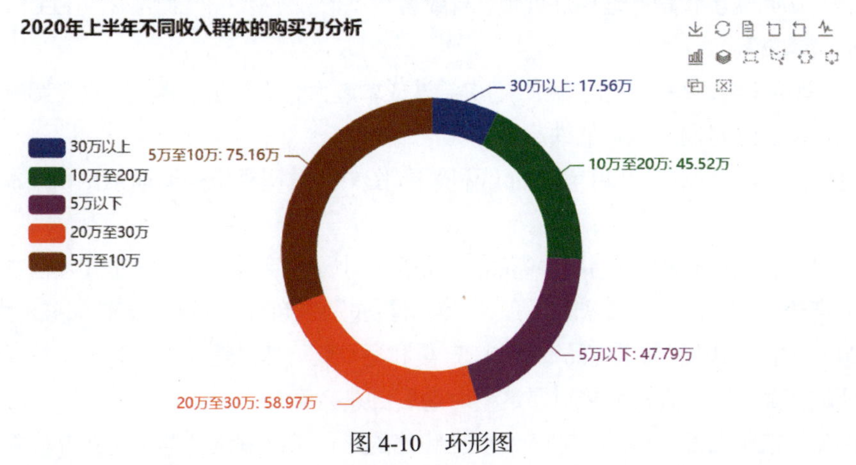


图 4-10　环形图

## 4.2　Pyecharts 数据可视化案例

### 4.2.1　了解企业商品的现状

电商企业单次交易的商品数量相对较少，但是交易次数相对频繁，销售的商品一般是个人、企业或社会团体的生活消费品，交易结束后商品一般进入消费领域。在分析企业经营数据之前首先需要准确了解商品的现状，因为它决定了后续分析的思路和方法，具体可以从以下几个方面进行了解。

① 是不是必需品？非必需品的需求往往与经济环境等因素有关，经济下滑会对非必需品（如手机）和奢侈品（如钻石）产生巨大的影响。

② 是不是大众商品？小众商品很难有大的销售量，而且往往那些综合 B2C 会涉及这些商品，在一个狭窄市场里与众多竞争对手争夺会很难，而且在推广营销上也会受限制。

③ 是否产生重复持续购买行为？如果客户重复持续购买的可能性小，就意味着要把重心放在挖掘新客户上。

④ 是否比线下价格有优势？商品是否比线下实体店更有价格优势，如果没有优势

又没有利润，那么价格战就是亏损，只能走规模经营模式。

⑤ 是否受劣质产品冲击？例如，运动用品，不但要和竞争对手争夺，还要受劣质产品的严重冲击，两面受敌。

⑥ 售后是否麻烦？售后的便利性对商品的销售量也会产生影响，例如，服装等商品不是售后问题多就是处理程序烦琐，导致客户不敢或不愿从网上购买，并且 B2C 本身售后成本就高。

⑦ 单价是否过高？单价越高，初次尝试成本越大，购买阻力越大，也会影响重复持续购买率，这是网上购物的铁律。

⑧ 运输是否便利？在目前的物流环境下，图书和数码相机的运输条件和成本相差很大。

⑨ 是否是主商品？作为副件商品，一是需求小于主商品，二是很难和经营主商品的企业竞争，客户在一个商家就买齐了，为何要去别的商家购买副件，转移成本太高。

⑩ 是否是阶段性需求商品？例如，母婴和运动鞋，其只是人们在某一个特定时期才需要的商品，客户在没到或过了这个时期后自然会流失。

例如，按照上面的标准，电商 A 企业销售的是日常家庭生活类和企业办公类的必需品，单价一般偏低，运输没有严格的要求，是大众化商品，可以产生客户重复持续购买行为，相对线下同类商品更有价格优势，而且售后相对比较方便。

### 4.2.2 制作各类型商品的关键词词云

#### 1. 文本分析简介

文本分析也被称为文字探勘，一般是指在文本处理过程中产生高质量的信息。高质量的信息通常通过分类和预测产生，如模式识别。文本分析的过程为输入文本，然后进行分析，同时加上一些衍生语言特征并消除杂音，接着将其插入数据库中，并产生结构化数据，最后评价和解释输出。典型的文本分析方法包括文本分类、文本聚类、概念/实体挖掘、生产精确分类、观点分析、文档摘要和实体关系模型。

#### 2. 应用场景

词云就是对文本中出现频率较高的关键词予以视觉上的突出，形成“关键词云层”或“关键词渲染”，从而过滤掉大量的文本信息，使用户只要一眼扫过文本就可以领略文本的主旨。

#### 3. WordCloud 配置

Pyecharts 中词云的参数配置如表 4-9 所示。

表 4-9　Pyecharts 中词云的参数配置

| 参　数 | 说　明 |
| --- | --- |
| series_name | 系列名称，用于图例及其筛选 |
| data_pair | 系列数据项，例如[(word1, count1), (word2, count2),…]，其中 word1 是关键词 1，count1 是关键词 1 的数量，word2 是关键词 2，count2 是关键词 2 的数量 |
| shape | 词云图轮廓，可选值有 'circle'、'cardioid'、'diamond'、'triangle-forward'、'triangle'、'pentagon'或'star' |
| word_gap | 单词间隔 |
| word_size_range | 单词字体大小范围 |
| rotate_step | 旋转单词角度 |
| tooltip_opts | 提示框组件配置项 |

### 4. 案例代码

为了分析 A 企业在 2020 年上半年已有商品类型的构成情况，我们绘制了商品类型的关键词词云，具体代码如下：

```
#声明 Notebook 类型，必须在引入 pyecharts.charts 等模块之前声明
from pyecharts.globals import CurrentConfig, NotebookType
CurrentConfig.NOTEBOOK_TYPE = NotebookType.JUPYTER_LAB

from pyecharts import options as opts
from pyecharts.charts import Page, WordCloud
from pyecharts.globals import SymbolType
import pymysql

#连接 MySQL
conn = pymysql.connect(host='127.0.0.1',port=3306,user='root',password=
'root',db='sales',charset='utf8')
sql_num = "SELECT subcategory,count(subcategory) FROM orders where dt=
2020 GROUP BY subcategory"
cursor = conn.cursor()
cursor.execute(sql_num)
sh = cursor.fetchall()
v1 = []
for s in sh:
  v1.append((s[0],s[1]))

#绘制词云
def wordcloud() -> WordCloud:
```

```
    c = (
        WordCloud()
        .add("", v1, word_size_range=[20, 160],shape=SymbolType.DIAMOND)
        .set_global_opts(title_opts=opts.TitleOpts(title="2020年上半年销售商
品类型关键词词云,title_textstyle_opts=opts.TextStyleOpts(font_size=20)"),
toolbox_opts=opts.ToolboxOpts())
    )
    return c

#在第一次渲染时调用 load_javascript 文件
wordcloud().load_javascript()
#展示数据可视化图表
wordcloud().render_notebook()
```

5．案例结论

在 JupyterLab 中运行上述代码，生成如图 4-11 所示的商品类型关键词词云。从图 4-11 中可以明显看出，装订机、书架、电话、标签、配件、美术等文本字体较大，说明该类型的商品销售量较大，商品的市场接受度较高。

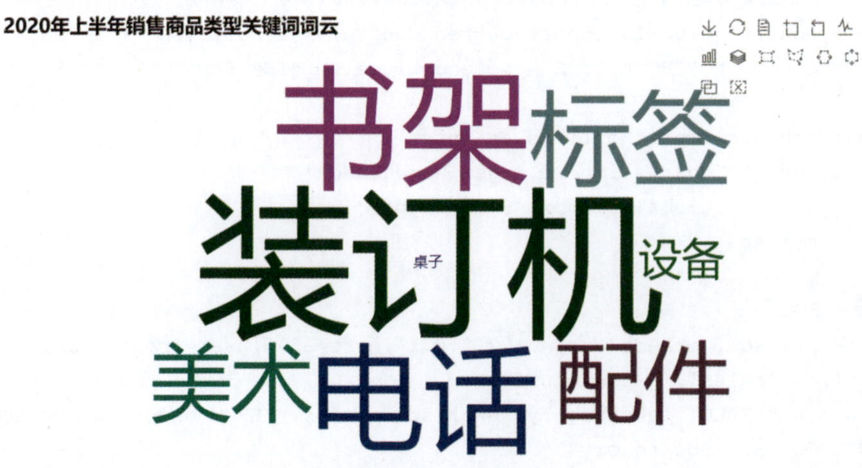


图 4-11　商品类型关键词词云

### 4.2.3　制作商品销售额的主题河流图

1．主题河流图简介

主题河流图是一种特殊的流图，它主要用来表示事件或主题等在一段时间内的变化情况。它是一种围绕中心轴布局的堆积面积图，显示了不同类别的数据随时间的变化情况，使用流动的有机形状，类似于河流的水流。

在主题河流图中，每个流的形状大小与每个类别中的值成比例，平行流动的轴变量一般用于显示时间，在时间序列数据的可视化分析中比较实用。主题河流图是显示大数据集的最优选择，可以显示数据随时间的变化趋势。

#### 2．应用场景

主题河流图在时间序列数据的可视化分析中比较实用，当我们需要探索几个不同主题的热度（或其他统计量）随时间的演变趋势，并在同时期进行比较时就可以使用该图形。

#### 3．ThemeRiver 配置

Pyecharts 中主题河流图的参数配置如表 4-10 所示。

表 4-10　Pyecharts 中主题河流图的参数配置

| 参　　数 | 说　　明 |
| --- | --- |
| series_name | 系列名称，用于图例及其筛选 |
| data | 系列数据项 |
| is_selected | 是否选中图例 |
| label_opts | 标签配置项 |
| tooltip_opts | 提示框组件配置项 |
| singleaxis_opts | 单轴组件配置项 |

#### 4．案例代码

为了深入分析企业在 2020 年 6 月不同类型商品的销售额情况，绘制了不同类型商品的销售额分析的主题河流图，具体代码如下：

```
#声明 Notebook 类型，必须在引入 pyecharts.charts 等模块之前声明
from pyecharts.globals import CurrentConfig, NotebookType
CurrentConfig.NOTEBOOK_TYPE = NotebookType.JUPYTER_LAB

from pyecharts import options as opts
from pyecharts.charts import Page, ThemeRiver
import pymysql

#连接 MySQL
conn = pymysql.connect(host='127.0.0.1',port=3306,user='root',password=
'root',db='sales',charset='utf8')
sql_num = "SELECT order_date,ROUND(SUM(sales),2),category FROM orders
WHERE order_date>='2020-06-01' and order_date<='2020-06-30' GROUP BY
category,order_date"
```

```
cursor = conn.cursor()
cursor.execute(sql_num)
sh = cursor.fetchall()
v1 = []
v2 = []
for s in sh:
  v1.append([s[0],s[1],s[2]])

#绘制主题河流图
def themeriver() -> ThemeRiver:
    c = (
        ThemeRiver()
        .add(
            ["办公用品","家具","技术"],
            v1,
            singleaxis_opts=opts.SingleAxisOpts(type_="time",
pos_bottom="10%"),
        )
        .set_global_opts(title_opts=opts.TitleOpts(title="不同类型商品的销售
额分析",title_textstyle_opts=opts.TextStyleOpts(font_size=20)),
                        toolbox_opts=opts.ToolboxOpts(),
legend_opts=opts.LegendOpts(is_show=True,item_width=40,item_height=20,
textstyle_opts=opts.TextStyleOpts(font_size=16))
                        )
        .set_series_opts(label_opts=opts.LabelOpts(font_size = 16))
    )
    return c

#在第一次渲染时调用 load_javascript 文件
themeriver().load_javascript()
#展示数据可视化图表
themeriver().render_notebook()
```

### 5．案例结论

在 JupyterLab 中运行上述代码，生成如图 4-12 所示的主题河流图。从图 4-12 中可以看出，在 2020 年 6 月，不同类型的商品销售额差异很大，其中，家具类的商品销售额最高，其次是办公用品类，技术类的商品销售额最低。

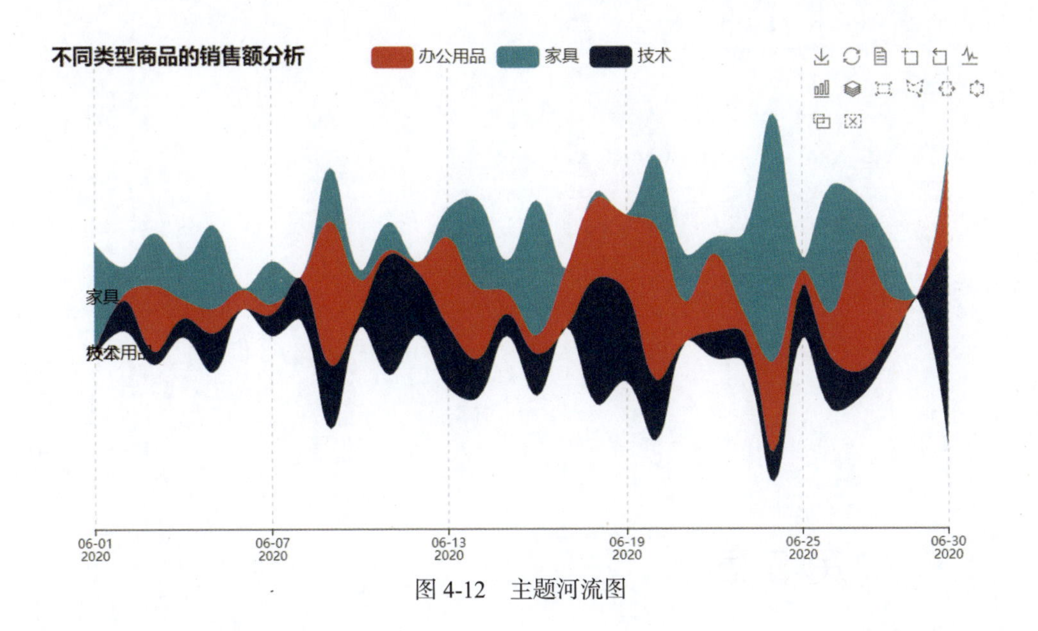


图 4-12　主题河流图

## 4.3　上机实践题

练习 1：通过 pip 安装最新版本的 Pyecharts 可视化库。

练习 2：使用 Pyecharts 可视化库绘制 2020 年上半年各省份销售额的饼图。

练习 3：使用 Pyecharts 可视化库绘制 2020 年上半年企业每日利润额的日历图。

# 第 5 章

# 基于 JavaScript 的交互式可视化库：Bokeh

本章介绍 Bokeh 可视化库（它基于 JavaScript 实现交互式可视化，可以在浏览器中实现美观的视觉效果），重点讲解 Bokeh 在绘制图形时的主要接口和基本配置。

本章从朋友圈营销的角度研究商品营销情况。朋友圈营销是伴随着社交软件的发展而兴起的一种网络营销方式，不存在距离的限制，可以有力地提升企业的盈利能力。

# 5.1　Bokeh 可视化库概述

## 5.1.1　Bokeh 可视化库简介

Bokeh 基于 JavaScript 实现交互式可视化，它可以在 Web 浏览器中实现美观的视觉效果。但是它也有明显的缺点：一是版本时常更新，最重要的是有时语法不向下兼容，这对于开发者来说是噩梦；二是语法晦涩，与 Matplotlib 相比，可以说是有过之而无不及。

如果用户已经安装了 Bokeh 所有的依赖包，如 Numpy，那么可以通过 pip 来安装：pip install bokeh。

### 1．Bokeh 可视化库的优势与挑战

Bokeh 的优势如下。

- 使用 Bokeh，通过简单的指令就可以快速创建复杂的统计图。
- Bokeh 提供到各种媒体，如 HTML、Notebook 文档和服务器的输出。
- 用户可以将 Bokeh 可视化库嵌入 flask 和 django 程序中。
- Bokeh 可以转换写在其他库（如 Matplotlib、Seaborn）中的可视化代码。
- Bokeh 能灵活地将交互式应用、布局或不同样式应用于可视化。

Bokeh 面临的挑战如下。

- 与任何即将到来的开源库一样，Bokeh 正在经历不断地变化和发展。所以，你今天写的代码可能将来并不能被再次完全使用。
- 与 D3.js 相比，Bokeh 的可视化选项相对较少。因此，短期内 Bokeh 无法超越 D3.js。

Bokeh 的输出方式如下。

我们可以看到用户指南的很多示例中有多种输出文件的方式，常用的有以下几种。

- output_file：用于生成独立的 Bokeh 图表的 HTML 文件。
- output_notebook：用于在 Jupyter Notebook 上嵌入 Bokeh 图形。
- output_server：用于在一个运行着的 Bokeh 服务器上安装 Bokeh 应用。

### 2．Bokeh 可视化库的重要概念

应用：Bokeh 应用指的是一个已经渲染过的文件，结果一般显示在浏览器中。

BokehJS 文件：Bokeh 的 JavaScript 文件主要用于渲染图形和 UI 中的交互。一般用户不需要考虑 JavaScript 文件中的内容。

图表：静态图都可以由 Bokeh 提供的 bokeh.charts 高级接口来快速构建。

标志：标志是构建 Bokeh 图形的基础元素，比如，曲线、三角形、方形、楔形、图标等都属于标志。bokeh.plotting 接口提供了便捷的方法来创建自定义标志。

模型：模型是 Bokeh 中底层的类，模型的作用是组成 Bokeh 应用的整个“轮廓”（Scene Graphs）。这些类存储在 bokeh.models 接口中。

Bokeh 服务器：Bokeh 服务器主要用于发布或分享 Bokeh 图形或者应用，它的特点是可以处理大型流式数据集。

### 3．Bokeh 可视化库绘图的基本步骤

Bokeh 是一个很大的库，功能丰富，绘图步骤与其他库基本类似，下面通过绘制一个简单的折线图进行介绍：

```
#导入图表绘制、图标展示模块
from bokeh.plotting import figure,show
#导入 notebook 绘图模块
from bokeh.io import output_notebook

#notebook 绘图命令
output_file("折线图.html")

#创建图表，设置宽度、高度
p = figure(plot_width=600, plot_height=400)
#创建一个折线图
p.line([1, 2, 3, 4, 5], [6, 7, 2, 4, 5], legend_label="折线图",
line_width=2)

#显示折线图
show(p);
```

通过运行上述的代码，将会在项目的当前目录下生成一个“折线图.html”文件，并且浏览器会自动打开一个新标签页，弹出刚刚创建的折线图，如图 5-1 所示。

通过上述绘制折线图的过程，可以看出用 bokeh.plotting 接口绘制图表的步骤如下。

① 准备可视化视图的数据，一般是列表 list 类型。

② 指定一个输出（用 output_file()函数指定输出的文件名，如“折线图.html”）。

③ 调用 figure()函数创建图表容器并设置整体参数，如 title、tools 和 plot_width。

④ 将数据传入渲染函数（如 Figure.line()函数），并指定视觉参数，如图例。

⑤ 调用 show()或者 save()来显示或保存可视化图形。

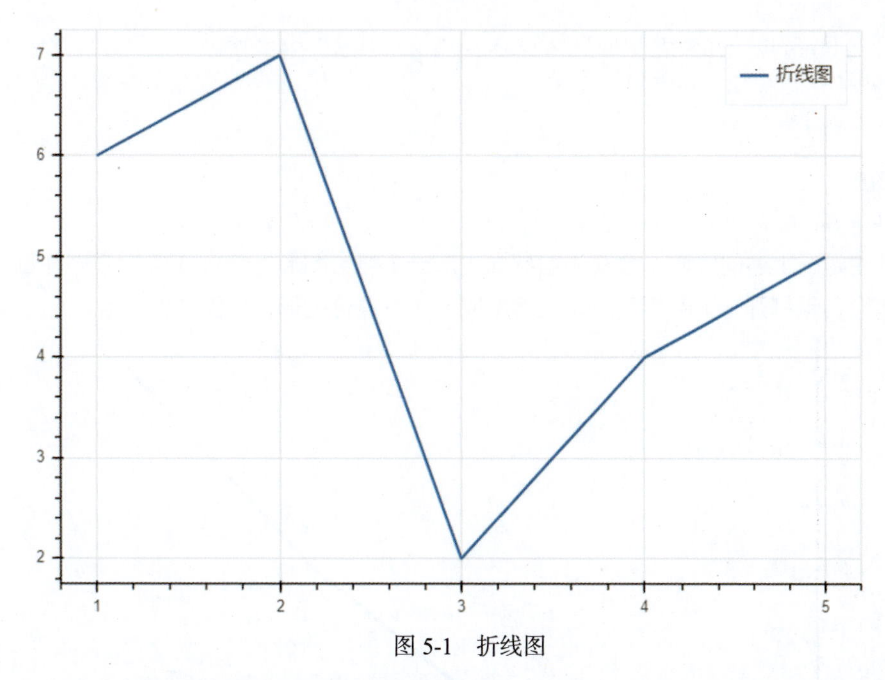


图 5-1　折线图

上述介绍的是使用 Bokeh 绘制简单折线图的步骤，但其也适用于绘制比较复杂的图形，例如，绘制包含 3 条折线的复合图形，具体代码如下：

```
#导入图表绘制、图标展示模块
from bokeh.plotting import figure, output_file, show

#准备数据
x = [0.6, 0.9, 1.5, 2.1, 3.3, 4.5, 6.0]
y0 = [0.36,0.81,2.25,4.41,10.89,20.25,36]
y1 = [1.7,2.3,3.5,4.7,7.1,9.5,12.5]

#创建图表
p = figure(plot_width = 600, plot_height = 400,   #图表宽度、高度
        tools="pan,box_zoom,reset,save",          #设置工具栏，默认全部显示
        x_axis_label='x', y_axis_label='y'        #设置 x 轴、y 轴标签
)

#添加图形渲染器
p.line(x, x, legend_label="y=x")
p.circle(x, x, legend_label="y=x", fill_color="white", size=8)
p.line(x, y0, legend_label="y=x^2", line_width=3)
p.line(x, y1, legend_label="y=2x+0.5", line_color="red")
```

```
p.circle(x, y1, legend_label="y=2x+0.5", fill_color="red",
line_color="red", size=6)

p.legend.location = "top_left"
#显示图形
show(p)
```

通过运行上述的代码，会在当前界面生成一个复合图形，包含 3 条折线，并且浏览器也会自动打开一个新标签页，显示刚刚创建的复合图形，如图 5-2 所示。

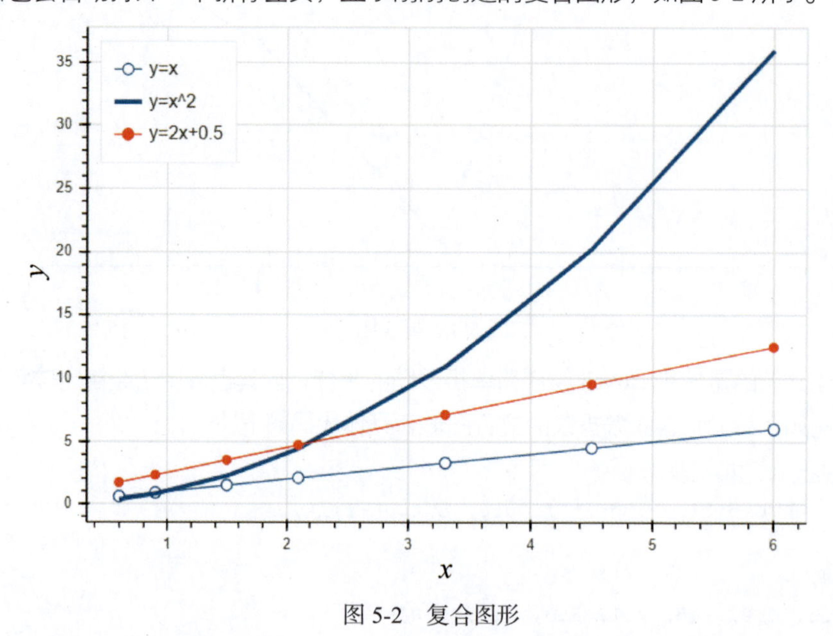


图 5-2　复合图形

## 5.1.2　Bokeh 主要接口

Bokeh 是致力于网页浏览器展示的 Python 交互式可视化库，它能读取巨大的数据集或者流数据，以简单快捷的方式为网页提供优美、简洁、高交互的图形。

Bokeh 不仅为数据科学家及相关领域的专家提供了便捷的可视化接口，还为软件开发者和工程师提供了丰富的接口，使其可以配置更多成熟的特性。正因为如此，Bokeh 的方法是分等级的，不同等级的需求和特性对应不同等级的接口，从而提高代码的重复利用率，这些方法的使用基本都是相同的。

为了能让用户自定义简单、高性能、灵活的图表，Bokeh 开放了两个等级的接口。

- bokeh.models：为应用程序开发人员提供高灵活性的低级接口。
- bokeh.plotting：为可视化分析人员提供具有可视符号的高级接口。

### 1．bokeh.models

Bokeh 实际上是由 JavaScript 和 Python 两个组件库构成的。

① 在浏览器中运行的 JavaScript 库（即 BokehJS）负责所有的页面渲染和用户交互。BokehJS 的输入是一个用来构成网页“轮廓”的 JSON 对象集，该对象集包括图形中的所有元素。

② Python 库或其他语言类型的库可以生成上述的 JSON 对象。这一过程是在库的底层完成的，可以将代码中设置的内容和属性转化成 JSON 对象。

使用 bokeh.models 接口，开发者可以随意搭配图形，并可以亲自参与构建页面的“轮廓”，但是可视化结果可能没有意义，因此大多数用户除非有特殊的需求，否则更喜欢使用高级接口。

### 2．bokeh.plotting

bokeh.plotting 接口是 Bokeh 的高级接口，该接口的作用和 Matplotlib 的绘图函数的作用类似，主要用于让用户选择合适的参数设置，若不指定，则图形使用默认的坐标轴、网格线和工具等。

bokeh.plotting 接口的重要类是 Figure 类，它继承 Plot，所以可以非常轻松地在图形中添加各种标志，用户一般通过调用 figure()函数来创建一个 Figure 对象。

下面通过一个案例来介绍 bokeh.plotting 接口的用法，具体代码如下：

```
#导入图表绘制、图标展示模块
from bokeh.plotting import figure,show,output_file

#创建工作目录
import os
os.chdir('D:/Python 商业数据可视化实战/ch05')

#notebook 绘图命令，创建 HTML 文件，运行后会弹出 HTML 窗口
output_file("Bokeh.html")

#创建基础散点图
p = figure(plot_width=600, plot_height=400)    #创建图表，设置宽度、高度
p.circle([6,5,8,3,5,3,6,8,3,8,2,4,7], [3,7,6,4,5,8,9,5,6,8,7,9,7], size=20,
color="blue", alpha=0.5)

#显示图形
show(p)
```

通过运行上述的代码，将会在浏览器中生成一个散点图，如图 5-3 所示。

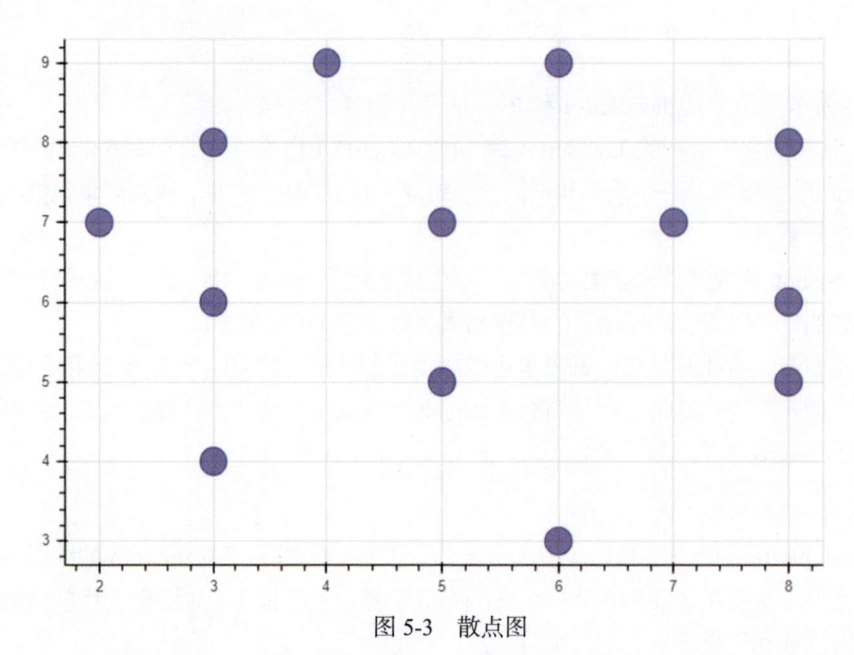


图 5-3　散点图

上述代码中使用 figure()函数创建图形，然后用 Figure.circle 在图中添加了圆标志，并不需要为图形配置坐标轴或者网格线等，而且工具栏上的工具也只需要传入相应的名称即可，最后用输出函数将图形输出。

上面使用 figure()函数创建了比较简单的散点图，我们还可以进一步修改参数，使其更加美观，例如，添加 line_color 和 fill_color 等参数，具体代码如下：

```
#导入相应的库
import pandas as pd
import numpy as np

#创建图表
p = figure(plot_width=600, plot_height=400)
df = pd.DataFrame(np.random.randn(100, 2), columns = ['A', 'B'])

#设置点大小字段
df['size'] = np.random.randint(10,30,100)

#调色盘，在数据中增加 color1 标签
df['color1'] = np.random.choice(['red', 'green', 'blue'], 100)

p = figure(plot_width=600, plot_height=400)
p.circle(df['A'], df['B'],                #设置散点图横坐标和纵坐标的数值
```

```
        line_color = 'white',      #设置点边线为白色
        fill_color = df['color1'],fill_alpha = 0.5,    #设置内部填充颜色
        size = df['size']          #设置点大小，这里按照 size 的随机数设置点大小
       )

show(p);
```

通过运行上述的代码，将会在浏览器中生成美化后的散点图，如图 5-4 所示。

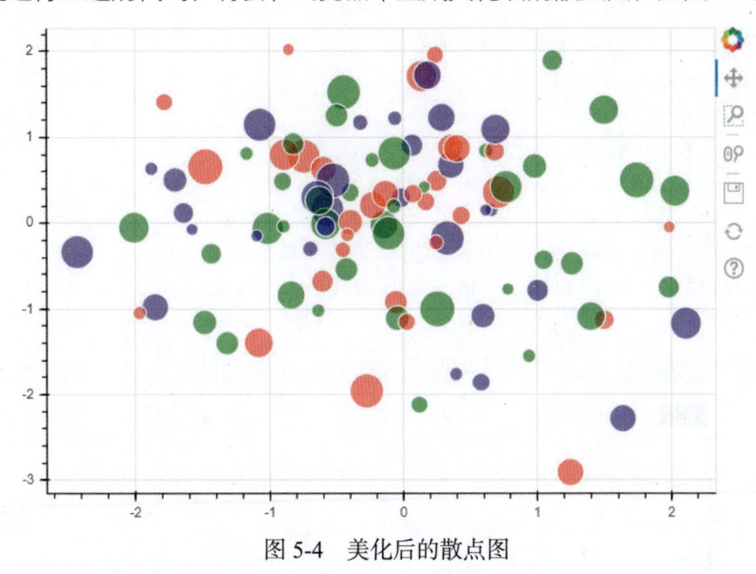

图 5-4　美化后的散点图

## 5.1.3　Bokeh 基本配置

使用 Bokeh 可以很方便地自定义各类交互式视图，下面通过案例逐一介绍 Bokeh 的基本配置，包括图表工具、颜色设置、边框设置、背景设置、外边界背景设置、轴设置、网格设置、图例设置和注释设置等。

### 1．图表工具

```
#导入相应的库
import pandas as pd
import numpy as np

#生成绘图数据
df = pd.DataFrame(np.random.randn(100, 2), columns = ['A', 'B'])

#创建图表工具，设置基本参数
p = figure(plot_width = 600, plot_height = 400,    #图表宽度、高度
```

```
        tools = 'pan,box_zoom,save,reset,help', #设置工具栏，默认全部显示
        toolbar_location='above',               #工具栏位置：'above'
"below", "left", "right"
        x_axis_label = 'A', y_axis_label = 'B', #x 轴、y 轴标签
        x_range = [-3,3], y_range = [-3,3],     #x 轴、y 轴刻度范围
        title="散点图"                           #设置图表标题
       )

#设置图表标题的颜色、字体、风格和背景颜色
p.title.text_color = "red"
p.title.text_font = "times"
p.title.text_font_style = "italic"
p.title.background_fill_color = "black"

#创建散点图，这里 circle()是 Figure 类的一个绘图函数
p.circle(df['A'], df['B'], size = 20, alpha = 0.5)
show(p);
```

通过运行上述的代码，将会在浏览器中生成一个普通的散点图，如图 5-5 所示。

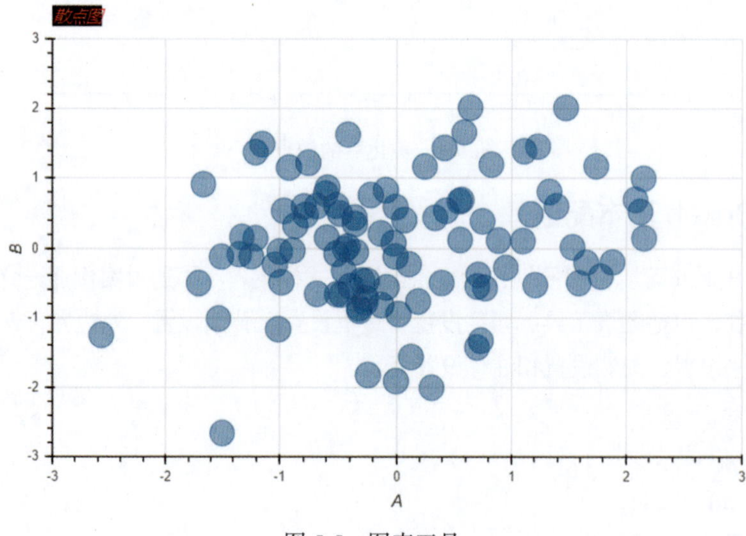


图 5-5　图表工具

### 2. 颜色设置

```
#导入相应的库
import pandas as pd
import numpy as np
```

```
#生成绘图数据
df = pd.DataFrame(np.random.randn(100, 2), columns = ['A', 'B'])

#绘制散点图
p = figure(plot_width=600, plot_height=400)
p.circle(df.index, df['A'], color = 'green', size=10,  alpha=0.5)
p.circle(df.index, df['B'], color = '#FF0000', size=10,  alpha=0.5)

show(p);
```

通过运行上述的代码，将会在浏览器中生成一个带颜色的散点图，如图 5-6 所示。

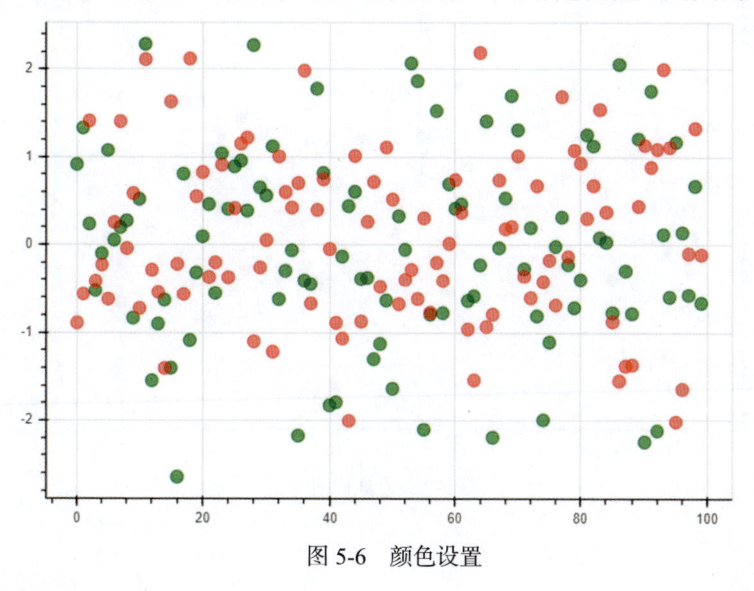


图 5-6　颜色设置

### 3．边框设置

```
#导入相应的库
import pandas as pd
import numpy as np

#生成绘图数据
df = pd.DataFrame(np.random.randn(200, 2), columns = ['A', 'B'])

#绘制散点图
p = figure(plot_width=600, plot_height=400)
p.circle(df.index, df['A'], color = 'green', size=10,  alpha=0.5)
p.circle(df.index, df['B'], color = '#FF0000', size=10,  alpha=0.5)
```

```
#设置图表边框
p.outline_line_width = 7          #边框宽
p.outline_line_alpha = 0.3        #边框透明度
p.outline_line_color = "navy"     #边框颜色
p.outline_line_dash = [6, 4]

show(p)
```

通过运行上述的代码，将会在浏览器中生成一个带边框的散点图，如图 5-7 所示。

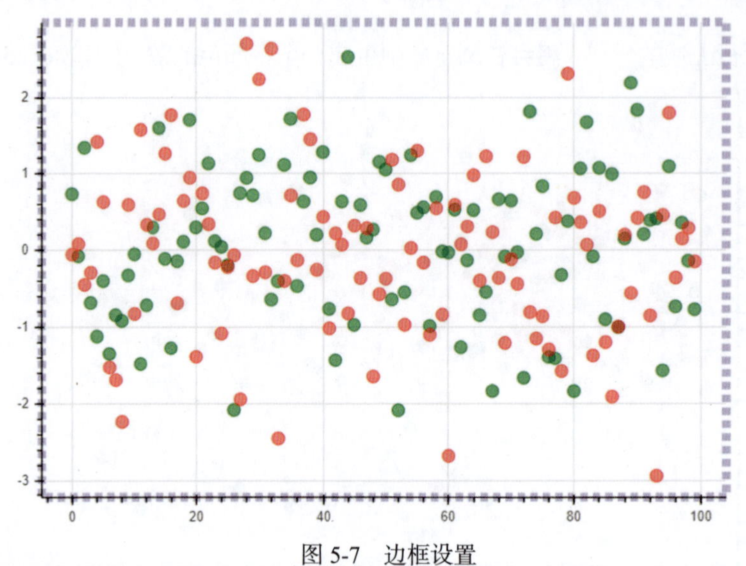


图 5-7　边框设置

#### 4. 背景设置

```
#导入相应的库
import pandas as pd
import numpy as np

#生成绘图数据
df = pd.DataFrame(np.random.randn(200, 2), columns = ['A', 'B'])

#绘制散点图
p = figure(plot_width=600, plot_height=400)
p.circle(df.index, df['A'], color = 'green', size=10, alpha=0.5)
p.circle(df.index, df['B'], color = '#FF0000', size=10, alpha=0.5)

#设置背景参数
p.background_fill_color = "beige"     #设置绘图空间背景颜色
```

```
p.background_fill_alpha = 0.5      #设置绘图空间背景透明度

show(p);
```

通过运行上述的代码，将会在浏览器中生成一个带图形背景的散点图，如图 5-8 所示。

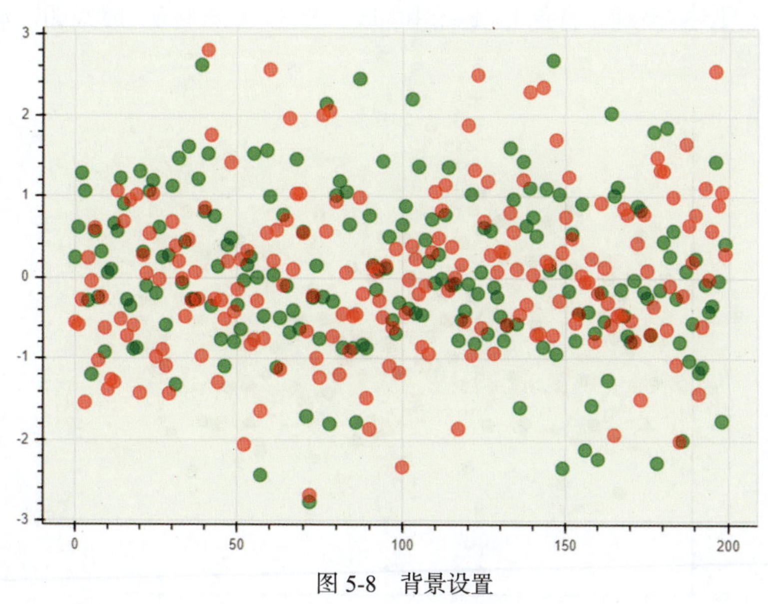


图 5-8　背景设置

### 5．外边界背景设置

```
#导入相应的库
import pandas as pd
import numpy as np

#生成绘图数据
df = pd.DataFrame(np.random.randn(100, 2), columns = ['A', 'B'])

# 绘制散点图
p = figure(plot_width=600, plot_height=400)
p.circle(df.index, df['A'], color = 'green', size=10,  alpha=0.5)
p.circle(df.index, df['B'], color = '#FF0000', size=10,  alpha=0.5)


p.border_fill_color = "whitesmoke"    #外边界背景颜色
p.border_fill_alpha = 0.5             #外边界背景透明度
p.min_border_left = 80                #外边界背景左侧宽度
```

```
p.min_border_right = 80                     #外边界背景右侧宽度
p.min_border_top = 10                       #外边界背景上侧宽度
p.min_border_bottom = 10                    #外边界背景下侧宽度

show(p);
```

通过运行上述的代码，将会在浏览器中生成一个带外边界背景的散点图，如图 5-9 所示。

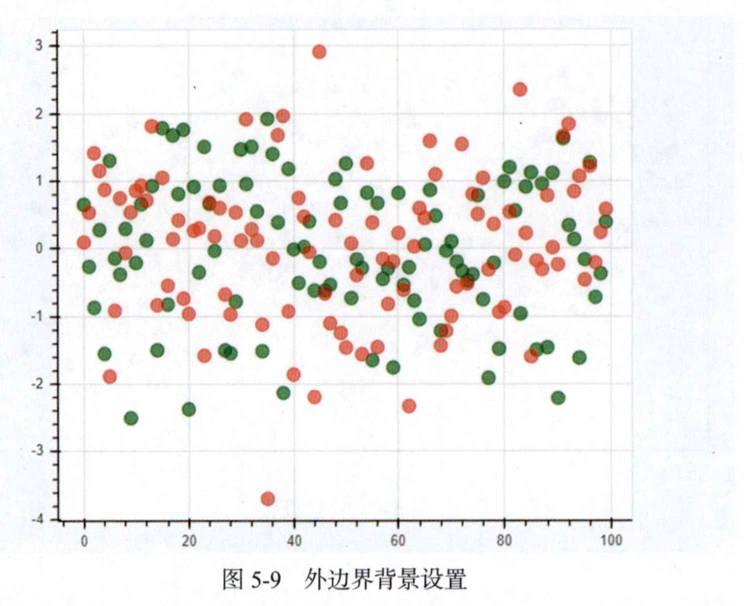


图 5-9　外边界背景设置

## 6. 轴设置

```
#导入相应的库
import pandas as pd
import numpy as np
from bokeh.plotting import figure, output_file,show

#生成绘图数据
df = pd.DataFrame(np.random.randn(200, 2), columns = ['A', 'B'])

#绘制图表
p = figure(plot_width=600, plot_height=400)
p.circle(df['A'],df['B'], size=10)

#设置 x 轴的标签、线宽、颜色
p.xaxis.axis_label = "小组编号"
```

```
p.xaxis.axis_label_text_color = "#aa6666"
p.xaxis.axis_label_standoff = 5
p.xaxis.axis_line_width = 3
p.xaxis.axis_line_color = "red"
p.xaxis.axis_line_dash = [6, 4]    #虚线：6条虚线、5个格子

#设置y轴的标签、字体颜色、字体角度
p.yaxis.axis_label = "销售数量"
p.yaxis.axis_label_text_font_style = "italic"
p.yaxis.major_label_text_color = "orange"
p.yaxis.major_label_orientation = "vertical"

#设置刻度
p.axis.minor_tick_in = 10    #刻度向绘图区域内延伸；设置为负值就是向绘图区域外延伸
p.axis.minor_tick_out = 3    #刻度向绘图区域外延伸

#设置轴刻度范围
p.xaxis.bounds = (-4, 4)

show(p);
```

通过运行上述的代码，将会在浏览器中生成一个带轴的散点图，如图5-10所示。

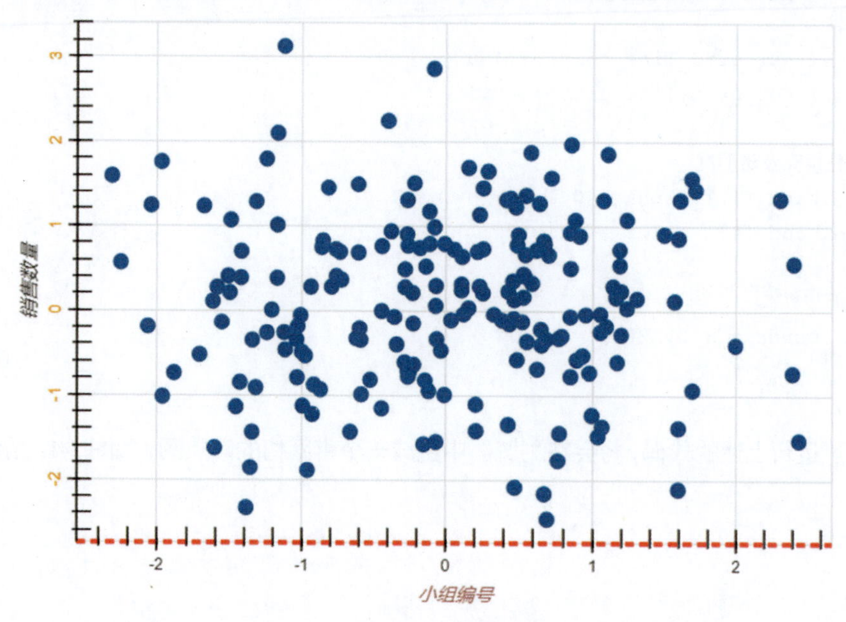


图5-10　轴设置

### 7．网格设置

```
#导入相应的库
import pandas as pd
import numpy as np
from bokeh.plotting import figure, output_file,show

#生成绘图数据
df = pd.DataFrame(np.random.randn(200, 2), columns = ['A', 'B'])

#绘制散点图
p = figure(plot_width=600, plot_height=400)
p.circle(df.index, df['A'], color = 'green', size=10,  alpha=0.5)
p.circle(df.index, df['B'], color = '#FF0000', size=10,  alpha=0.5)

#设置颜色，值为None时不显示颜色
p.xgrid.grid_line_color = 'red'

#设置透明度及虚线，通过设置间隔来形成虚线
p.ygrid.grid_line_alpha = 0.1
p.ygrid.grid_line_dash = [11, 4]

#设置次轴
p.xgrid.minor_grid_line_color = 'navy'
p.xgrid.minor_grid_line_alpha = 0.1

#设置颜色填充及透明度
p.ygrid.band_fill_alpha = 0.1
p.ygrid.band_fill_color = "navy"

#设置填充边界
p.grid.bounds = (-3, 200)

show(p);
```

通过运行上述的代码，将会在浏览器中生成一个带网格的散点图，如图 5-11 所示。

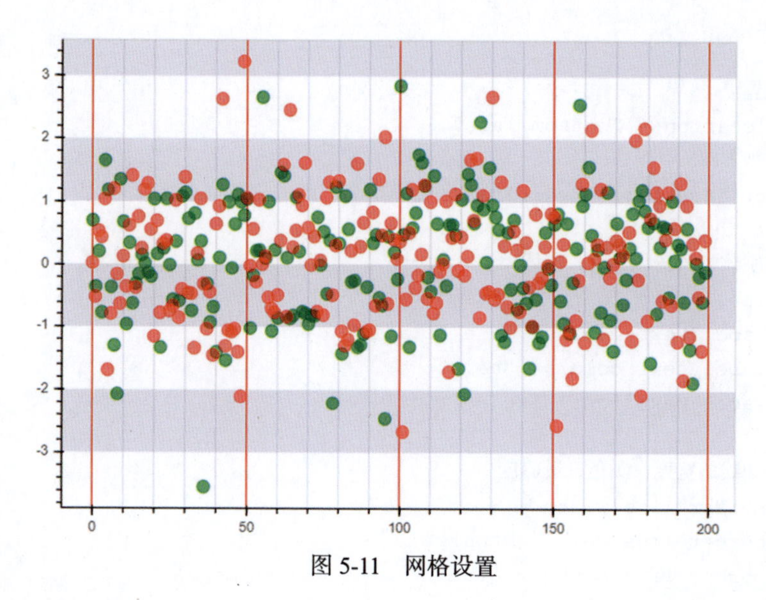


图 5-11　网格设置

## 8．图例设置

```
#导入相应的库
import pandas as pd
import numpy as np
from bokeh.plotting import figure, output_file,show

#创建图表
p = figure(plot_width=600, plot_height=400)

#设置 x，y
x = np.linspace(0, 4*np.pi, 200)
y = np.cos(x)

#绘制线图 1，设置图例名称
p.circle(x, y, legend="cos(x)")
p.line(x, y, legend="cos(x)")

#绘制线图 2，设置图例名称
p.line(x, 2*y, legend="2*cos(x)",line_dash=[4, 4], line_color="orange",
line_width=2)

#绘制线图 3，设置图例名称
p.square(x, 3*y, legend="3*cos(x)", fill_color=None, line_color="green")
p.line(x, 3*y, legend="3*cos(x)", line_color="green")
```

```
#设置图例位置
p.legend.location = "bottom_left"
#设置图例排列方向
p.legend.orientation = "vertical"

#设置图例的字体、风格、颜色、字体大小
p.legend.label_text_font = "times"
p.legend.label_text_font_style = "italic"
p.legend.label_text_color = "navy"
p.legend.label_text_font_size = '10pt'

#设置图例外边线的宽度、颜色、透明度
p.legend.border_line_width = 3
p.legend.border_line_color = "navy"
p.legend.border_line_alpha = 0.5

#设置图例背景颜色、透明度
p.legend.background_fill_color = "gray"
p.legend.background_fill_alpha = 0.2

show(p);
```

通过运行上述的代码，将会在浏览器中生成一个带图例的余弦函数图，如图 5-12 所示。

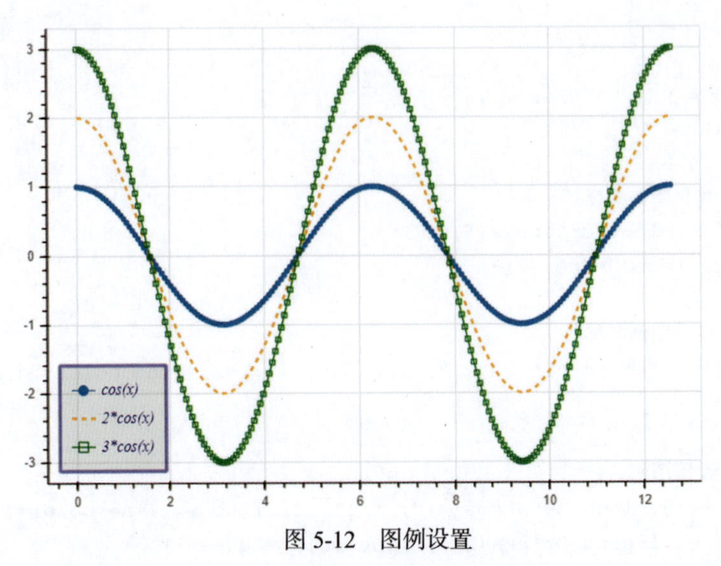


图 5-12　图例设置

### 9．注释设置

```
#导入 Label 模块，注意是 annotations 中的 Label
from bokeh.models.annotations import Label
from bokeh.plotting import figure, output_file,show

#绘制散点图
p = figure(plot_width=600, plot_height=400, x_range=(0,10), y_range=(0,10))
p.circle([2,5,8,3,5,3,6,8], [4,7,6,4,5,8,9,5], color="olive", size=10)

#绘制注释
label = Label(x=5, y=7,                  #标注注释位置
          x_offset=12,                   #x 轴偏移距离，同理，y_offset
          text="B 点",                   #注释内容
          text_font_size="12pt",         #注释字体大小
          border_line_color="red", background_fill_color="gray",
background_fill_alpha = 0.5              #背景线条颜色、背景颜色、透明度
         )
p.add_layout(label)

show(p);
```

通过运行上述的代码，将会在浏览器中生成一个带注释的散点图，如图 5-13 所示。

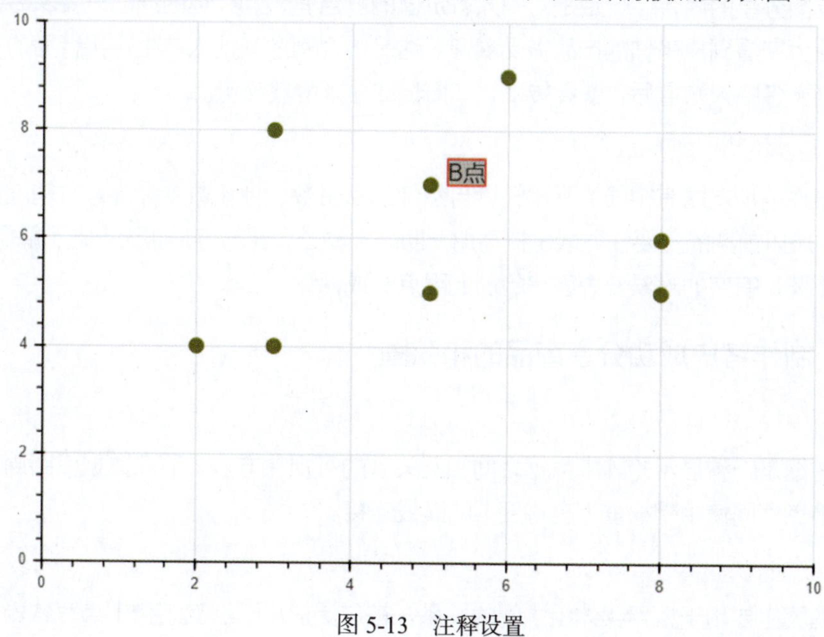


图 5-13　注释设置

## 5.2 Bokeh 数据可视化案例

### 5.2.1 做好朋友圈的商品营销

移动互联网时代，微信等社交平台产生的商业价值、商业影响力是不容忽视的，借助平台与客户建立连接，已成为一种效果明显的营销方式。特别是利用朋友圈打造的“隐形广告”，在无形之中就能完成产品的销售。那么如何做好朋友圈的商品营销呢？

#### 1．个人定位

朋友圈首先应该有一个定位，内容杂乱，不方便传播。一个能让别人产生认同感的朋友圈，一定是彰显个性、表露优点，以及贴近生活的。因此在朋友圈营销商品前，首先要打造个人形象，先推销自己，再宣传产品，这样会增加别人的信任感。

#### 2．坚持原创

在编写朋友圈营销文案的时候应该坚持原创，因为只有原创才会有差异性、新鲜感和吸引力，别人才能看到一个真实的你。只有保持坦诚的生活态度，才能让别人对你产生信任感。原创的文案，一般互动性很高，销售效果自然也会更好。

#### 3．善于分享有价值的内容

朋友圈分享的内容，一定是对别人有价值的。当有人购买你的产品时要及时分享出去，让大家看到原来你的产品很受欢迎。这是一个刺激其他人产生购买行为的有效方式，当更多的人知道后，就会转发，从而促成更多的成交量。

#### 4．互动技巧

如果你的朋友圈有很强的互动性，自然你的点赞数、评论数就会高，营销就会做得成功。所以前期的主要任务就是提高朋友圈的互动性，要与客户聊天，先了解需求，再对症下药，有空的时候要去客户的朋友圈点赞或评论。

### 5.2.2 制作客户成功分享商品的和弦图

#### 1．和弦图简介

和弦图是一种显示矩阵中数据之间相互关系的可视化方法，节点数据沿圆周径向排列，节点之间使用带权重（有宽度）的弧线连接。

#### 2．应用场景

和弦图主要用于探索实体组之间的关系，被广泛应用于层次结构中具有依赖关系的场景。

### 3．案例代码

例如，客户在购买商品后，通过分享可以获得福利和佣金，下面我们绘制客户成功分享商品的和弦图，具体代码如下：

```
#导入相关库
import holoviews as hv
from holoviews import opts, dim
import pandas as pd
hv.extension('bokeh')

#导入数据
share='D:/Python 商业数据可视化实战/ch05/share.csv'
customers ='D:/Python 商业数据可视化实战/ch05/customers.csv'
share = pd.read_csv(share)
customers = pd.read_csv(customers)
share = pd.DataFrame(share)
customers = pd.DataFrame(customers)

#统计客户的分享数量
share_counts = share.groupby(['SharerID',
'SharedID']).Stops.count().reset_index()
nodes = hv.Dataset(customers, 'CustID', 'Name')
chord = hv.Chord((share_counts, nodes), ['SharerID', 'SharedID'], ['Stops'])

#选择成功分享商品最多的 20 个客户
share_most = list(share.groupby('SharerID').count().sort_values('Stops')
.iloc[-20:].index.values)
share_customers = chord.select(CustID=share_most, selection_mode='nodes')
share_customers.opts(
    opts.Chord(cmap='Category20', edge_color=dim('SharerID').str(),
            labels='Name', node_color=dim('CustID').str(), height=600,
width=600,
            title='2020 年 6 月成功分享商品最多的 20 个客户'))
```

### 4．案例结论

在 JupyterLab 中运行上述代码，生成如图 5-14 所示的和弦图。从图 5-14 中可以看出，2020 年 6 月成功分享商品最多的 20 个客户的姓名及商品的分享情况。

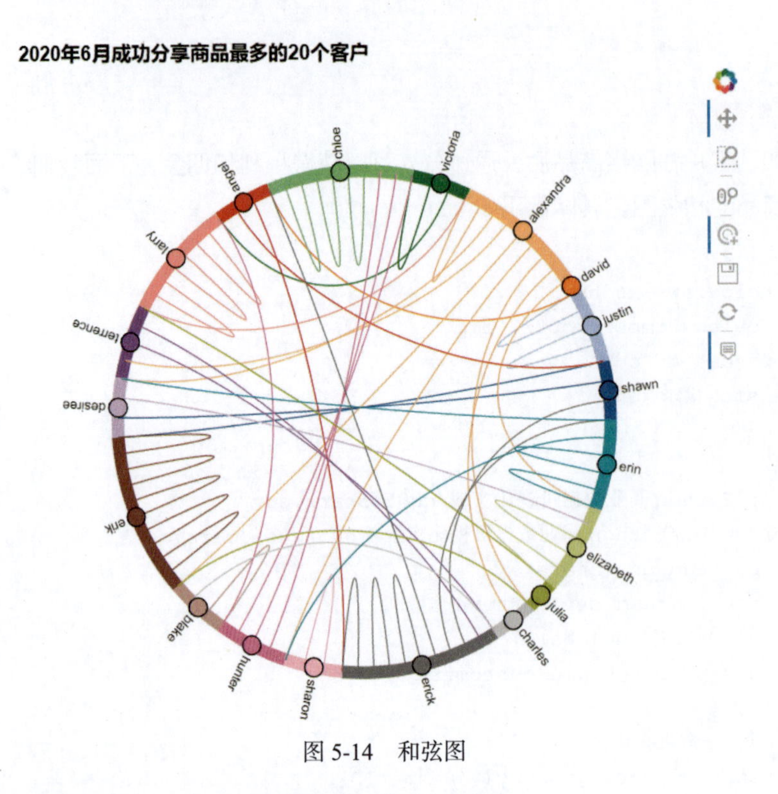


图 5-14　和弦图

### 5.2.3 制作客户成功分享商品的网络关系图

#### 1．网络关系图简介

网络关系图是十分常见的一类数据图，代表各种个人或组织之间的关系。网络中的节点表示人、组织、计算机、其他信息或知识处理实体，连线表示节点之间的关系或信息流动，信息流动的方式有很多，如电话、短信、评价等。

#### 2．应用场景

当需要深入研究个人或组织之间的关系时，例如，商品推荐、社交网络、金融风控、网络安全等，可使用网络关系图。

#### 3．案例代码

客户在购买商品后，通过分享购买体验，所有客户之间就会形成一个庞大的网络，从而使其他客户购买商品。下面绘制客户成功分享商品的网络关系图，具体代码如下：

```
#导入相关库
import holoviews as hv
from holoviews import opts, dim
```

```
import pandas as pd
hv.extension('bokeh')
import networkx as nx

#中文字体设置
from matplotlib import pyplot as plt
plt.rcParams['font.sans-serif'] = ['SimHei']

#导入数据
share='D:/Python 商业数据可视化实战/ch05/share.csv'
customers ='D:/Python 商业数据可视化实战/ch05/customers.csv'
share = pd.read_csv(share)
customers = pd.read_csv(customers)
share = pd.DataFrame(share)
customers = pd.DataFrame(customers)

#选择成功分享商品最多的 5 个客户
share_most = list(share.groupby('SharerID').count().sort_values('Stops').iloc
[-5:].index.values)
print(share_most)
share = share[share['SharerID'].isin(share_most)]

def my_point(a,b):
    return (a,b)
share['point']=share.apply(lambda row:my_point(row['SharerID'],row
['SharedID']),axis=1)

#指定图形大小
plt.figure(figsize=[15,10])
#设置图形参数
nodes=share_most
edges=share['point']
G=nx.Graph()
G.add_nodes_from(nodes)
G.add_edges_from(edges)

#设置图形布局
pos=nx.spring_layout(G)

#绘制网络关系图
```

```
plt.title('客户成功分享商品的网络关系图')
nx.draw_networkx(G, with_labels=True, node_size=25,node_color='red')
plt.show()
```

### 4．案例结论

在 JupyterLab 中运行上述代码，生成如图 5-15 所示的网络关系图。从图 5-15 中可以看出，客户成功分享商品的网络关系图有 5 个重要的节点，即 5 个重要的客户，维护好这 5 个客户，对企业的商品营销意义重大。

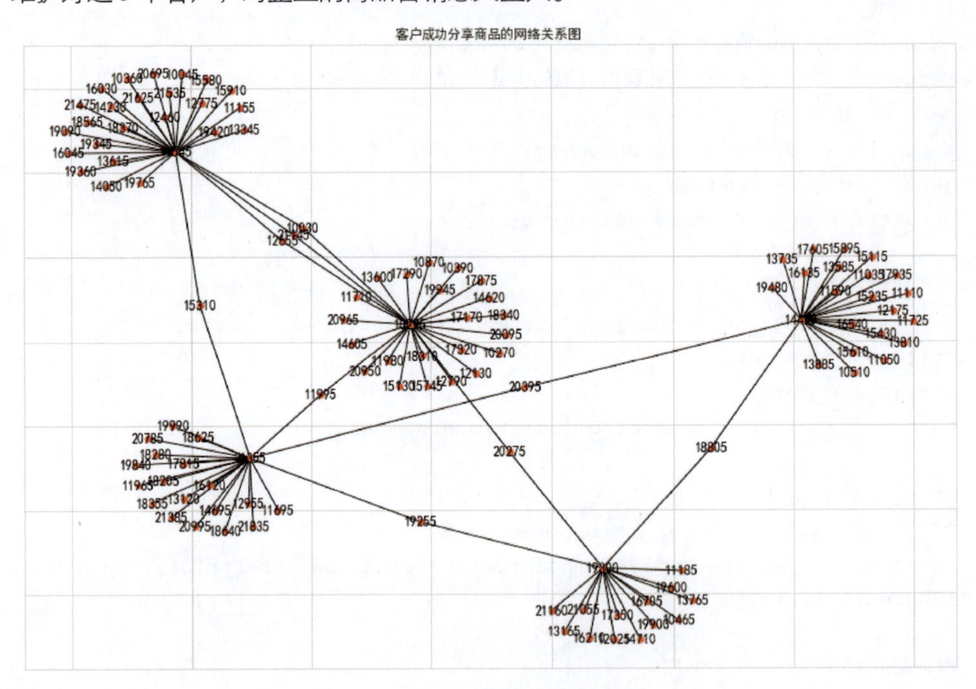


图 5-15　网络关系图

## 5.3　上机实践题

练习 1：通过 pip 安装最新版本的 Bokeh 可视化库。

练习 2：使用 Bokeh 可视化库绘制 2020 年上半年各省份商品销售额的饼图。

练习 3：使用 Bokeh 可视化库绘制 2020 年上半年各省份销售额和利润额的散点图。

# 第6章

# 用较少的代码呈现视图：HoloViews

本章介绍HoloViews可视化库（它旨在使数据分析和可视化更加简便），重点讲解HoloViews在绘制图形时的参数配置和组成对象。

本章从客户价值的角度研究不同类型客户的价值，客户价值是企业从客户中获得的利润，价值分析可以提升企业的盈利能力，支撑企业发展得更好。

## 6.1 HoloViews 可视化库概述

### 6.1.1 HoloViews 可视化库简介

HoloViews 是一个面向数据分析和可视化的开源插件库，旨在使数据分析和可视化更加简便。通常它可以用很少的代码表达用户想要做的事情，专注于试图探索和传递的内容，而不是结果，用户可以通过 pip install holoviews 命令安装。

HoloViews 在很大程度上依赖于语义注释，即声明的元数据，它使 HoloViews 可以解释数据所表示的内容，以及自动执行复杂的任务。3 种主要的注释关联如下。

- 元素类型：用于声明所拥有的数据种类。
- 元素尺寸：用于指定数据所在的抽象空间。
- 组和标签：用于声明元素的类别和描述。

#### 1. 元素类型

用户可以从不同的 HoloViews 元素类型中选择合适的类型来实现可视化，例如，有两个数字列表，可以通过选择曲线元素类型进行信息传递。

```
xs = range(-10,11)
ys = [100-x**2 for x in xs]
curve = hv.Curve((xs, ys))
curve.opts(fontsize={'labels': 16, 'xticks': 13, 'yticks': 13})
```

在 JupyterLab 中运行上述代码，生成如图 6-1 所示的曲线。

#### 2. 元素尺寸

HoloViews 中的每种元素类型都可以处理一定数量和类型的维度，例如，上述的曲线对象具有两个维度。这两个维度在语义上是不同的，其中，xs 是一组任意值，然后计算了一个对应的值来构成每个 ys。HoloViews 将这两种不同类型的变量称为键维（kdims）和值维（vdims）。不同的元素具有不同数量的键维和值维，例如，曲线始终具有一个键维和一个值维。

由于在声明上述曲线时未指定尺寸，因此图 6-1 中的键维和值维使用默认名称 x 和 y。覆盖默认尺寸名称最简单的方法是为尺寸提供字符串，构造函数中的第 2 个参数为键维，第 3 个参数为值维，代码如下：

```
trajectory = hv.Curve((xs, ys), 'distance', 'height')
trajectory.opts(fontsize={'labels': 16, 'xticks': 13, 'yticks': 13})
```

在 JupyterLab 中运行上述代码，生成如图 6-2 所示的曲线。

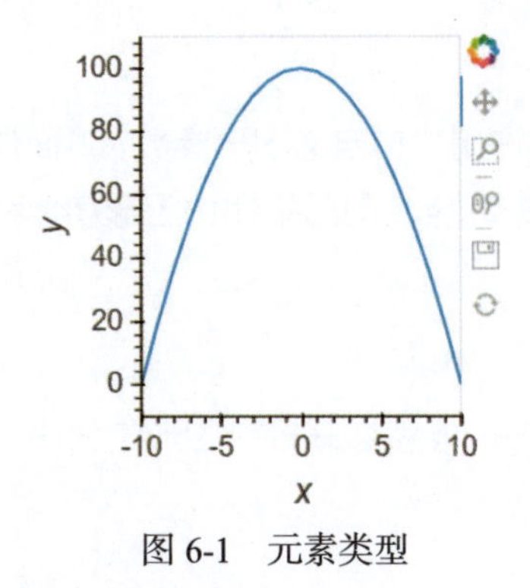


图 6-1　元素类型

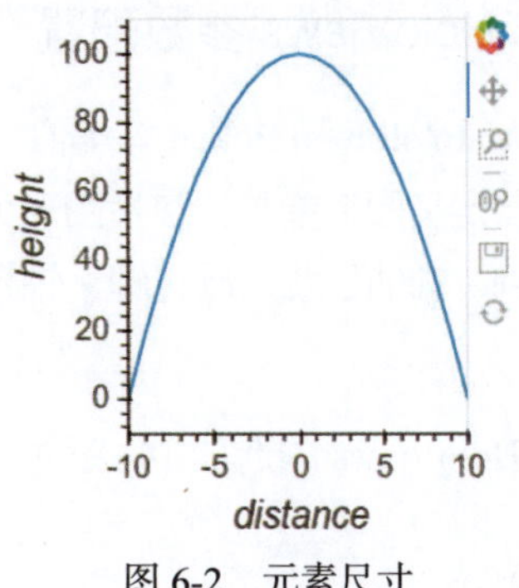


图 6-2　元素尺寸

### 3．组和标签

HoloViews 构建的复杂可视化视图可以包括多个元素类型的视图，HoloViews 提供了一个可用于声明元素类别的组参数，以及一个可用于标识该元素在类别中的标签参数，代码如下：

```
xs = range(-10,11)
ys = [100-x**2 for x in xs]
low_ys = [25-(0.5*el)**2 for el in xs]
shallow = hv.Curve((xs, low_ys), group='Trajectory', label='Shallow')
medium = hv.Curve((xs, ys), group='Trajectory', label='Medium')
shallow + medium
```

在 JupyterLab 中运行上述代码，生成如图 6-3 所示的曲线。

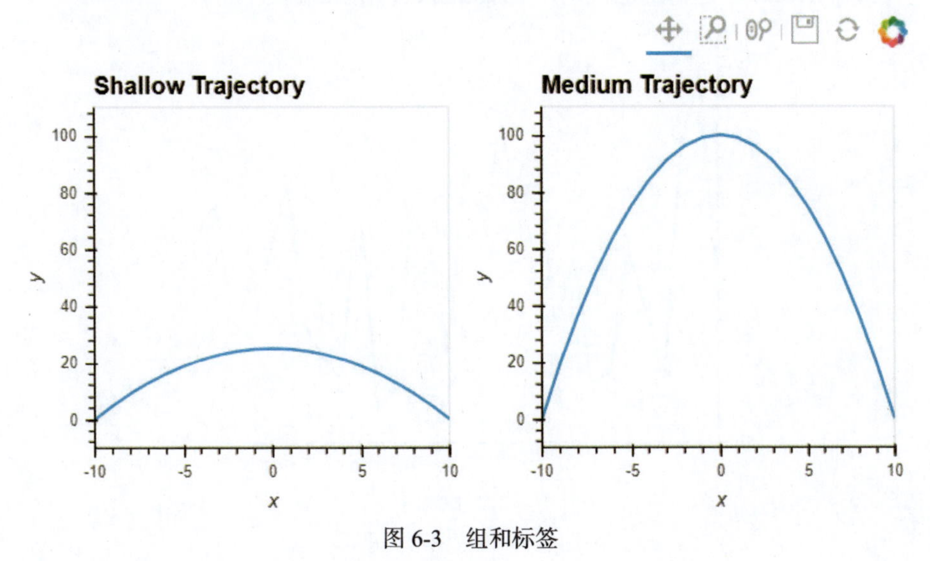


图 6-3　组和标签

### 6.1.2 HoloViews 参数配置

与 Matplotlib 和 Bokeh 等类似，HoloViews 允许用户自定义图形参数，下面详细介绍如何自定义图形参数，包括图形大小、图形背景颜色、图形字体、图形字体缩放、绘图挂钩、轴的位置、反转轴、轴标签和轴刻度。

1．图形大小

在 HoloViews 的选项中，通过设置 width 和 height 参数来控制图形的大小，代码如下：

```
#导入相关库
import numpy as np
import holoviews as hv
from holoviews import dim, opts
hv.extension('bokeh', 'matplotlib')

#读取数据
household = [17.31,28.13,24.68,13.11,16.51,19.38,13.56,12.86,19.27,
15.62,23.97,21.08,25.73,20.57,23.64,14.58,19.42,21.39,12.53,11.63,23.35,
13.07,14.17,15.67,22.67,19.46,15.19,15.88,21.73,20.32]

#绘制图形
hv.Curve(household).opts(width=400, height=300)
```

在 JupyterLab 中运行上述代码，生成如图 6-4 所示的折线图。

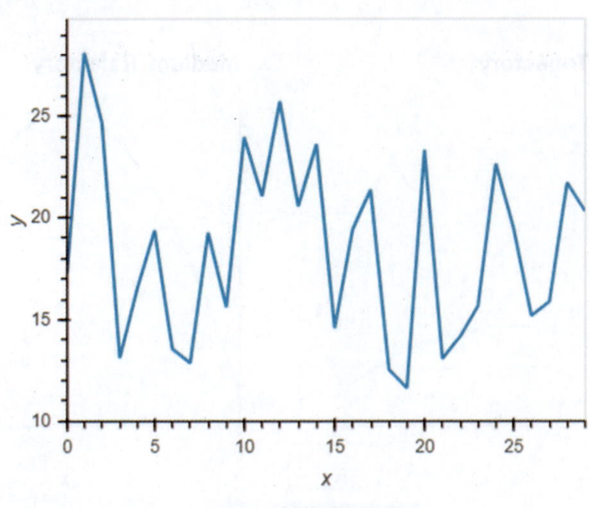


图 6-4　设置图形大小

### 2．图形背景颜色

在 HoloViews 的选项中，通过设置 bgcolor 参数来控制图形的背景颜色，代码如下：

```
#导入相关库
import numpy as np
import holoviews as hv
from holoviews import dim, opts
hv.extension('bokeh', 'matplotlib')

#读取数据
household = [17.31,28.13,24.68,13.11,16.51,19.38,13.56,12.86,19.27,
15.62,23.97,21.08,25.73,20.57,23.64,14.58,19.42,21.39,12.53,11.63,23.35,
13.07,14.17,15.67,22.67,19.46,15.19,15.88,21.73,20.32]

#绘制图形
hv.Curve(household).opts(width=400, height=300,bgcolor='lightgray')
```

在 JupyterLab 中运行上述代码，生成如图 6-5 所示的折线图。

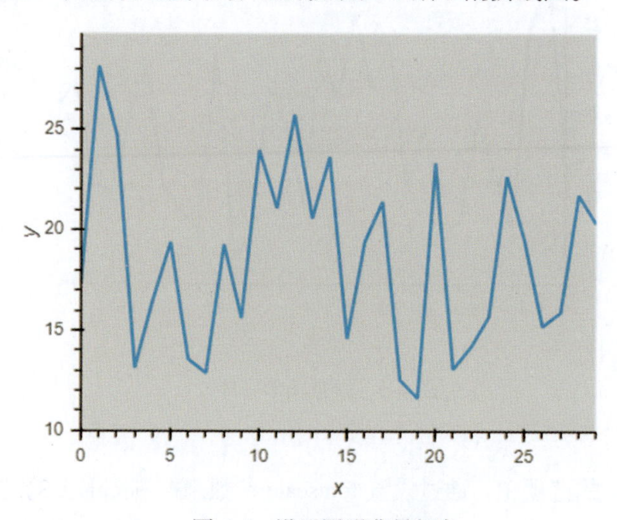


图 6-5　设置图形背景颜色

### 3．图形字体

在 HoloViews 的选项中，通过设置 fontsize 参数来控制图形上的字体大小，包括图形的标题、轴标签等，代码如下：

```
#导入相关库
import numpy as np
import holoviews as hv
```

```
from holoviews import dim, opts
hv.extension('bokeh', 'matplotlib')

#读取数据
household = [17.31,28.13,24.68,13.11,16.51,19.38,13.56,12.86,19.27,
15.62,23.97,21.08,25.73,20.57,23.64,14.58,19.42,21.39,12.53,11.63,23.35,
13.07,14.17,15.67,22.67,19.46,15.19,15.88,21.73,20.32]

#绘制图形
hv.Curve(household, label='Title').opts(width=400, height=300,title="2020
年 6 月商品销售额",fontsize={'title': 16, 'labels': 12, 'xticks': 8,
'yticks': 8})
```

在 JupyterLab 中运行上述代码，生成如图 6-6 所示的折线图。

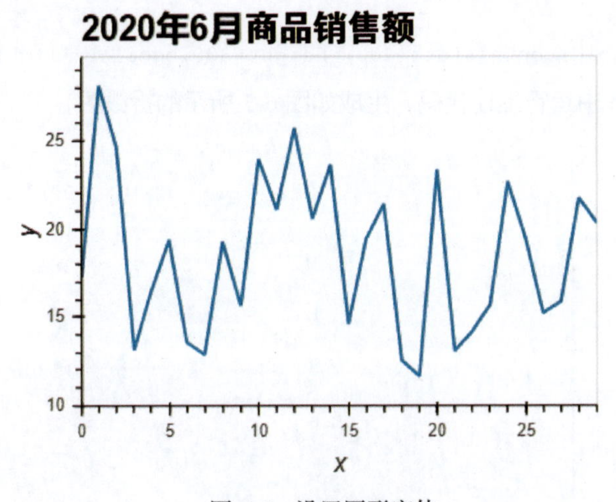


图 6-6　设置图形字体

### 4．图形字体缩放

在 HoloViews 的选项中，通过设置 fontscale 参数来控制图形上的字体缩放程度，代码如下：

```
#导入相关库
import numpy as np
import holoviews as hv
from holoviews import dim, opts
hv.extension('bokeh', 'matplotlib')

#读取数据
```

```
household = [17.31,28.13,24.68,13.11,16.51,19.38,13.56,12.86,19.27,15.62,
23.97,21.08,25.73,20.57,23.64,14.58,19.42,21.39,12.53,11.63,23.35,13.07,
14.17,15.67,22.67,19.46,15.19,15.88,21.73,20.32]
office = [15.59,24.56,18.92,11.18,22.79,12.64,15.39,18.64,25.45,20.85,
25.62,22.06,22.28,29.46,21.16,11.46,19.47,22.79,17.01,11.61,24.59,13.91,
13.18,21.16,19.52,17.01,16.75,19.74,20.33,17.28]

#绘制图形
(hv.Curve(household, label='家庭用品') * hv.Curve(office, label='办公用品')).
opts(fontscale=1, width=400, height=300, title='2020 年 6 月商品销售额',
fontsize={'title': 12, 'labels': 10, 'xticks': 8, 'yticks': 8})
```

在 JupyterLab 中运行上述代码，生成如图 6-7 所示的折线图。

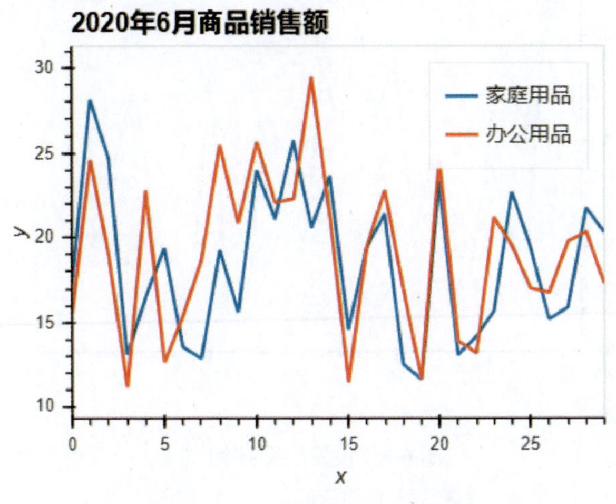


图 6-7　设置图形字体缩放

### 5．绘图挂钩

HoloViews 并未提供像 Matplotlib 或 Bokeh 一样的绘图扩展选项，因此有时需要用户自定义。最简单的方法是使用绘图挂钩直接修改绘图对象，从而对后端特定的绘图对象进行详细的操作，代码如下：

```
#导入相关库
import numpy as np
import holoviews as hv
from holoviews import dim, opts
hv.extension('bokeh', 'matplotlib')

#读取数据
```

```
household = [17.31,28.13,24.68,13.11,16.51,19.38,13.56,12.86,19.27,
15.62,23.97,21.08,25.73,20.57,23.64,14.58,19.42,21.39,12.53,11.63,23.35,
13.07,14.17,15.67,22.67,19.46,15.19,15.88,21.73,20.32]

#绘制图形
def hook(plot, element):
    plot.handles['xaxis'].axis_label_text_color = 'red'
    plot.handles['yaxis'].axis_label_text_color = 'navy'
hv.Curve(household).opts(width=400, height=300,hooks=[hook])
```

在 JupyterLab 中运行上述代码，生成如图 6-8 所示的折线图。

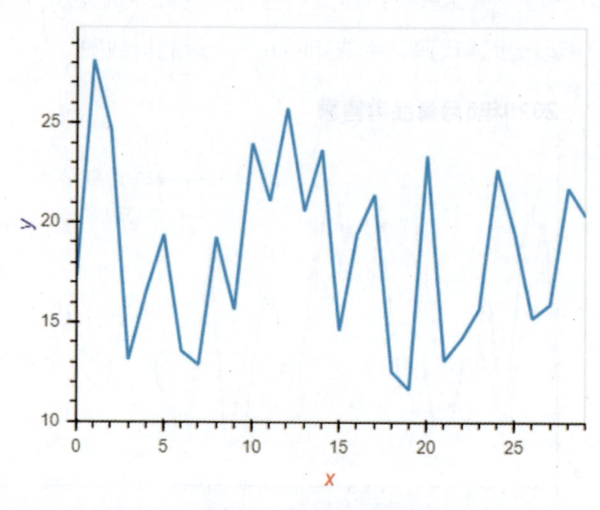


图 6-8　设置绘图挂钩

## 6．轴的位置

在 HoloViews 选项中，通过设置 xaxis 和 yaxis 参数，可以将轴隐藏或移动到其他位置，它们接受 None、right、left、bottom、top 和 bare 等类型，代码如下：

```
#导入相关库
import numpy as np
import holoviews as hv
from holoviews import dim, opts
hv.extension('bokeh', 'matplotlib')

#读取数据
household = [17.31,28.13,24.68,13.11,16.51,19.38,13.56,12.86,19.27,
15.62,23.97,21.08,25.73,20.57,23.64,14.58,19.42,21.39,12.53,11.63,23.35,
13.07,14.17,15.67,22.67,19.46,15.19,15.88,21.73,20.32]
```

```
#绘制图形
curve = hv.Curve(household, ('x', 'x'), ('y', '家庭用品'))
(curve.relabel('无轴').opts(width=200, height=300,xaxis=None, yaxis=None) +
 curve.relabel('裸轴').opts(width=200, height=300,xaxis='bare') +
 curve.relabel('移动轴').opts(width=200, height=300,xaxis='top',
yaxis='right'))
```

在 JupyterLab 中运行上述代码，生成如图 6-9 所示的折线图。

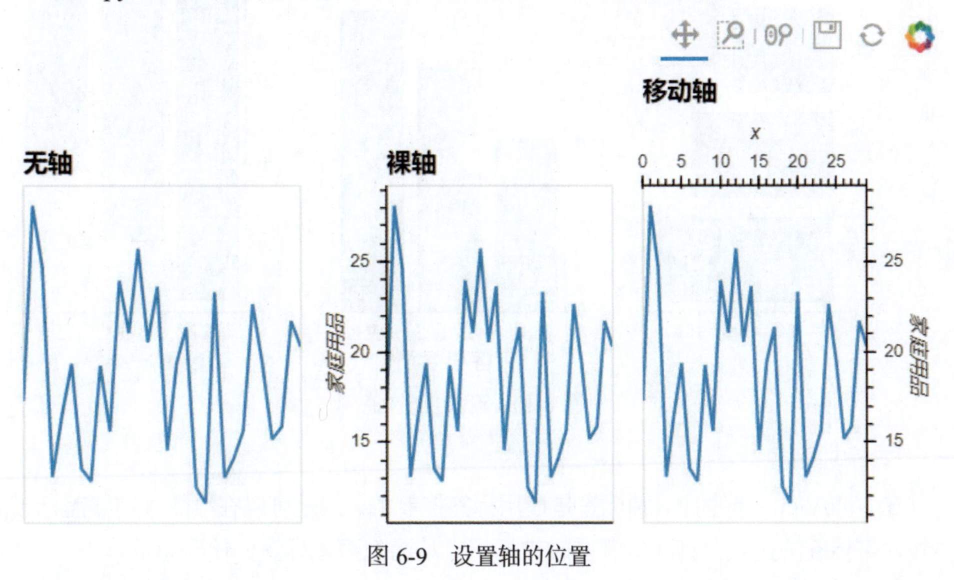


图 6-9　设置轴的位置

### 7. 反转轴

在 HoloViews 选项中，控制轴的另一种方法是使用 invert_axes 参数反转轴，即将垂直图转换为水平图，其次，可以使用 invert_xaxis 和 invert_yaxis 参数分别将单独的轴左右翻转或上下翻转，代码如下：

```
#导入相关库
import numpy as np
import holoviews as hv
from holoviews import dim, opts
hv.extension('bokeh', 'matplotlib')

#绘制图形
bars = hv.Bars([('消费者', 181.56), ('小型企业', 146.81), ('公司', 103.96)],
'客户类型').opts(fontsize={'title':20,'labels':16,'xticks':13,'yticks':13})
```

```
(bars.relabel('反转 XY 轴').opts(invert_axes=True, width=300, height=400) +
 bars.relabel('反转 X 轴').opts(invert_xaxis=True, width=300, height=400) +
 bars.relabel('反转 Y 轴').opts(invert_yaxis=True, width=300,
height=400)).opts(shared_axes=False)
```

在 JupyterLab 中运行上述代码，生成如图 6-10 所示的折线图。

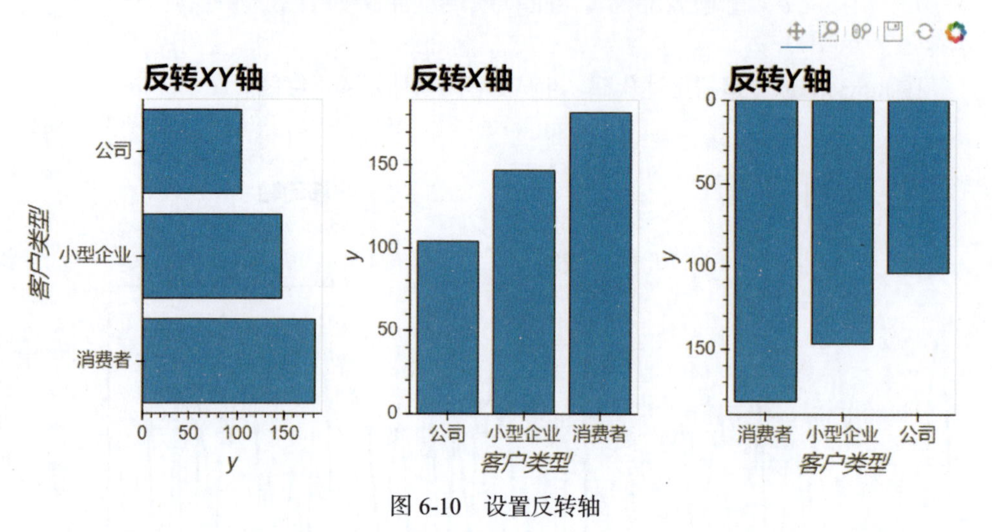


图 6-10　设置反转轴

### 8. 轴标签

在 HoloViews 选项中，轴标签是使用标签控制的，但是可以在绘图级别覆盖标签。另外，带标签的选项允许指定哪些轴被标记，从而隐藏轴标签，代码如下：

```
#导入相关库
import numpy as np
import holoviews as hv
from holoviews import dim, opts
hv.extension('bokeh', 'matplotlib')

#读取数据
household = [17.31,28.13,24.68,13.11,16.51,19.38,13.56,12.86,19.27,
15.62,23.97,21.08,25.73,20.57,23.64,14.58,19.42,21.39,12.53,11.63,23.35,
13.07,14.17,15.67,22.67,19.46,15.19,15.88,21.73,20.32]

#绘制图形
curve = hv.Curve(household, ('x', 'x'), ('y', '家庭用品'))
curve.relabel('自定义刻度范围').opts(xlim=(0, 30), ylim=(10, 30),width=400,
height=300)
```

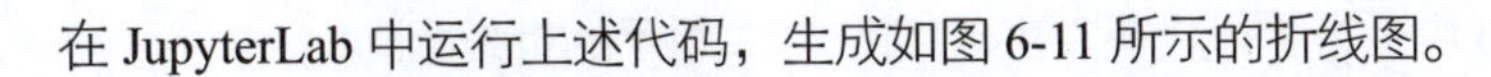

在 JupyterLab 中运行上述代码，生成如图 6-11 所示的折线图。

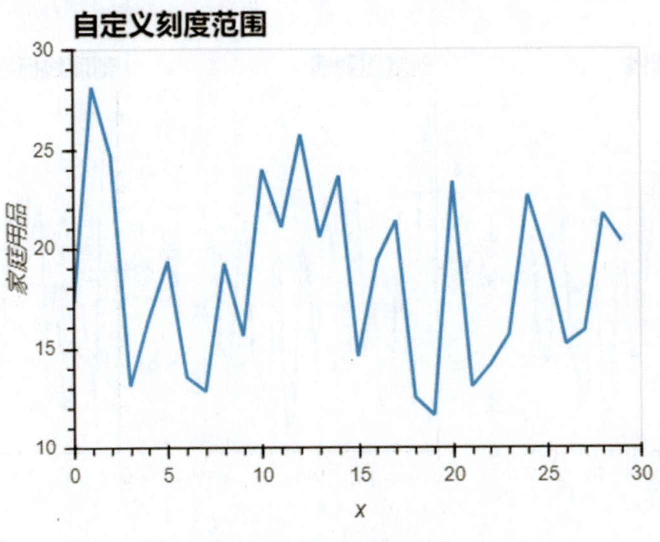


图 6-11　设置轴标签

### 9. 轴刻度

在 HoloViews 选项中，可以对图形进行填充或显式覆盖，代码如下：

```
#导入相关库
import numpy as np
import holoviews as hv
from holoviews import dim, opts
hv.extension('bokeh', 'matplotlib')

#读取数据
household =
[17.31,28.13,24.68,13.11,16.51,19.38,13.56,12.86,19.27,15.62,23.97,21.08,
25.73,20.57,23.64,14.58,19.42,21.39,12.53,11.63,23.35,13.07,14.17,15.67,
22.67,19.46,15.19,15.88,21.73,20.32]

#绘制图形
curve = hv.Curve(household, ('x', 'x'), ('y', '家庭用品'))
(curve.relabel('普通刻度线').opts(xticks=5,width=200, height=300) +
 curve.relabel('刻度线列表').opts(xticks=[0, 15, 29],width=200,
height=300) +
 curve.relabel("刻度线标签").opts(xticks=[(0, 'zero'), (15, '江苏'), (29,
'重庆')],width=200, height=300))
```

在 JupyterLab 中运行上述代码，生成如图 6-12 所示的折线图。

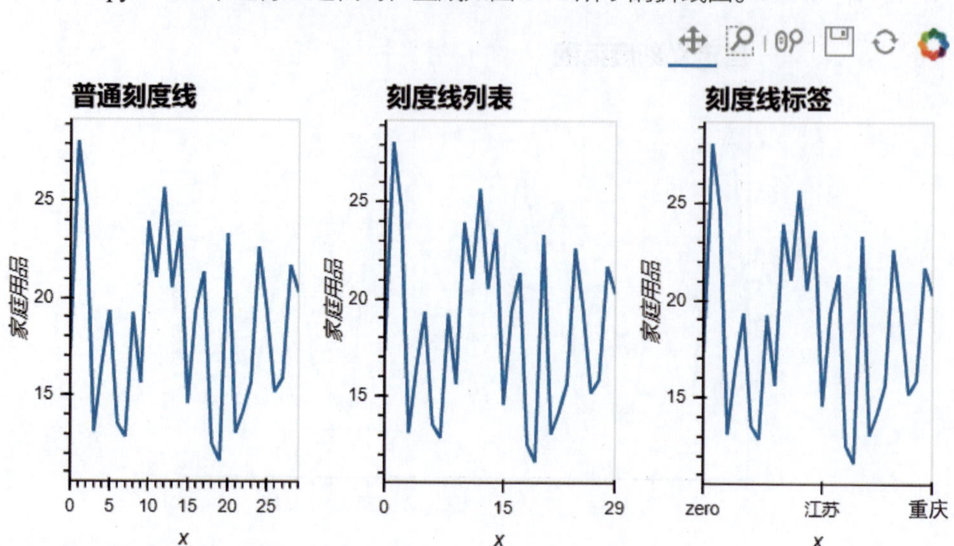


图 6-12　设置轴刻度

### 6.1.3　HoloViews 组成对象

在 HoloViews 中，容器是比较重要的概念，它是元素或其他容器的集合，通常从现有对象创建，这里我们介绍两种不同类型的容器。

- 布局：显示所有 HoloViews 对象的集合。
- 叠加：显示以相同的轴彼此叠加的所有 HoloViews 对象的集合。

用户可以将任何 HoloViews 元素添加到布局和叠加容器中。

#### 1．布局

通常，布局可以包含任何 HoloViews 对象，使用“+”运算符构建布局，代码如下：

```
import numpy as np
import holoviews as hv
hv.extension('bokeh')
xs = [0.1* i for i in range(100)]
curve =  hv.Curve((xs, [np.sin(x) for x in xs]))
scatter =  hv.Scatter((xs[::5], np.linspace(0,1,20)))
curve + scatter
```

在 JupyterLab 中运行上述代码，生成如图 6-13 所示的曲线和散点图。在图 6-13 中，布局由 Curve 和 Scatter 元素组成，它们共享 x 和 y 元素尺寸。

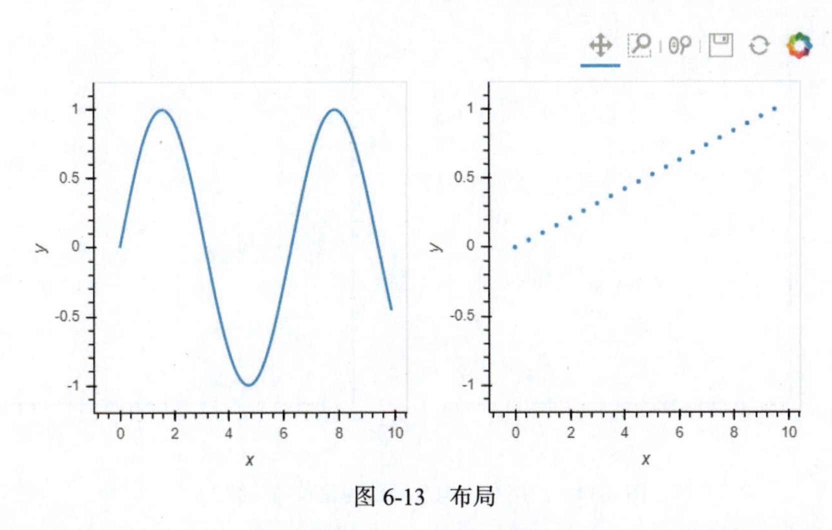

图 6-13　布局

此外，如果用户对“+”语法不熟悉，则可以直接使用布局构造函数来构建布局，代码如下：

```
curve_list  = [hv.Curve((xs, [np.sin(f*x) for x in xs])) for f in [0.5, 0.75]]
scatter_list = [hv.Scatter((xs[::5], f*np.linspace(0,1,20))) for f in [-0.5,
0.5]]
layout = hv.Layout(curve_list + scatter_list).cols(2)
layout
```

在 JupyterLab 中运行上述代码，生成如图 6-14 所示的复合图，这里使用 cols()函数设置列数。

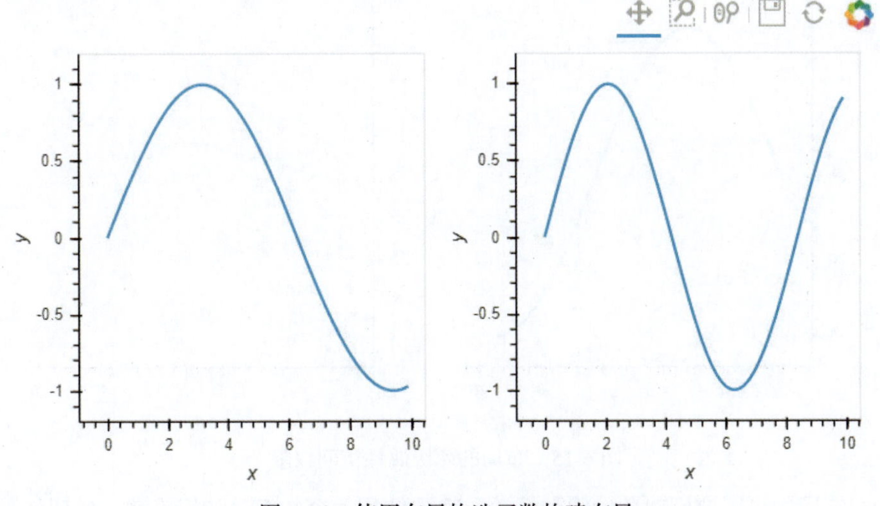

图 6-14　使用布局构造函数构建布局

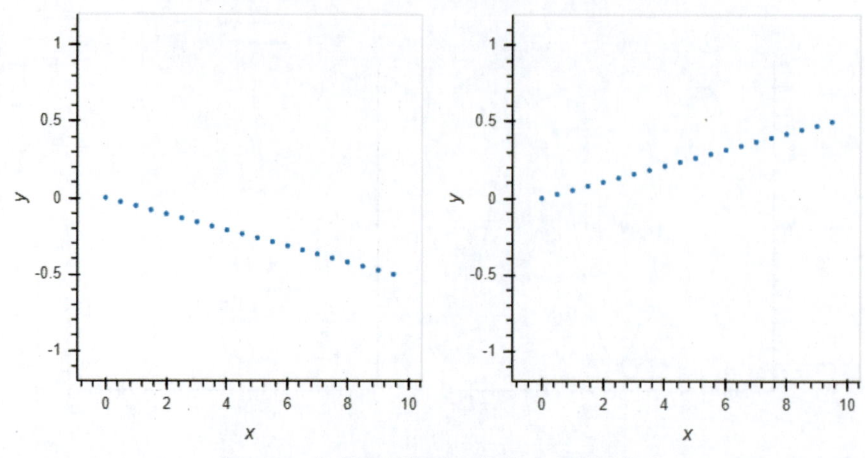


图 6-14　使用布局构造函数构建布局（续）

布局是基于树的数据结构，可以容纳 HoloViews 对象的任意异构集合。布局具有两级属性访问权限，我们可以通过在索引布局对象的两个元素之间使用“+”运算符来创建第二个布局，索引的第一级是组字符串（默认为元素类名称），后跟标签，如果标签未设置，则被映射为自动生成的罗马数字（Ⅰ、Ⅱ、Ⅲ、Ⅳ等），代码如下：

```
layout2 = layout.Curve.I + layout.Scatter.II
layout2
```

在 JupyterLab 中运行上述代码，生成如图 6-15 所示的复合图。

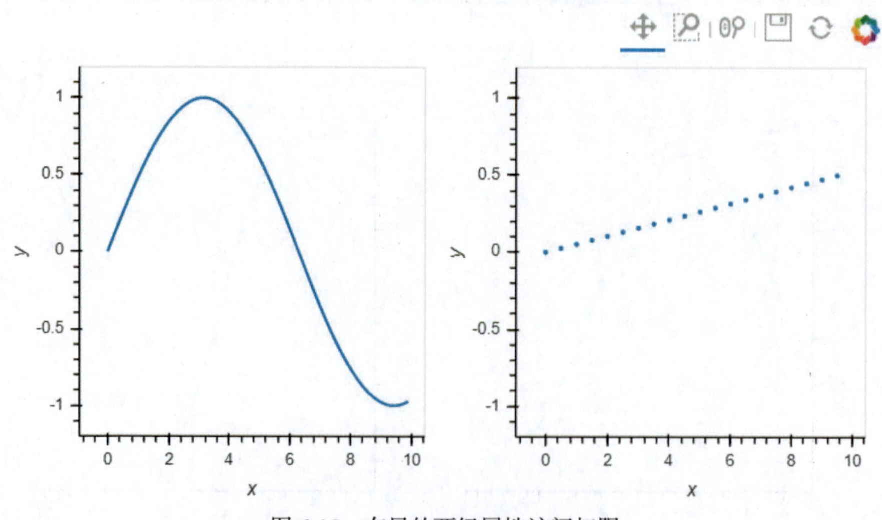


图 6-15　布局的两级属性访问权限

在布局中可以使用对象的组和标签，建议使用适合的组名和标签名，代码如下：

```
xs = [0.1* i for i in range(100)]
low_freq  = hv.Curve((xs, [np.sin(x) for x in xs]),   group='Sinusoid',
label='Low Frequency')
linpoints = hv.Scatter((xs[::5], np.linspace(0,1,20)), group='Linear
Points', label='Demo')
labelled = low_freq + linpoints
labelled
```

在 JupyterLab 中运行上述代码，生成如图 6-16 所示的图形，标题默认为组和标签。

我们还可以通过组和标签的方式访问对象，代码如下：

```
labelled.Linear_Points.Demo + labelled.Sinusoid.Low_Frequency
```

在 JupyterLab 中运行上述代码，生成如图 6-17 所示的图形。

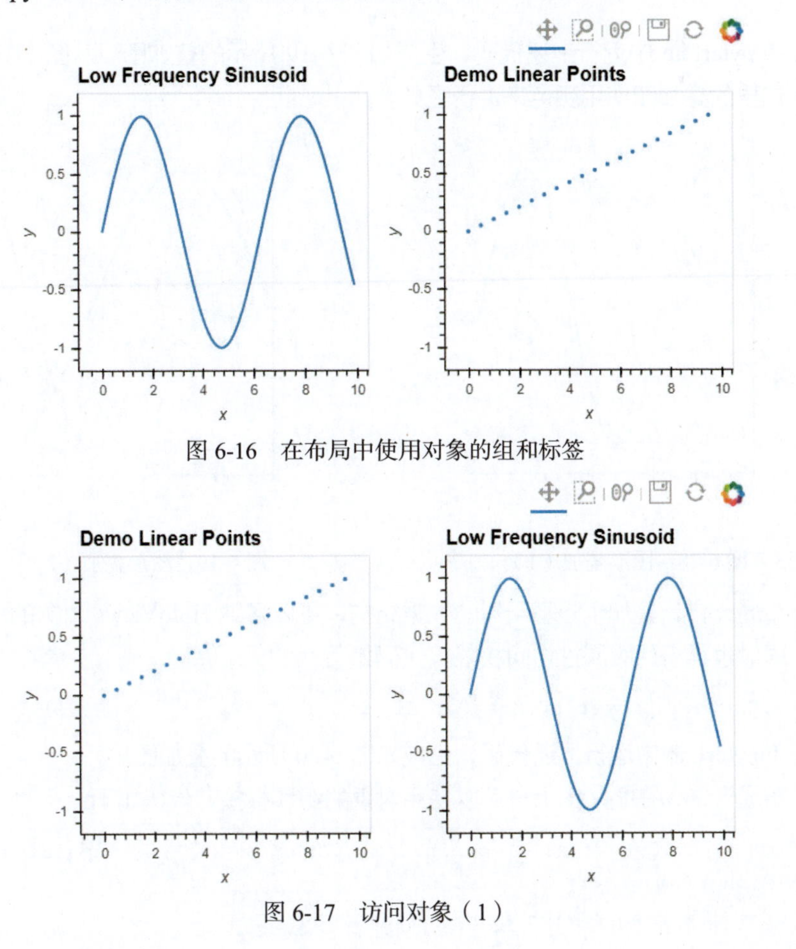


图 6-16　在布局中使用对象的组和标签

图 6-17　访问对象（1）

### 2．叠加

叠加可以包含任何 HoloViews 对象，用“*”组成并在同一空间中显示。注意叠加使用的是“*”而不是“+”，结果是叠加图，而布局的结果是并排图，叠加图形的代码如下：

```
curve * scatter
```

在 JupyterLab 中运行上述代码，生成如图 6-18 所示的叠加图。

与布局一样，叠加也可以从列表中显式地构建图形，代码如下：

```
curve_list  = [hv.Curve((xs, [np.sin(f*x) for x in xs])) for f in [0.5,
0.75]]
scatter_list = [hv.Scatter((xs[::5], f*np.linspace(0,1,20))) for f in [-0.5,
0.5]]
overlay = hv.Overlay(curve_list + scatter_list)
overlay
```

在 JupyterLab 中运行上述代码，生成如图 6-19 所示的叠加图。从图 6-19 中可以看出，这里的叠加图使用颜色来进行区分。

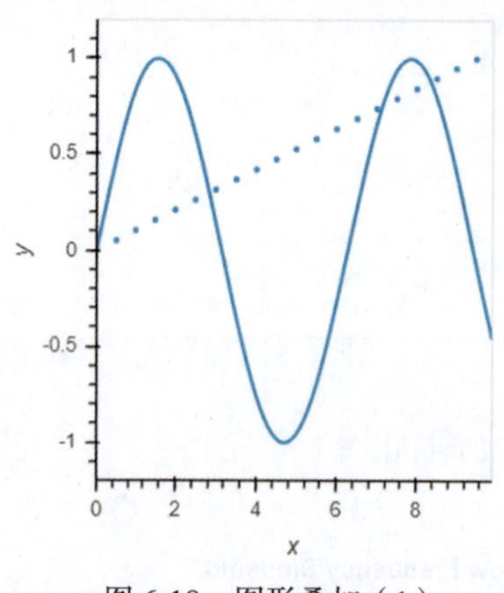


图 6-18　图形叠加（1）

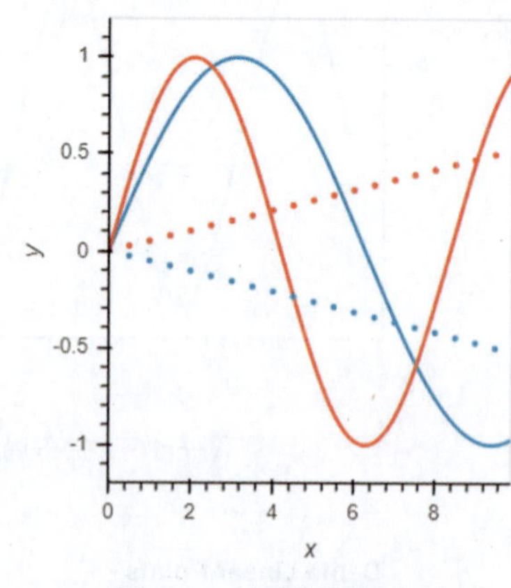


图 6-19　图形叠加（2）

与布局一样，叠加也是基于树的数据结构，可以容纳 HoloViews 对象的任意异构集合，同时也具有两级属性访问权限，代码如下：

```
overlay.Curve.I * overlay.Scatter.II
```

在 JupyterLab 中运行上述代码，生成如图 6-20 所示的叠加图。

与布局一样，在叠加图上也可以使用对象的组和标签，代码如下：

```
high_freq =  hv.Curve((xs, [np.sin(2*x) for x in xs]), group='Sinusoid',
label='High Frequency')
labelled = low_freq * high_freq * linpoints
```

```
labelled
```

在 JupyterLab 中运行上述代码，生成如图 6-21 所示的叠加图。

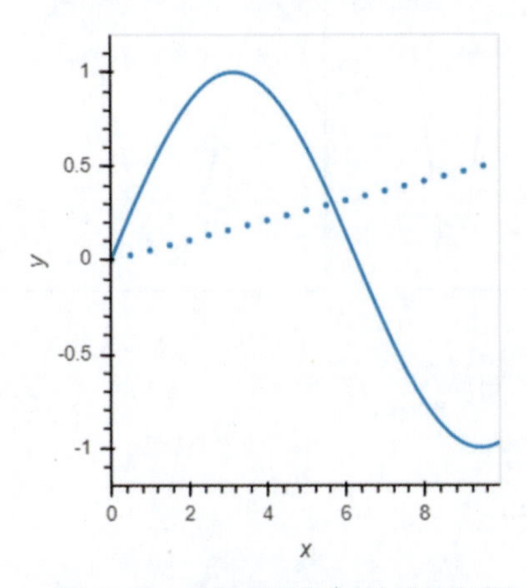


图 6-20　叠加的两级属性访问权限

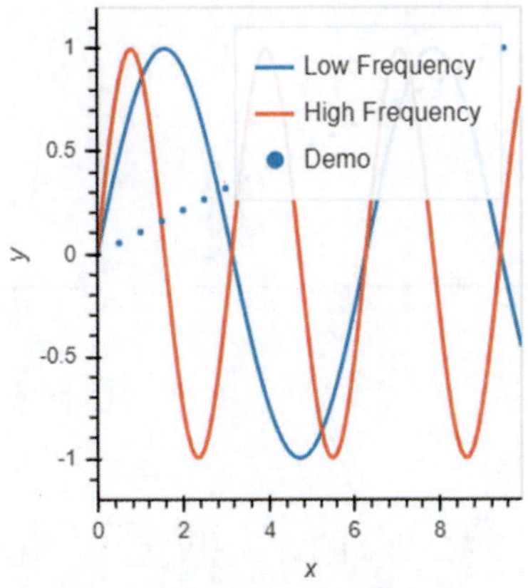

图 6-21　在叠加中使用对象的组和标签

与布局一样，叠加也可以通过组和标签的方式访问对象，代码如下：

```
labelled.Linear_Points.Demo * labelled.Sinusoid.High_Frequency *
labelled.Sinusoid.Low_Frequency
```

在 JupyterLab 中运行上述代码，生成如图 6-22 所示的叠加图。

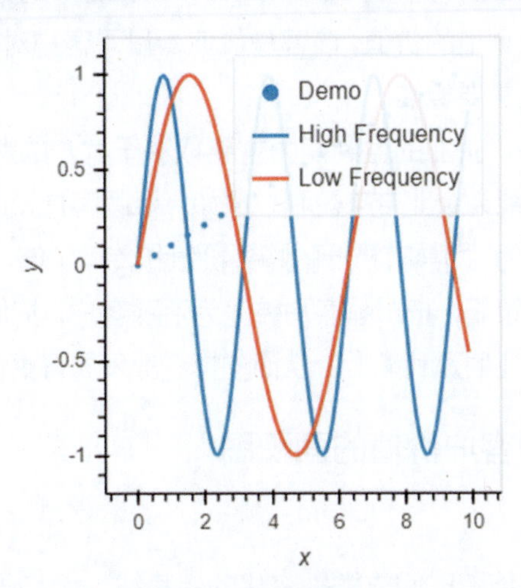


图 6-22　访问对象（2）

此外，可以对叠加图进行布局，即布局可以同时使用对象和叠加图，代码如下：

```
overlay + labelled + labelled.Sinusoid.Low_Frequency
```

在 JupyterLab 中运行上述代码，生成如图 6-23 所示的复合图。

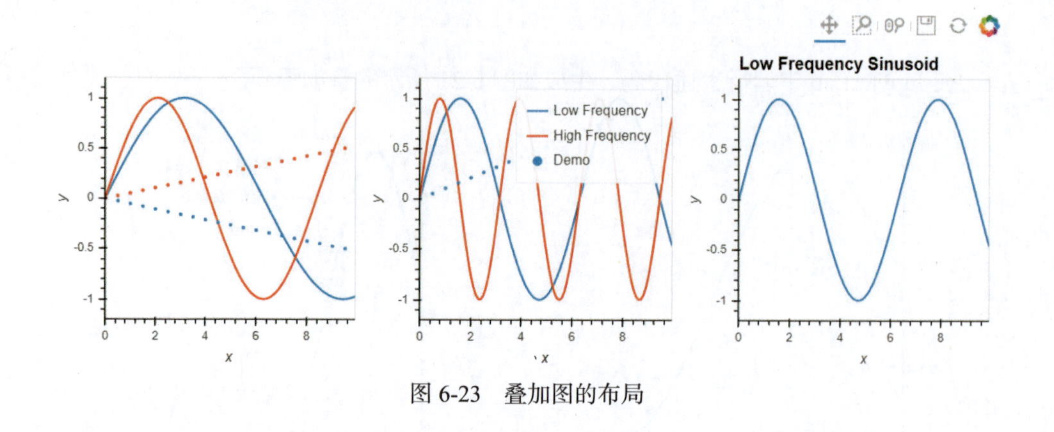


图 6-23　叠加图的布局

## 6.2　HoloViews 数据可视化案例

### 6.2.1　衡量不同类型的客户价值

客户价值是企业从与其具有长期稳定关系，并愿意为企业提供的产品和服务承担合适价格的客户中获得的利润，即客户为企业贡献的利润。

客户为企业提供的价值，即从企业角度出发，根据客户消费行为和消费特征等变量测量出客户能够为企业创造的价值，该客户价值衡量了客户对于企业的相对重要性，是企业进行差异化营销的重要标准。

在社会化商务模式下，企业的盈利能力主要取决于客户的购买能力和口碑传播能力，但不是每一个客户都能为企业带来盈利，比如，沉睡客户，这部分客户不会在平台上发生购买行为或分享行为，即具有极低的购买价值和传播价值，并且随时有可能流失。制定合适的客户价值管理策略，把沉睡客户转化为活跃客户，把低价值客户转化为高价值客户等，将大大提高企业的盈利能力，从而支撑企业发展得更快、更好、更长远。

### 6.2.2　制作不同类型客户价值的面积图

#### 1．面积图简介

面积图显示了各种数值随时间或类别变化的趋势线，尤其适用于强调数量随时间变化的趋势的场景。它适用于一个属性列和一个（或数个，当存在数个时，通过图例选择不同的显示效果）数据列的二维数据结构，属性列作为类别比较的 $x$ 轴，数据列作为显示比较高度的 $y$ 轴。面积图主要有堆积面积图、百分比堆积面积图。

### 2．应用场景

面积图强调数量随时间而变化的程度，也可用于引起人们对总值趋势的注意。

### 3．案例代码

企业的客户类型分为大公司、消费者、小型企业 3 种，我们分别绘制 2019 年 12 个月商品销售额的面积图、堆积面积图，具体代码如下：

```
#导入第三方库
import numpy as np
import holoviews as hv
from holoviews import opts
hv.extension('bokeh')
import pandas as pd

#读取数据
df = pd.read_csv('D:/Python 商业数据可视化实战/ch06/sales.csv', ',')
company=np.array(df['company'])
consumer=np.array(df['consumer'])
enterprise=np.array(df['enterprise'])

#绘制面积图
dims = dict(kdims='月份', vdims='购买金额')
company = hv.Area(company, label='大公司', **dims)
consumer = hv.Area(consumer, label='消费者', **dims)
enterprise = hv.Area(enterprise, label='小型企业', **dims)

#图形配置
opts.defaults(opts.Area(fill_alpha=0.5))

#图形叠加
overlay = (company * consumer * enterprise)
overlay.relabel("面积图") + hv.Area.stack(overlay).relabel("堆积面积图")
```

### 4．案例结论

在 JupyterLab 中运行上述代码，生成如图 6-24 所示的面积图和堆积面积图。从图 6-24 中可以看出，在 2019 年，不同类型客户的购买金额没有较大的差异，只是在部分月份存在一些差异。

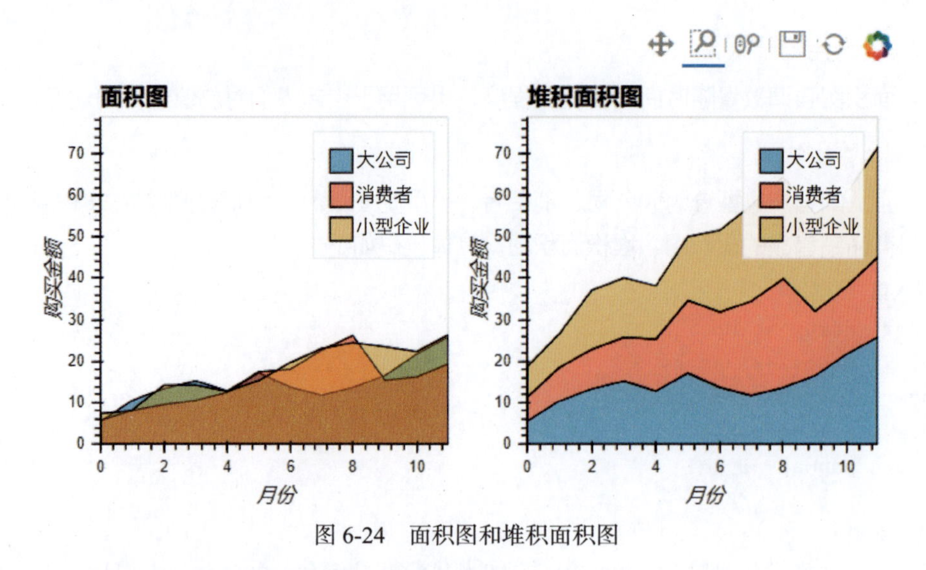


图 6-24　面积图和堆积面积图

## 6.2.3　制作不同地区客户价值的箱形图

### 1．箱形图简介

箱形图（Box Plot）是一种用于显示一组数据分散情况的统计图，因形状如箱子而得名，被应用于各种领域，常用于品质管理。它利用四分位数可视化一系列数据的分布情况。平行于箱子的延展线被称为“Whiskers”，其被用于指示大于较大四分位数和小于较小四分位数的变化，有时候会将异常值绘制成点，并与“Whiskers”共线。箱形图可以垂直或水平绘制。

箱形图主要用于反映原始数据分布的特征，还可以进行多组数据分布特征的比较。箱形图的绘制方法是：首先找出一组数据的上边缘、下边缘、中位数和两个四分位数；然后连接两个四分位数画出箱体；最后将上边缘和下边缘与箱体连接，中位数在箱体中间。

### 2．应用场景

虽然箱形图与柱形图和密度图相比，看起来很原始，但是它所占用的空间很小。这在比较多个数据集的分布时是很有优势的。

从箱形图中可以观察到的信息有平均数，中位数，四分位数；是否有异常值及异常值的具体数值；数据是否对称；数据聚合的紧密程度；数据是否倾斜及向何处倾斜；等等。

### 3．案例代码

为了进一步研究企业近 3 年不同地区的客户价值，我们绘制了 2017 年至 2019 年不同地区销售额的箱形图，具体代码如下：

```
#导入第三方库
import pandas as pd
import holoviews as hv
from holoviews import dim
hv.extension('bokeh')

#读取数据
df = pd.read_csv('D:/Python 商业数据可视化实战/ch06/region.csv', ',')

#绘制箱形图
title = "2017 年至 2019 年不同地区的客户价值分析"
boxwhisker = hv.BoxWhisker(df, ['year', 'region'], 'sales', label=title)
boxwhisker.opts(show_legend=False,width=600,height=400,box_fill_color=dim
('region').str(), cmap='Set1')
```

4．案例结论

在 JupyterLab 中运行上述代码，生成如图 6-25 所示的箱形图。从图 6-25 中可以看出，在 2019 年，东部地区和北部地区的客户购买金额相对较高，南部地区和西部地区相对于前两年有所下降。

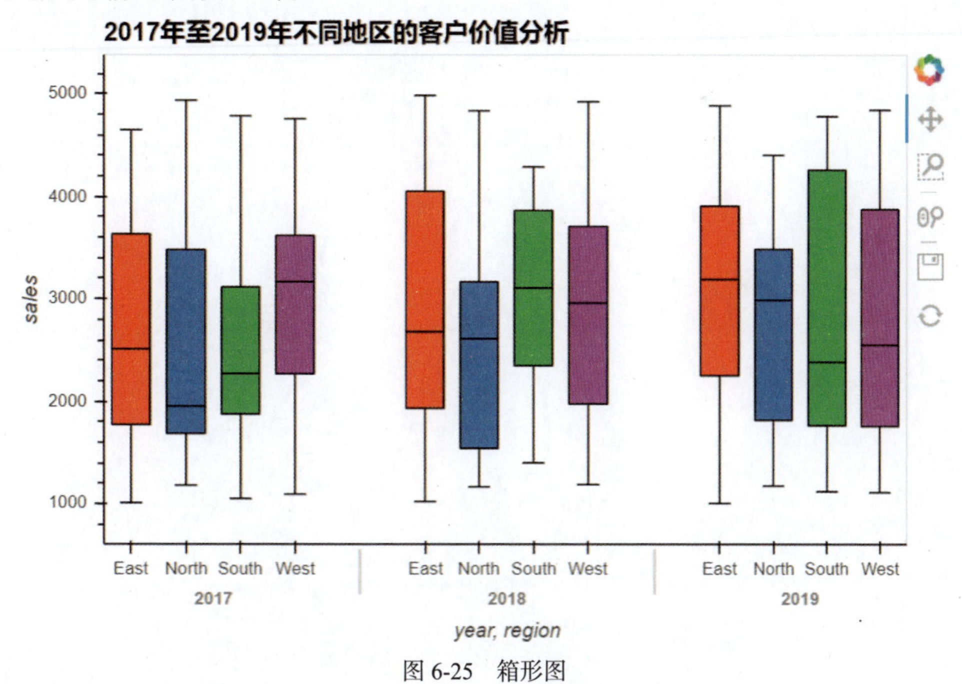


图 6-25　箱形图

## 6.3 上机实践题

练习 1：通过 pip 安装最新版本的 HoloViews 可视化库。

练习 2：使用“sales.csv”表，绘制 2019 年各月份销售额的折线图。

练习 3：使用“region.csv”表，绘制最近 3 年各区域销售额的条形图。

# 第7章

# 基于浏览器的在线可交互可视化库：Plotly

本章介绍 Plotly 可视化库（它是数据分析和可视化的交互式在线平台），重点讲解 Plotly 在绘制图形时的绘图语法和主要图形。

本章从客户满意度的角度研究如何提升客户的满意指数。进行客户满意度研究，旨在通过对销售数据的定量研究，获得消费者对特定商品或服务的满意程度、消费缺陷、再次购买率与推荐率等指标。

# 7.1 Plotly 可视化库概述

## 7.1.1 Plotly 可视化库简介

Plotly 是 Python 中的一个可实现在线可视化交互的库，优点是能提供 Web 在线交互，其功能非常强大，可以在线绘制条形图、散点图、饼图、直方图等多种图形，可以画出很多媲美 Tableau 的高质量图。Plotly 支持在线编辑图形，支持 Python、JavaScript、MATLAB 和 R 等多种语言的 API。在使用之前需要先使用 pip install plotly 命令进行安装，推荐在 Jupyter 中使用。

Plotly 生成的所有图表实际上都是由 JavaScript 产生的，无论是在浏览器还是在 Jupyter 中，所有的可视化、交互都是基于 plotly.js 的，它是一个高级的声明性图表库，提供了 20 多种图表类型，包含 3D 图表、统计图和 SVG 地图等。

2019 年 7 月，Plotly 团队发布 Plotly.py 4.0 版本，此版本包括一些令人兴奋的新功能和更改，如在默认情况下切换到“离线”模式。Plotly Express 作为库中的推荐入口点，以及新的渲染框架，不仅兼容 Jupyter，还兼容其他 Notebook 系统，如 Colab、Azure 和 Kaggle notebook，以及 PyCharm、VSCode、Spyder 等流行的 IDE。

Plotly 提供了在“在线”和“离线”模式下创建图形的功能。在“在线”模式下，数据被上传到 Plotly 的 Chart Studio 服务的实例后显示，“在线”模式的支持已经转移到 chart-studio 软件包中；而在“离线”模式下，不需要连接网络，没有账户，没有身份验证令牌，数据在本地呈现。

## 7.1.2 Plotly 绘图语法

Plotly 有两种绘图方式：“在线绘图”和“离线绘图”。所谓“在线绘图”，指的是用户通过代码绘制的图片会被自动上传到云端的个人账户里面，然后可以在云端浏览器中直接进行查看，并且可以使用相关的绘图菜单进行图片的修改等操作；而所谓的“离线绘图”不涉及个人账户，不需要连接网络。

### 1．Plotly 在线绘图

在使用 Plotly 的“在线绘图”功能之前，需要先在其官方网站注册一个个人账户，并设置个人密码。

#### （1）在线绘图的配置

在线绘图有如下两种配置方式。

- 方式一：代码配置，即在绘图代码中进行配置，如下所示。

```
import plotly
plotly.tools.set_credentials_file(username='DemoAccount',
api_key='lr1c37zw81')
```

用户需要将“DemoAccount”和“lr1c37zw81”替换成自己的账号和密码。

- 方式二：修改配置文件。在自己的用户目录下面，找到配置文件并找出如下内容，修改即可。

```
{
    "username": "DemoAccount",
    "stream_ids": ["ylosqsyet5", "h2ct8btk1s", "oxz4fm883b"],
    "api_key": "lr1c37zw81"
}
```

（2）图片的隐私设置

前面说过，使用在线绘图，图片会被自动保存到云端账户中，在 Plotly 账户中保存的图片有 3 个访问级别。

- public：在互联网上的任何一个人都可以查看。
- private：允许自己查看，即自己登录进 Plotly 账户，就可以查看。
- secret：可以给每一张图表生成一个私密链接，只有拥有私密链接的人才能查看。

我们可以在绘图的时候设定该图的访问级别，默认是任何人都可以查看，通常设置为私人允许查看，代码如下：

```
import plotly
plotly.tools.set_config_file(world_readable=False,sharing='private')
```

（3）在线绘图案例

下面以统计 2020 年上半年不满意订单量为例，通过在线绘图方式绘制折线图，代码如下：

```
#登录 Plotly 在线账户
import chart_studio
chart_studio.tools.set_credentials_file(username='wren2020', api_key=
'H92914q9ODPhjoh1rDC2')

#导入相关库
import chart_studio.plotly as py
import plotly.graph_objs as go  #包含了生成图表对象的函数

#绘制图形
```

```
trace1=go.Scatter(x=[1,2,3,4,5,6],y=[19,10,13,17,9,21])
trace2=go.Scatter(x=[1,2,3,4,5,6],y=[19,8,13,17,9,18])
data=[trace1,trace2]

py.plot(data,filename='2020 年上半年不满意订单量',auto_open=True)#返回链接地址
#py.iplot(data,filename='2020 年上半年不满意订单量')  #图形在 Jupyter 中显示
```

在 JupyterLab 中运行上述代码，生成如图 7-1 所示的折线图。如果使用 py.plot，会生成一个在线的图形链接地址；如果使用 py.iplot，则会直接在 Jupyter 中生成图片。

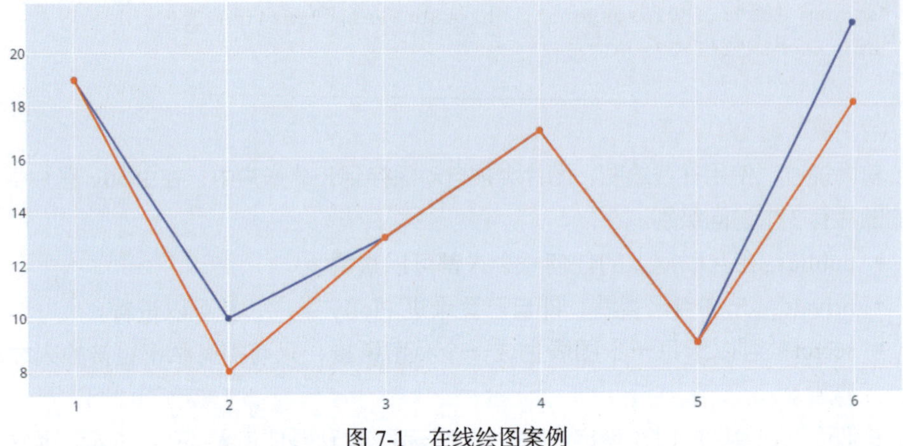


图 7-1　在线绘图案例

2．Plotly 离线绘图

plotly.offline 离线绘图使用 plotly.offline.plot()和 plotly.offline.iplot()两个函数，前者是以离线的方式在当前工作目录下生成.html 格式的图表文件，并自动打开；后者是在 Jupyter 中专用的函数，即将生成的图表嵌入 ipynb 文件中。

（1）iplot 参数配置

plotly.offline.iplot()的主要参数如表 7-1 所示。

表 7-1　plotly.offline.iplot()的主要参数

| 参　数 | 说　明 |
| --- | --- |
| figure_or_data | 传入由 plotly.graph_objs.Figure、plotly.graph_objs.Data、字典或列表构成的，能够描述一个图表的数据 |
| show_link | 布尔型，用于调整输出的图像是否在右下角带有 Plotly 的标记 |
| link_text | 字符型输入，用于设置图像右下角的说明文字内容（当 show_link=True 时），默认值为'Export to plot.ly' |
| image | 字符型或 None，控制生成图像的下载格式，可选值有'png'、'jpeg'、'svg'或'webp'，默认为 None |

续表

| 参　数 | 说　明 |
|---|---|
| filename | 字符型，控制保存的图像的文件名，默认值为'plot' |
| image_height | 整型，控制图像高度的像素值，默认值为 600 |
| image_width | 整型，控制图像宽度的像素值，默认值为 800 |

（2）离线绘图案例

下面以统计 2020 年上半年不满意订单量为例，通过离线绘图方式绘制柱形图，代码如下：

```
#导入相关库
import plotly
import plotly.graph_objs as go

#绘制图形
company=go.Bar(x=['1 月','2 月','3 月','4 月','5 月','6 月'],y=[19,10,13,17,
9,21])
consumer=go.Bar(x=['1 月','2 月','3 月','4 月','5 月','6 月'],y=[19,8,13,17,
9,18])
data=[company,consumer]
plotly.offline.plot(data)    #离线绘图方式
```

在 JupyterLab 中运行上述代码，生成如图 7-2 所示的柱形图。

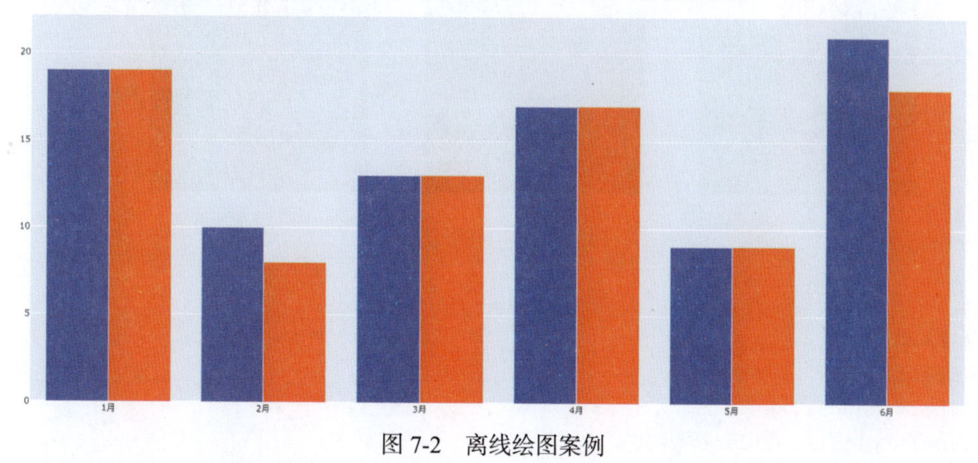


图 7-2　离线绘图案例

## 7.1.3　Plotly 主要图形

Plotly 可以绘制多种图形，下面逐一介绍主要图形。

### 1．柱形图

```
#导入相关库
import numpy as np
import pandas as pd
import plotly.offline as py
import plotly.graph_objs as go

#绘制图形
trace1 = go.Bar(x=['4 月', '5 月', '6 月'],y=[25,13,19],name='企业')
trace2 = go.Bar(x=['4 月', '5 月', '6 月'],y=[21,13,16],name='公司')
trace3 = go.Bar(x=['4 月', '5 月', '6 月'],y=[12,24,16],name='消费者')
data = [trace1, trace2, trace3]
layout = go.Layout( barmode='group')
fig = go.Figure(data=data, layout=layout)
py.iplot(fig, filename='grouped-bar')
```

在 JupyterLab 中运行上述代码，生成如图 7-3 所示的柱形图。

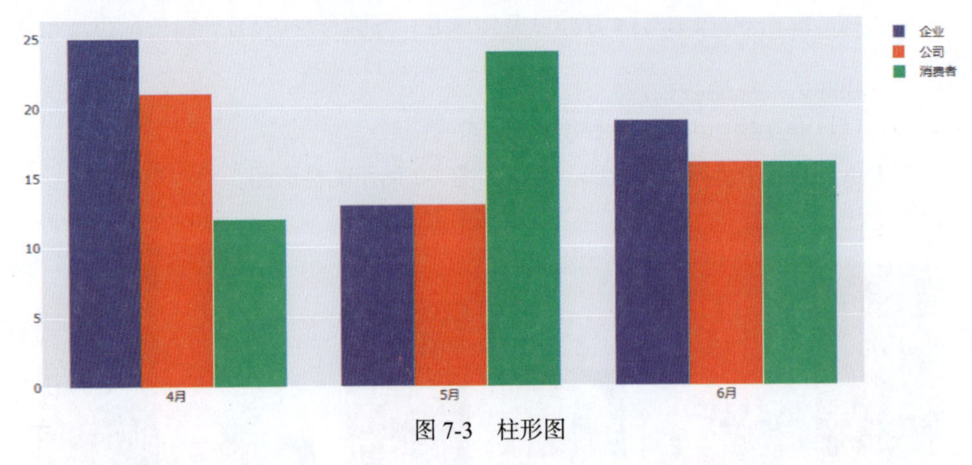


图 7-3　柱形图

### 2．条形图

```
#导入相关库
import numpy as np
import pandas as pd
import plotly.offline as py
import plotly.graph_objs as go

#读取数据
store = ['定远店','东海店','海恒店','金寨店','燎原店','临泉店','庐江店','明耀店',
'众兴店']
```

```
company = [12,13,14,16,18,19,21,24,25]
consumer = [26,21,30,22,24,25,21,29,35]

#绘制图形
data = [go.Bar(y=store,x=company,orientation='h',text=consumer,
textposition = 'auto')]
py.iplot(data, filename='pandas-horizontal-bar')
```

在 JupyterLab 中运行上述代码，生成如图 7-4 所示的条形图。

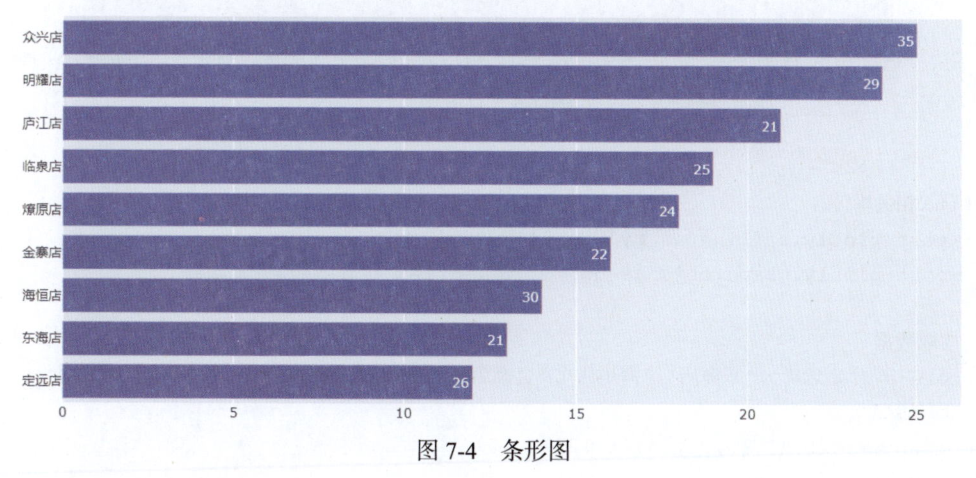


图 7-4　条形图

### 3. 直方图

```
#导入相关库
import numpy as np
import pandas as pd
import plotly.offline as py
import plotly.graph_objs as go

#读取数据
store = ['定远店','东海店','海恒店','金寨店','燎原店','临泉店','庐江店','明耀店',
'众兴店']
consumer = [26,6,21,44,30,9,22,24,25,41,21,29,35,25,40,13,19,21,13,16,
12,24,16,7,18]

#绘制图形
data = [go.Histogram(x=consumer)]
py.iplot(data, filename='histogram')
```

在 JupyterLab 中运行上述代码，生成如图 7-5 所示的直方图。

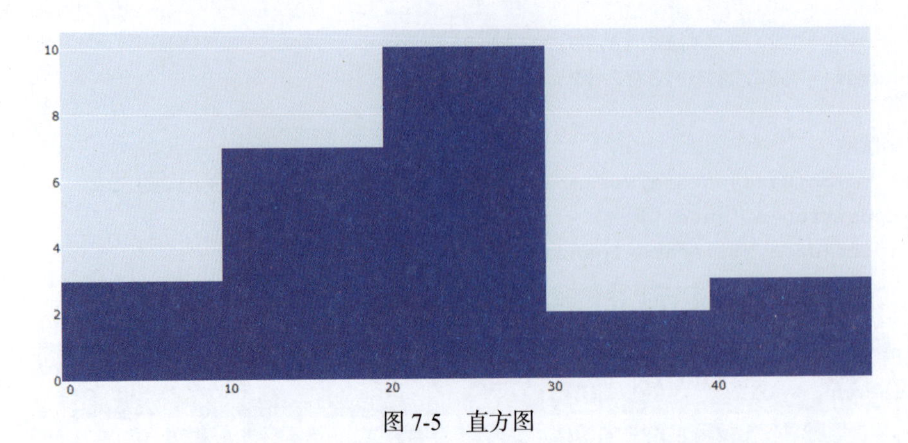


图 7-5　直方图

## 4. 折线图

```
#导入相关库
import plotly.offline as py
import plotly.graph_objs as go

#读取数据
store = ['定远店','东海店','海恒店','金寨店','燎原店','临泉店','庐江店','明耀店',
'众兴店']
company = [25,13,19,21,13,16,12,24,16]
consumer = [26,18,30,22,22,25,21,36,35]

#绘制图形
trace1=go.Scatter(x=store,y=company)
trace2=go.Scatter(x=store,y=consumer)
py.iplot([trace1,trace2])
```

在 JupyterLab 中运行上述代码，生成如图 7-6 所示的折线图。

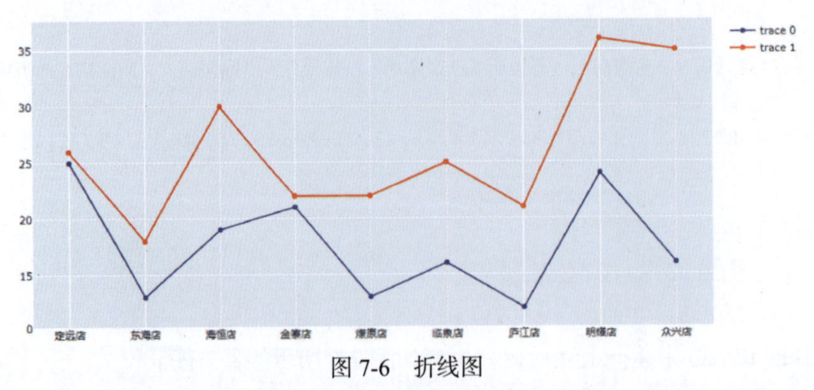


图 7-6　折线图

### 5. 面积图

```
#导入相关库
import pandas as pd
import plotly.offline as py
import plotly.graph_objs as go

#读取数据
store = ['定远店','东海店','海恒店','金寨店','燎原店','临泉店','庐江店','明耀店',
'众兴店']
company = [12,13,14,16,18,19,21,24,25]
consumer = [26,21,30,22,24,25,21,29,35]

#绘制图形
trace1=go.Scatter(x=company,y=consumer,fill="tonexty",fillcolor="#0000FF")
py.iplot([trace1])
```

在 JupyterLab 中运行上述代码，生成如图 7-7 所示的面积图。

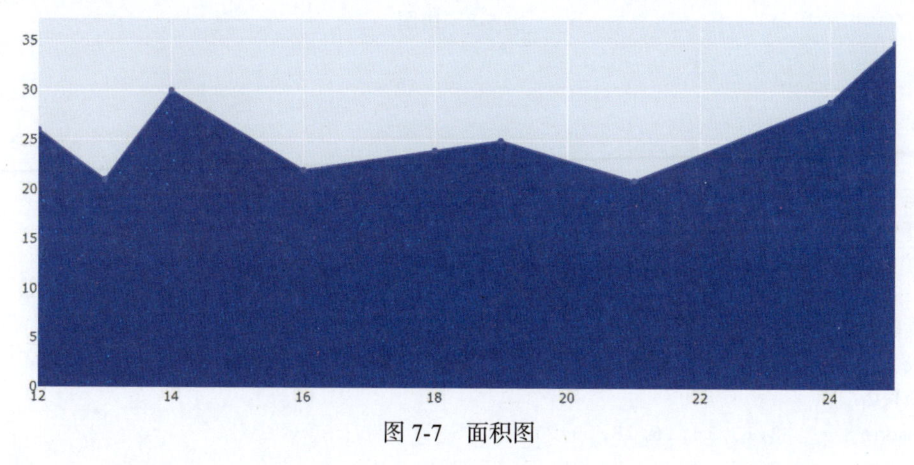


图 7-7　面积图

### 6. 饼图

```
#导入相关库
import plotly.graph_objects as go

store = ['定远店','东海店','海恒店','金寨店','燎原店','临泉店','庐江店','明耀店',
'众兴店']
consumer = [30,22,20,28,16,30,24,18,12]

fig = go.Figure(data=[go.Pie(labels=store, values=consumer, textinfo=
'label+percent',insidetextorientation='radial')])
```

```
fig.show()
```

在 JupyterLab 中运行上述代码，生成如图 7-8 所示的饼图。

图 7-8　饼图

### 7. 散点图

```
#导入相关库
import numpy as np
import pandas as pd
import plotly.offline as py
import plotly.graph_objs as go

#读取数据
store = ['定远店','东海店','海恒店','金寨店','燎原店','临泉店','庐江店','明耀店',
'众兴店']
company = [12,13,14,16,18,19,21,24,25]
consumer = [26,21,30,22,24,25,21,29,35]

#绘制图形
colors = np.random.rand(len(company))
fig = go.Figure()
fig.add_scatter(x=company,y=consumer,mode='markers',marker={'size':
consumer,'color': colors,'opacity': 0.7,'colorscale': 'Viridis',
'showscale': True})
py.iplot(fig)
```

在 JupyterLab 中运行上述代码，生成如图 7-9 所示的散点图。

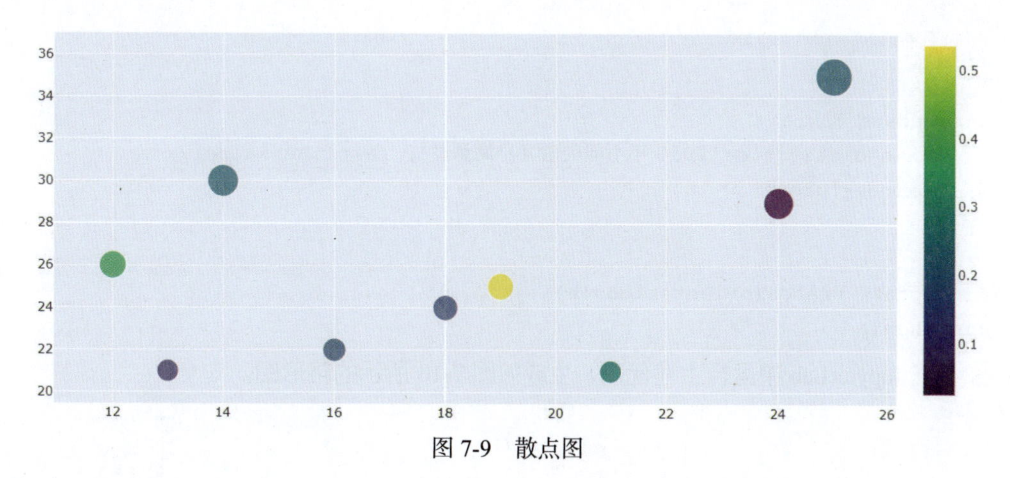


图 7-9　散点图

### 8．箱形图

```
#导入相关库
import plotly.graph_objects as go

#绘制图形
y = ['2019年上半年', '2019年上半年', '2019年上半年', '2019年上半年', '2019年上半年', '2019年上半年',
    '2019年下半年', '2019年下半年', '2019年下半年', '2019年下半年', '2019年下半年', '2019年下半年']
fig = go.Figure()
fig.add_trace(go.Box(
    x=[22, 22, 26, 10, 15, 14, 22, 27, 19, 11, 15, 23],
    y=y,
    name='公司',
    marker_color='#3D9970'
))
fig.add_trace(go.Box(
    x=[26, 27, 23, 16, 10, 15, 17, 19, 25, 18, 17, 22],
    y=y,
    name='消费者',
    marker_color='#FF4136'
))
fig.add_trace(go.Box(
    x=[11, 23, 21, 19, 16, 26, 19, 10, 13, 16, 18, 15],
    y=y,
    name='小型企业',
    marker_color='#FF851B'
```

```
))

fig.update_layout(
    xaxis=dict(title='2019年不同类型客户满意度', zeroline=False),
    boxmode='group'
)

fig.update_traces(orientation='h')
fig.show()
```

在 JupyterLab 中运行上述代码，生成如图 7-10 所示的箱形图。

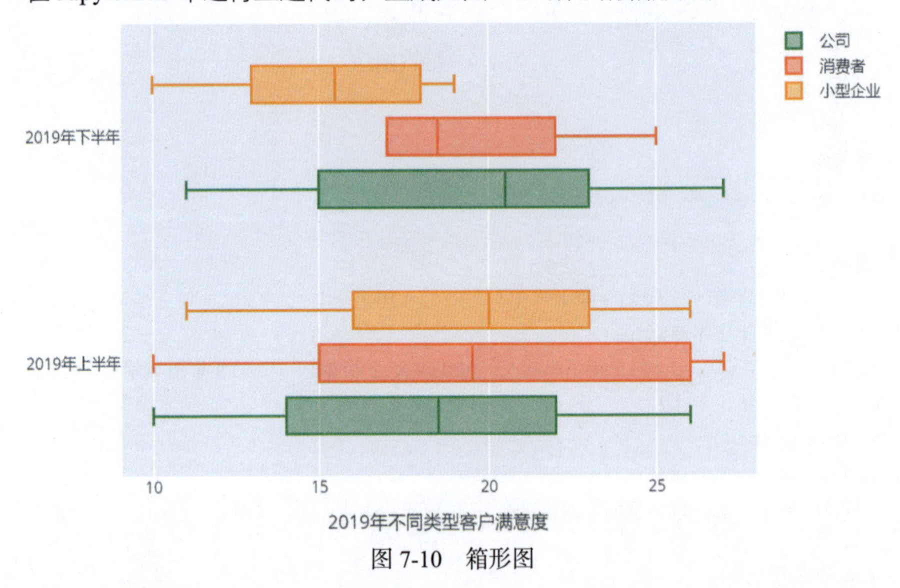


图 7-10　箱形图

### 9. 时间序列图

Plotly 是新一代的数据可视化工具，虽然 Plotly 功能强大，但一直没有得到广泛应用，大部分开发人员，还在使用 Matplotlib，其中最重要的原因就是 Plotly 的设置过于烦琐。为此，Plotly 推出了其简化接口：Plotly Express（简称 px）。

Plotly Express 是对 Plotly.py 的高级封装，采用 ROR 等新一代“约定优先”编程模式，内置了大量实用、现代的绘图模板，用户只需调用简单的 API 函数，即可快速生成漂亮的互动图表。示例代码如下：

```
#导入相关库
import plotly.express as px

import pandas as pd
```

```
df = pd.read_csv('D:/Python 商业数据可视化实战/ch07/AAPL.csv')

fig = px.line(df, x='Date', y='High', range_x=['2009-01-01','2012-12-31'])
fig.show()
```

在 JupyterLab 中运行上述代码，生成如图 7-11 所示的时间序列图。

图 7-11　时间序列图

# 7.2　Plotly 数据可视化案例

## 7.2.1　提升客户的满意指数

客户满意指数也称客户满意度，它是一个相对的概念，是客户期望值与客户体验的匹配程度。换言之，就是客户通过对一种产品可感知的效果与其期望值相比较后得出的指数。

进行客户满意度研究，旨在通过对销售数据的定量研究，获得消费者对特定商品或服务的满意程度、消费缺陷、再次购买率与推荐率等指标，找出内、外部客户的核心问题，发现快捷、有效的途径，实现客户价值的最大化。

满意是指对某事物或服务的主观评价，是一种心理状态，用数字来衡量就是满意度。企业进行满意度分析的主要目的包括掌握满意度现状、了解客户的需求、找出服务的短板等。

销售额是指销售人员在开展销售活动后的收入总计，可以根据每个月、每年等数据统计业务绩效。对销售人员的考核，仅从业绩的角度，有失偏颇，还应该包含客户服务满意度，即客户对销售人员的服务满意程度。

电商 A 企业的销售人员基本符合营销人员的专业要求，与实体店的销售人员的服务水平相差不大，甚至还要好一些，因此我们基本排除销售环节对企业商品销售量的影响。

## 7.2.2 制作客户不满意订单的环形图

### 1．环形图简介

环形图是由两个及两个以上的不同大小的饼图叠合在一起，再去除中间的部分所构成的图形。简单的饼图只能表现总数据中各部分所占的比例，多方面展现既不经济也不方便，想用一个图形比较多个不同地区的情况，只需要使用环形图即可，新手用户上手也不难。

### 2．应用场景

环形图与饼图相比，细看区别很大，但它们都是用于分析部分占整体的比例的。环形图中间有一个“空洞”，每个样本用一个环来表示，样本中的每一部分数据用环中的一段表示。环形图可显示多个样本各部分所占的相应比例，从而有利于进行比较研究。

### 3．案例代码

为了深入研究 A 企业在 2020 年上半年各地区不满意订单的占比情况，我们绘制了不同地区不满意订单的环形图，具体代码如下：

```
#登录 Plotly 在线账户
import chart_studio
chart_studio.tools.set_credentials_file(username='wren2020', api_key=
'H92914q9ODPhjoh1rDC2')

#导入相关库
import pymysql
import pandas as pd
import chart_studio.plotly as py

#连接 MySQL，读取订单表数据
conn = pymysql.connect(host='127.0.0.1',port=3306,user='root',password=
'root',db='sales',charset='utf8')
sql = "SELECT region,count(satisfied) as count FROM orders where dt='2020'
and `satisfied`=1 GROUP BY region"
```

```
df = pd.read_sql(sql,conn)

#绘制环形图
fig = {
  "data": [
    {
      "values": df['count'],
      "labels": df['region'],
      "domain": {"x": [0, 1]},       #图形区域位置（绘制两个或者多个子图时需要用到）
      "name": "GHG Emissions",
      "hoverinfo":"label+percent+name",
      "hole": .4,  #内圈大小
      "type": "pie"
    }],
  "layout": {
        "title":"2020 年上半年各地区客户不满意订单分析",
        "annotations": [
            {
                "font": {
                    "size": 20
                },
                "showarrow": False,
                "text": "不满意订单",
                "x": 0.5,
                "y": 0.5                    #内圈文本位置与上面的图形区域位置对应
            }
        ]
    }
}
py.iplot(fig, filename='donut')
```

### 4. 案例结论

在 JupyterLab 中运行上述代码，生成如图 7-12 所示的环形图。从图 7-12 中可以看出，A 企业在 2020 年上半年，关于商品的不满意订单，华北和华东地区的占比最大，均达到了 26.1%，其次是东北地区，占比为 21.7%，接着是中南地区，占比为 17.4%。

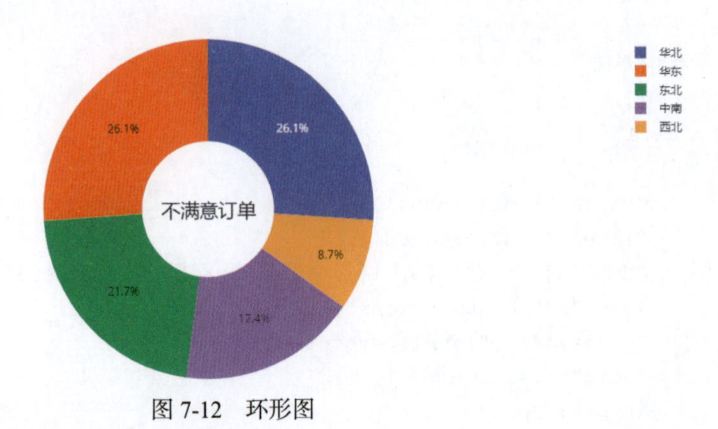


图 7-12 环形图

### 7.2.3 制作客户满意度的时间序列图

#### 1．时间序列图简介

时间序列图又称趋势图，它是以时间为横轴，观察变量为纵轴，用以反映时间与数量之间的关系，观察变量变化发展的趋势及偏差的统计图。其一般以折线图形式表现，时间可以是小时、日、月、年等，各时间点应连续不间断，观察变量可以是绝对值、平均值、发生率等。

时间序列的数据变动存在着规律性与不规律性，每个观察值的大小，都是影响变化的各种不同因素在同一时刻发生作用的综合结果。从这些影响因素发生作用的大小和方向变化的时间特性来看，这些因素造成的时间序列数据的变动规律分为趋势性、周期性、随机性和综合性。

#### 2．应用场景

需要分析指标数据随连续不间断的时间变化的规律时可使用时间序列图。

#### 3．案例代码

为了深入研究 A 企业最近 3 年的客户满意度状况，我们绘制了商品订单的客户满意度时间序列图，以便查看客户满意度数据，从而提升服务质量，具体代码如下：

```
#导入相关库
import plotly.graph_objects as go
import plotly.express as px
import pandas as pd
import pymysql
```

```
#连接MySQL，读取订单表数据
conn = pymysql.connect(host='127.0.0.1',port=3306,user='root',
password='root',db='sales',charset='utf8')
sql = "SELECT order_date as Date,(1-sum(satisfied)/count(satisfied))*100
as count1 FROM orders GROUP BY order_date"
df = pd.read_sql(sql,conn)

#绘制图形
fig = go.Figure()
fig.add_trace(go.Scatter(x=list(df.Date), y=list(df.count1)))

#添加标题
fig.update_layout(title_text="近3年商品订单的客户满意度时间序列图")

#添加范围滑块
fig.update_layout(
    xaxis=dict(
        rangeselector=dict(
            buttons=list([
                dict(count=1,
                     label="最近1个月",
                     step="month",
                     stepmode="backward"),
                dict(count=6,
                     label="最近6个月",
                     step="month",
                     stepmode="backward"),
                dict(count=1,
                     label="最近1年",
                     step="year",
                     stepmode="backward"),
                dict(label="全部",step="all")
            ])
        ),
        rangeslider=dict(
            visible=True
        ),
        type="date"
    )
)
fig.write_html("客户满意度的时间序列图.html")
```

### 4．案例结论

在 JupyterLab 中运行上述代码，生成如图 7-13 所示的时间序列图。从图 7-13 中可以看出，A 企业在近 3 年商品订单的客户满意度整体较高，此外，为了便于查看数据，图形分为最近 1 个月、最近 6 个月、最近 1 年和全部 4 个页面。

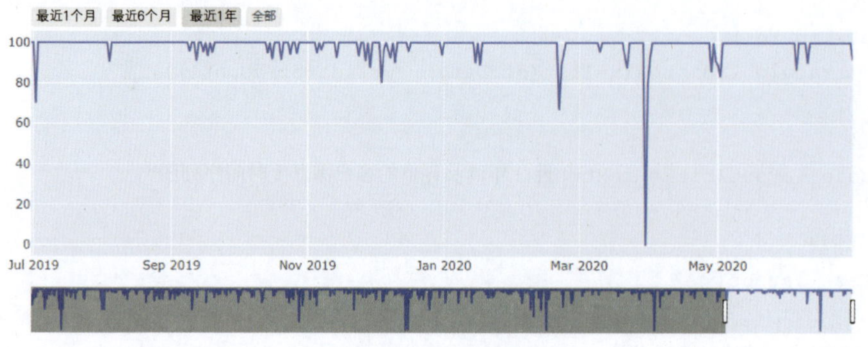


图 7-13　时间序列图

## 7.3　上机实践题

练习 1：通过 pip 安装最新版本的 Plotly 可视化库。

练习 2：使用 Plotly 可视化库绘制 2020 年上半年各区域不满意订单的饼图。

练习 3：使用 Plotly 可视化库绘制 2020 年上半年商品利润额的时间序列图。

# 第 8 章

# 以面向对象的方式创建视图：Pygal

本章介绍 Pygal 可视化库（它以面向对象的方式来创建各种视图），重点讲解 Pygal 在绘制图形时的参数配置和主要图形。

本章从客户流失率的角度研究企业的客户流失现状。客户流失率越大，说明客户流失的可能性就越大，这会降低企业收益率，提高企业营销和客户召回成本等。

# 8.1 Pygal 可视化库概述

## 8.1.1 Pygal 可视化库简介

Pygal 是 Python 中的一个简单易用的数据图库，它以面向对象的方式来创建各种视图，而且用户使用 Pygal 可以非常方便地生成各种格式的数据图，包括.png、.svg 等。使用 Pygal 也可以生成 XML etree 和 HTML 表格，使用 pip install pygal 命令，即可安装 Pygal 库。

对于需要在不同尺寸的屏幕上显示的图表，用户可以考虑使用 Pygal 来生成它们，它们需要自动缩放，以适合观看者的屏幕，这样它们在任何设备上显示时都会很美观。Pygal 绘制线图的方法很简单，可以将图表渲染为一个.svg 文件，用户使用浏览器打开.svg 文件就可以查看生成的图表。

## 8.1.2 Pygal 参数配置

下面以一个条形图为例，介绍 Pygal 的绘图过程和参数配置。示例代码如下：

```
import pygal
bar_chart = pygal.Bar()
bar_chart.add('低价值客户', [27,28,24,23,26,29,23,22,29,25,23,21])
bar_chart.render_to_file('bar_chart1.svg')
```

代码解释如下。

- 第 1 行：导入 Pygal 模块。
- 第 2 行：创建一个条形图，关键词是 Bar，这个图形被定义为 bar_chart。
- 第 3 行：使用 add()函数添加数据。
- 第 4 行：将得到的图形保存为.svg 格式，默认保存到当前目录下，文件名是 bar_chart1.svg。

在 JupyterLab 中运行上述代码，并双击保存好的“bar_chart1.svg”文件，在浏览器中就可以看到绘制的 2019 年低价值客户流失量的条形图，如图 8-1 所示。

如果有多组数据，那么就需要使用多个 add()函数，代码如下：

```
import pygal
bar_chart = pygal.Bar()
bar_chart.add('低价值客户', [27,28,24,23,26,29,23,22,29,25,23,21])
bar_chart.add('中价值客户', [15,10,13,14,11,11,15,12,13,11,14,15])
bar_chart.render_to_file('bar_chart2.svg')
```

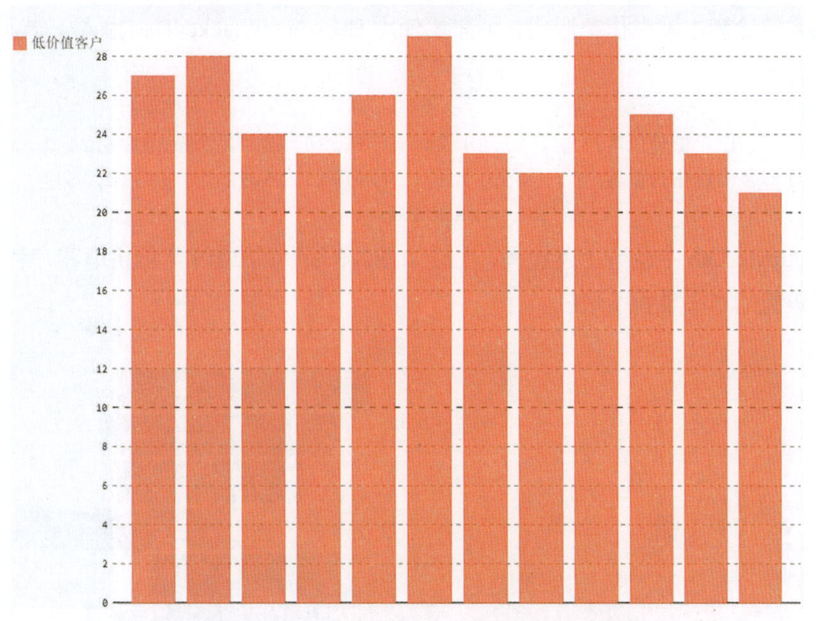


图 8-1　2019 年低价值客户流失量的条形图

在 JupyterLab 中运行上述代码，生成如图 8-2 所示的 2019 年低价值客户和中价值客户流失量的并列条形图。

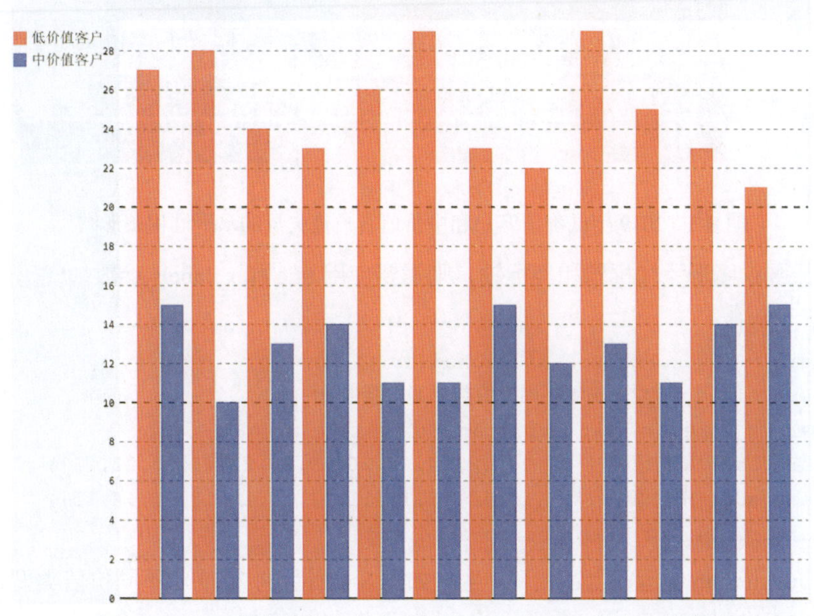


图 8-2　2019 年低价值客户和中价值客户流失量的并列条形图

如果要绘制水平堆积条形图，则需要使用 HorizontalStackedBar()函数，代码如下：

```
import pygal
bar_chart = pygal.HorizontalStackedBar()
bar_chart.add('低价值客户', [27,28,24,23,26,29,23,22,29,25,23,21])
bar_chart.add('中价值客户', [15,10,13,14,11,11,15,12,13,11,14,15])
bar_chart.render_to_file('bar_chart3.svg')
```

在 JupyterLab 中运行上述代码，生成如图 8-3 所示的 2019 年低价值客户和中价值客户流失量的水平堆积条形图。

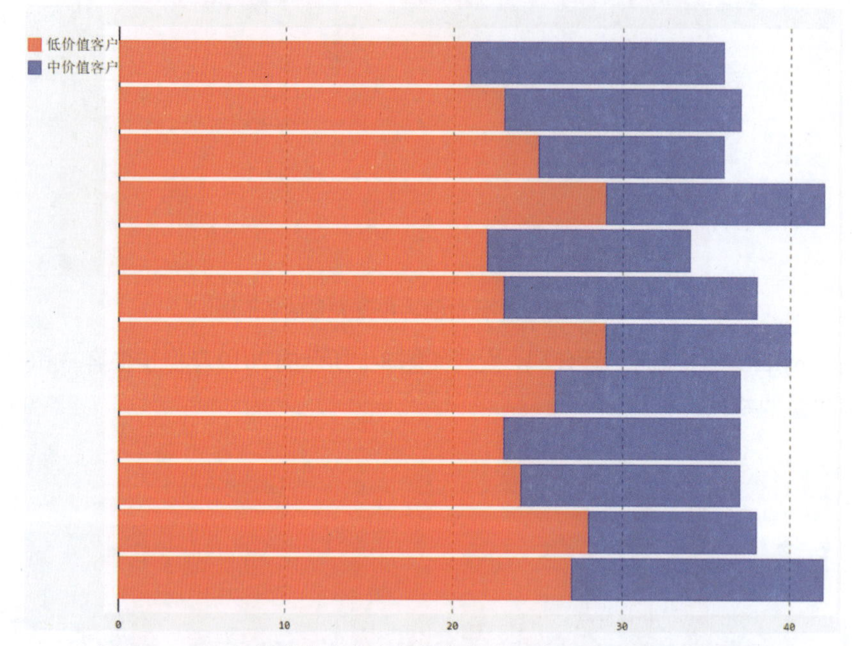


图 8-3　2019 年低价值客户和中价值客户流失量的水平堆积条形图

如果要给图形添加标题和坐标轴，则需要使用 title 和 x_labels 参数，代码如下：

```
import pygal
bar_chart = pygal.HorizontalStackedBar()
bar_chart.title = "2019 年不同价值类型客户流失量"
bar_chart.x_labels = map(str, range(1,13))
bar_chart.add('低价值客户', [27,28,24,23,26,29,23,22,29,25,23,21])
bar_chart.add('中价值客户', [15,10,13,14,11,11,15,12,13,11,14,15])
bar_chart.render_to_file('bar_chart4.svg')
```

在 JupyterLab 中运行上述代码，生成如图 8-4 所示的 2019 年不同价值类型客户流失量的水平堆积条形图。

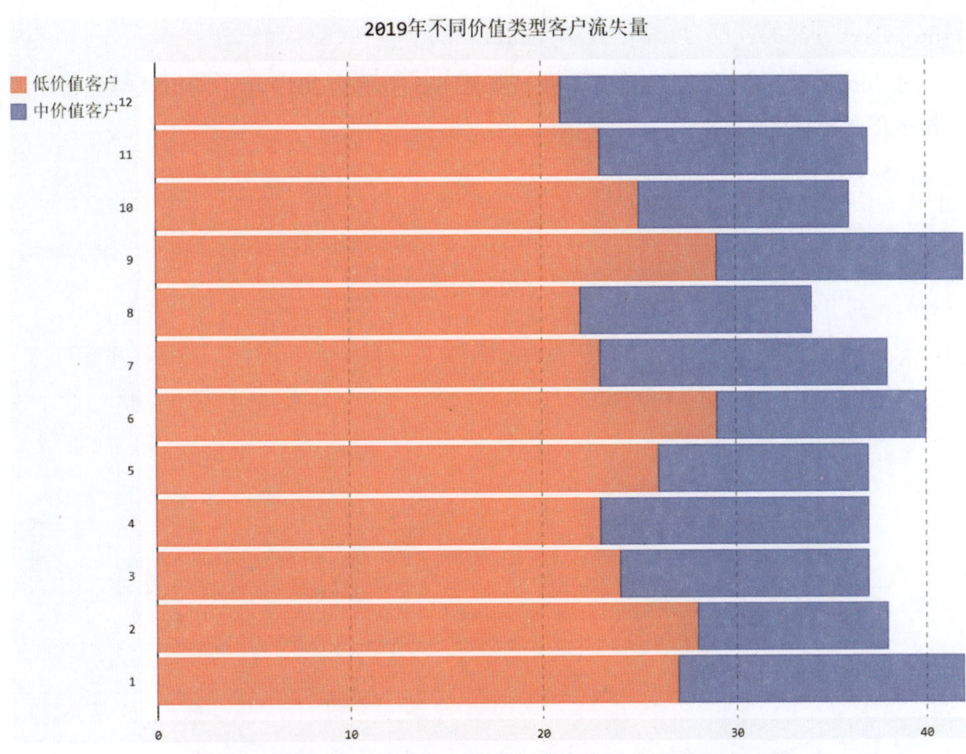


图 8-4　2019 年不同价值类型客户流失量的水平堆积条形图

### 8.1.3　Pygal 主要图形

Pygal 可以绘制各种丰富的图形，下面逐一进行介绍。

1．线形图

（1）简单折线图

```
#导入相关库
import pygal

#绘制图形
line_chart = pygal.Line()
line_chart.x_labels = map(str, range(1, 13))
line_chart.add('低价值客户', [27,28,24,23,26,29,23,22,29,25,23,21])
line_chart.add('中价值客户', [15,10,13,14,11,11,15,12,13,11,14,15])
line_chart.add('高价值客户', [6,5,4,8,5,9,3,5,6,8,9,6])

#保存图像
```

```
line_chart.render_to_file('line_chart1.svg')
```

在 JupyterLab 中运行上述代码，生成如图 8-5 所示的 2019 年不同价值类型客户流失量的简单折线图。

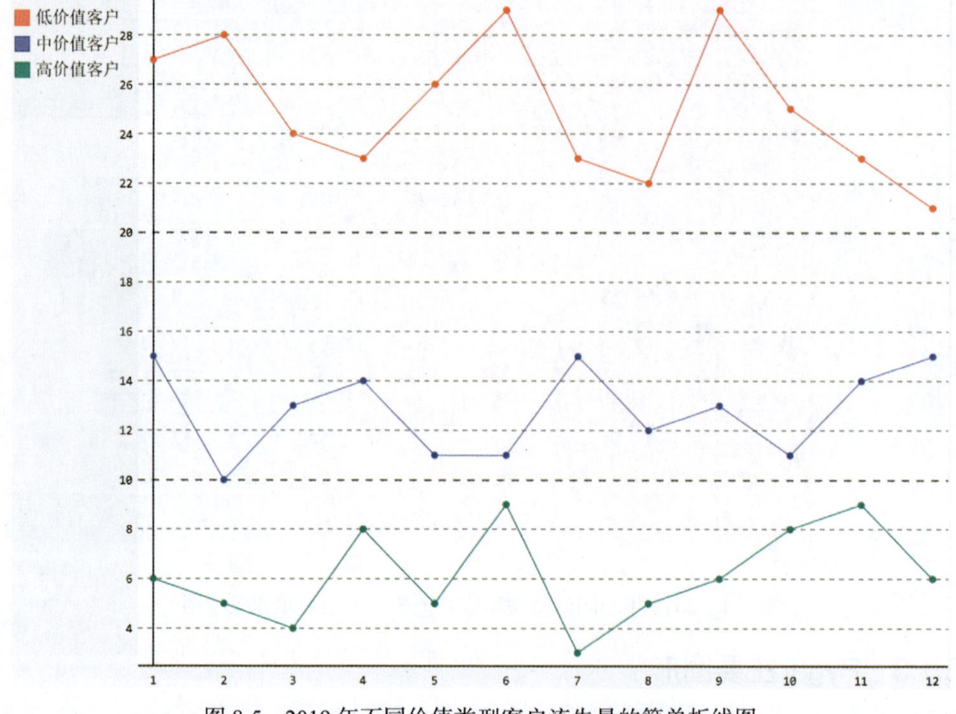


图 8-5　2019 年不同价值类型客户流失量的简单折线图

### （2）水平折线图

```
#导入相关库
import pygal

#绘制图形
line_chart = pygal.HorizontalLine()
line_chart.x_labels = map(str, range(1, 13))
line_chart.add('低价值客户', [27,28,24,23,26,29,23,22,29,25,23,21])
line_chart.add('中价值客户', [15,10,13,14,11,11,15,12,13,11,14,15])
line_chart.add('高价值客户', [6,5,4,8,5,9,3,5,6,8,9,6])
line_chart.range = [0, 30]

#保存图像
line_chart.render_to_file('line_chart2.svg')
```

在 JupyterLab 中运行上述代码，生成如图 8-6 所示的 2019 年不同价值类型客户流失量的水平折线图。

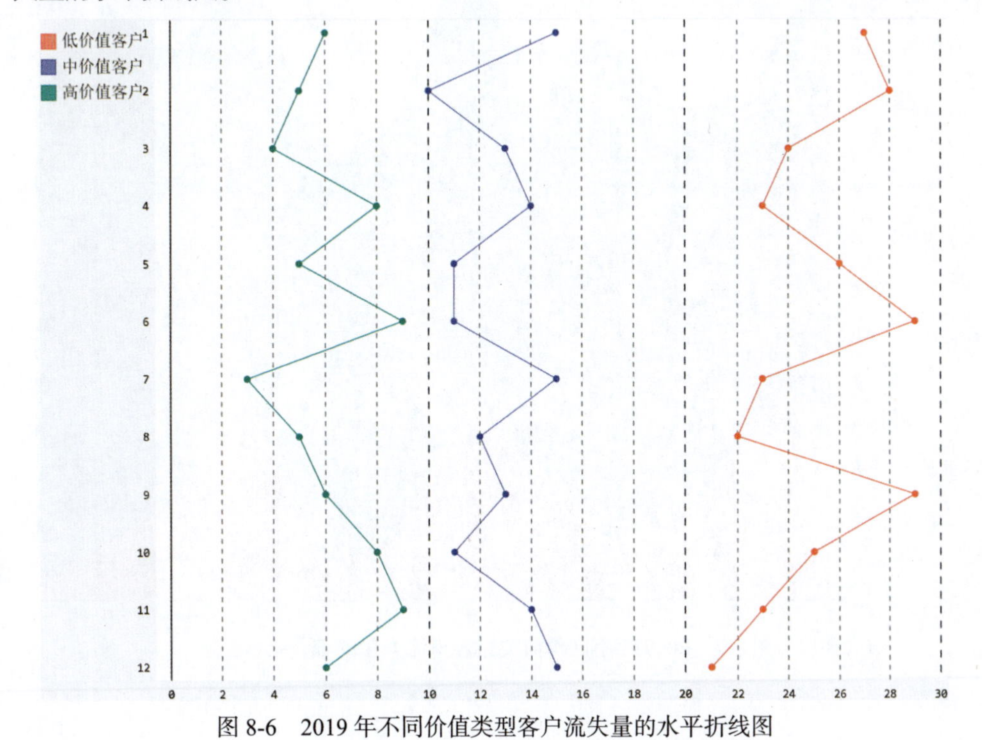

图 8-6　2019 年不同价值类型客户流失量的水平折线图

（3）堆叠折线图

```
#导入相关库
import pygal

#绘制图形
line_chart = pygal.StackedLine(fill=True)
line_chart.x_labels = map(str, range(1, 13))
line_chart.add('低价值客户', [27,28,24,23,26,29,23,22,29,25,23,21])
line_chart.add('中价值客户', [15,10,13,14,11,11,15,12,13,11,14,15])
line_chart.add('高价值客户', [6,5,4,8,5,9,3,5,6,8,9,6])

#保存图像
line_chart.render_to_file('line_chart3.svg')
```

在 JupyterLab 中运行上述代码，生成如图 8-7 所示的 2019 年不同价值类型客户流失量的堆叠折线图。

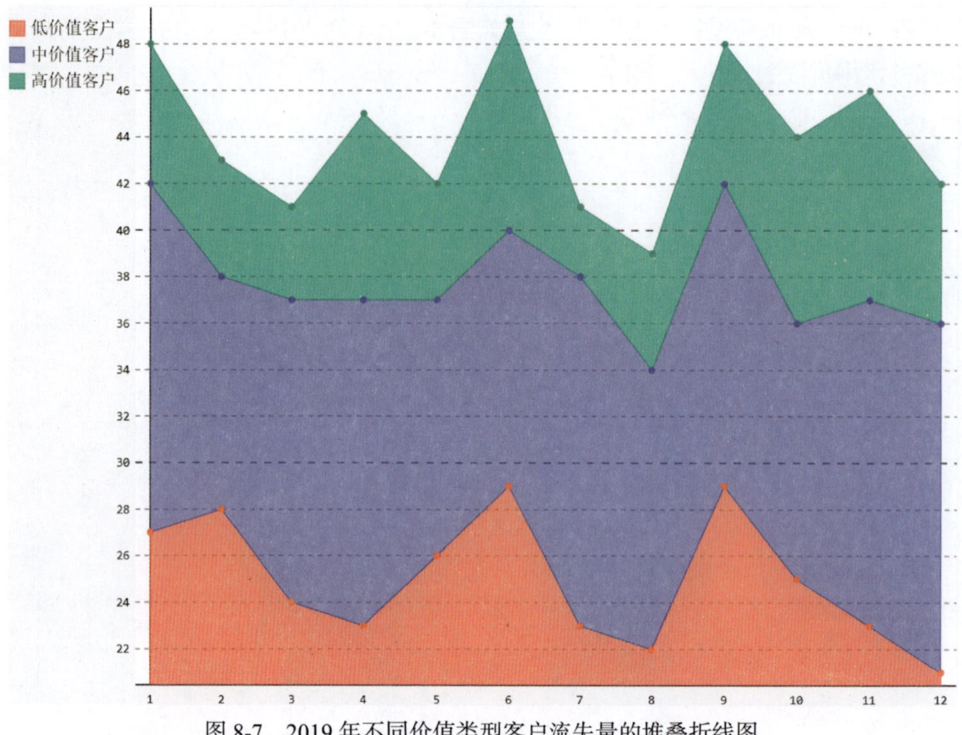


图 8-7　2019 年不同价值类型客户流失量的堆叠折线图

## 2．条形图

### （1）简单条形图

```
#导入相关库
import pygal

#绘制图形
bar_chart = pygal.Bar()
bar_chart.x_labels = map(str, range(1, 13))
bar_chart.add('低价值客户', [27,28,24,23,26,29,23,22,29,25,23,21])
bar_chart.add('中价值客户', [15,10,13,14,11,11,15,12,13,11,14,15])
bar_chart.add('高价值客户', [6,5,4,8,5,9,3,5,6,8,9,6])

#保存图像
bar_chart.render_to_file('bar_chart5.svg')
```

在 JupyterLab 中运行上述代码，生成如图 8-8 所示的 2019 年不同价值类型客户流失量的简单条形图。

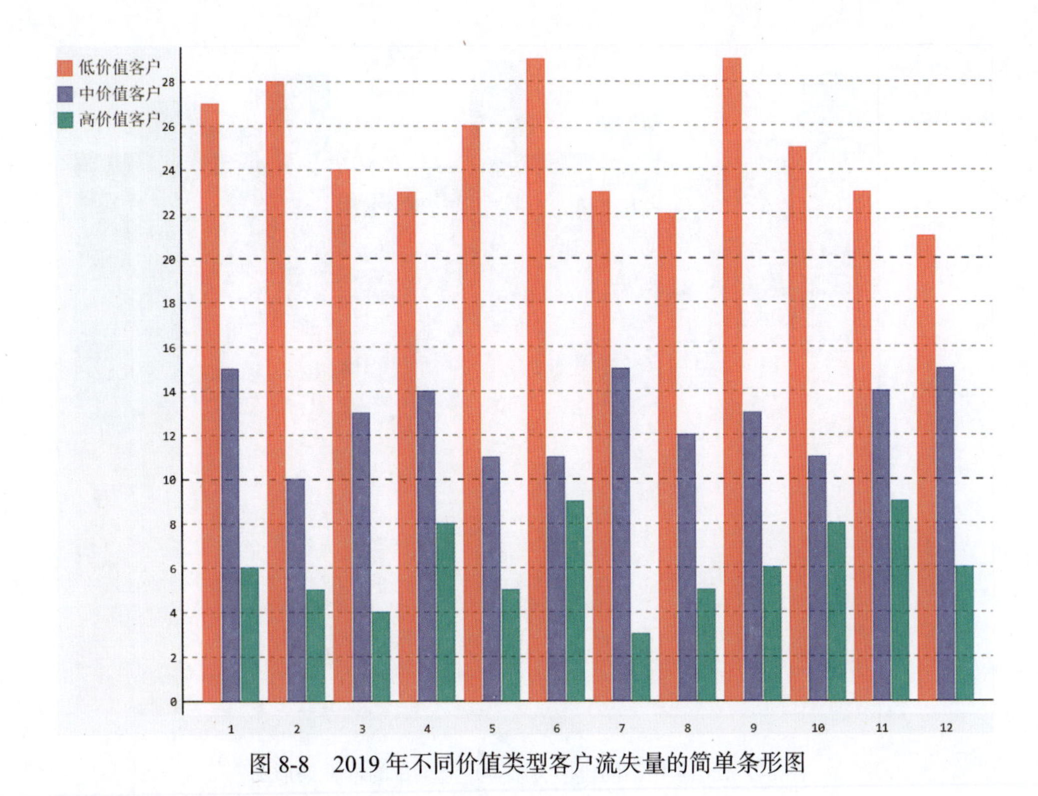


图 8-8　2019 年不同价值类型客户流失量的简单条形图

（2）堆叠条形图

```
#导入相关库
import pygal

#绘制图形
bar_chart = pygal.StackedBar()
bar_chart.x_labels = map(str, range(1, 13))
bar_chart.add('低价值客户', [27,28,24,23,26,29,23,22,29,25,23,21])
bar_chart.add('中价值客户', [15,10,13,14,11,11,15,12,13,11,14,15])
bar_chart.add('高价值客户', [6,5,4,8,5,9,3,5,6,8,9,6])

#保存图像
bar_chart.render_to_file('bar_chart6.svg')
```

在 JupyterLab 中运行上述代码，生成如图 8-9 所示的 2019 年不同价值类型客户流失量的堆叠条形图。

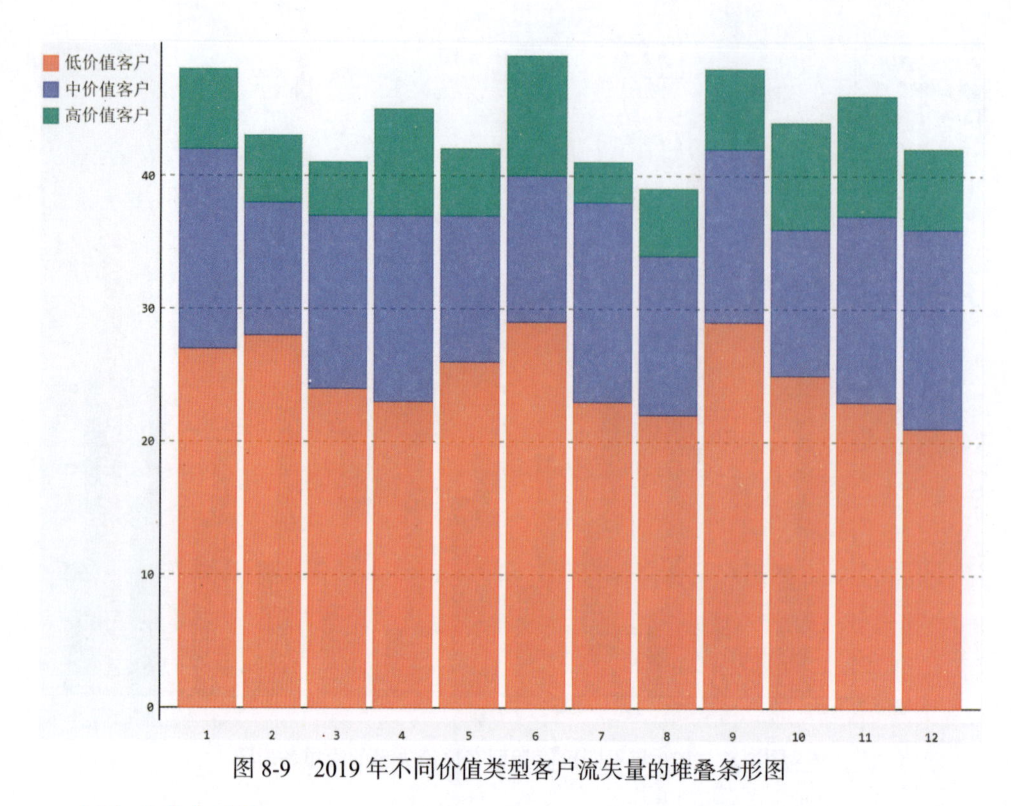


图 8-9　2019 年不同价值类型客户流失量的堆叠条形图

### （3）水平条形图

```
#导入相关库
import pygal

#绘制图形
bar_chart = pygal.HorizontalBar()
bar_chart.add('低价值客户', 300)
bar_chart.add('中价值客户', 154)
bar_chart.add('高价值客户', 74)

#保存图像
bar_chart.render_to_file('bar_chart7.svg')
```

在 JupyterLab 中运行上述代码，生成如图 8-10 所示的 2019 年不同价值类型客户流失量的水平条形图。

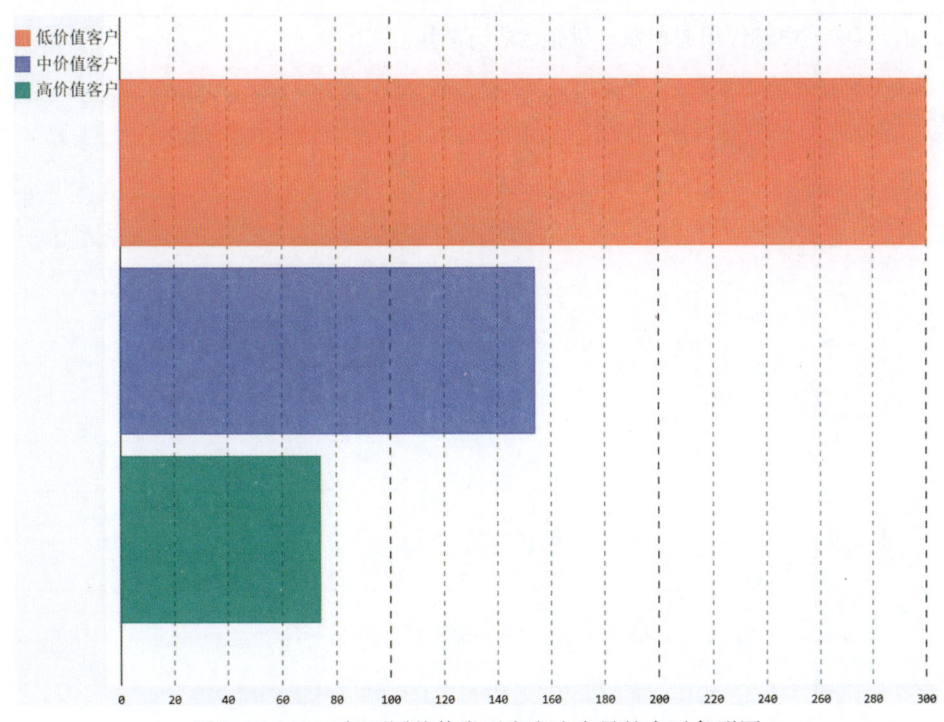

图 8-10　2019 年不同价值类型客户流失量的水平条形图

### 3．XY 图

#### （1）散点图

```
#导入相关库
import pygal

#绘制图形
scatter_chart = pygal.XY(stroke=False)
scatter_chart.add('低价值客户', [(27,269),(28,276),(24,278),(23,263),(26,
266),(29,305),(23,264),(22,251),(20,211),(25,251),(23,243),(21,239)])
scatter_chart.add('中价值客户', [(15,199),(10,186),(16,189),(14,173),(11,
156),(11,145),(15,184),(12,151),(13,191),(17,199),(14,163),(19,191)])
scatter_chart.add('高价值客户', [(6,78),(5,46),(4,47),(8,94),(5,53),
(12,116),(3,45),(5,79),(6,59),(8,81),(11,106),(6,79)])

#保存图像
scatter_chart.render_to_file('scatter_chart.svg')
```

在 JupyterLab 中运行上述代码，生成如图 8-11 所示的 2019 年退单量与订单量散点图，其中，横轴代表退单量，纵轴代表订单量。

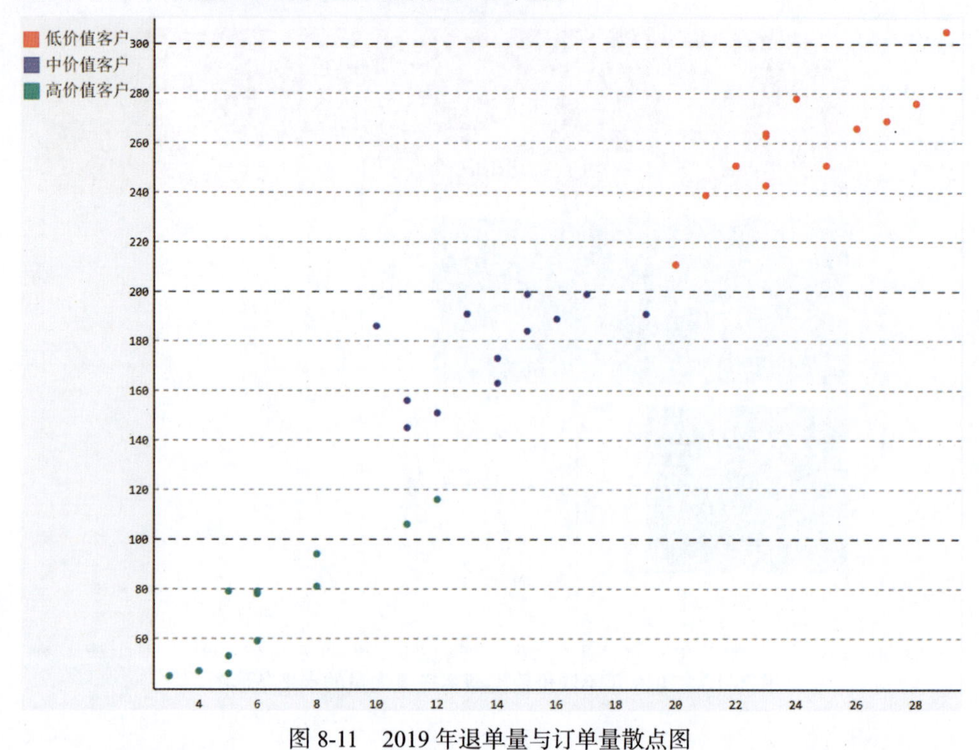


图 8-11　2019 年退单量与订单量散点图

### （2）日期序列图

```
#导入相关库
import pygal

#绘制图形
from datetime import date
dateline = pygal.DateLine(x_label_rotation=25)
dateline.x_labels = [
    date(2016, 1, 1),
    date(2016, 7, 1),
    date(2017, 1, 1),
    date(2017, 7, 1),
    date(2018, 1, 1),
    date(2018, 7, 1),
    date(2019, 1, 1),
    date(2019, 7, 1),
    date(2020, 1, 1),
```

```
    date(2020, 7, 1)
]
dateline.add("Serie", [
    (date(2016, 1, 2), 13),
    (date(2016, 8, 2), 18),
    (date(2017, 12, 7), 14),
    (date(2018, 3, 21), 17),
    (date(2018, 9, 2), 14),
    (date(2019, 8, 2), 15),
    (date(2019, 12, 7), 16),
    (date(2020, 3, 21), 14),
    (date(2020, 6, 30), 17)
])

#保存图像
dateline.render_to_file('dateline1.svg')
```

在 JupyterLab 中运行上述代码，生成如图 8-12 所示的商品退单量的日期序列图。

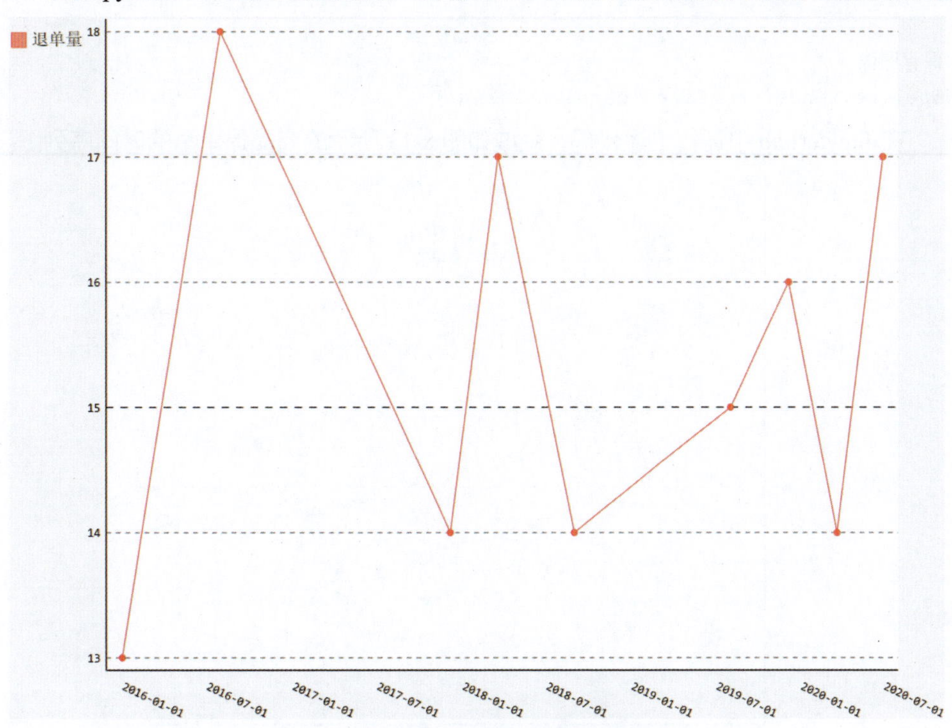


图 8-12　商品退单量的日期序列图

### （3）时间序列图

```
#导入相关库
import pygal

#绘制图形
from datetime import time
dateline = pygal.TimeLine(x_label_rotation=25)
dateline.add("Serie", [
  (time(),2),
  (time(6),5),
  (time(8,30),8),
  (time(11,59,59),4),
  (time(14,37,21),9),
  (time(16,45,26),6),
  (time(18),8),
  (time(23,30),7),
])

#保存图像
dateline.render_to_file('dateline2.svg')
```

在 JupyterLab 中运行上述代码，生成如图 8-13 所示的商品退单量的时间序列图。

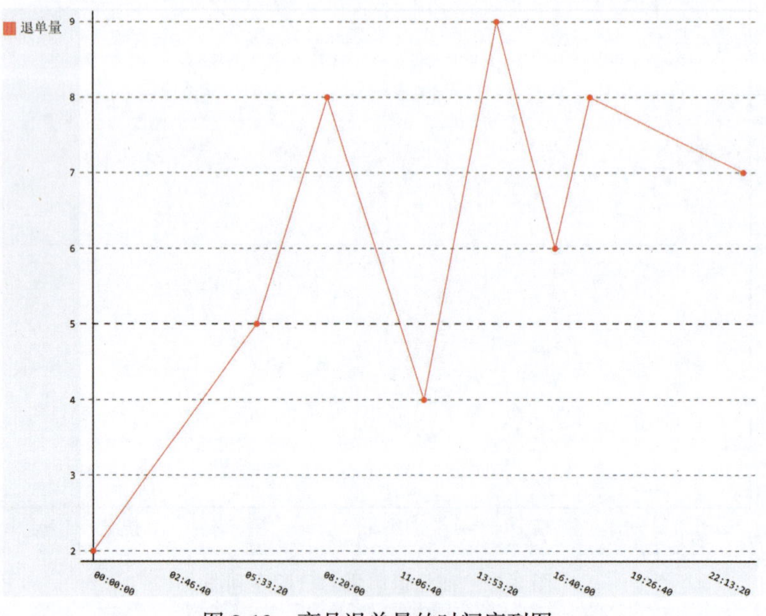


图 8-13　商品退单量的时间序列图

### 4. 饼图

#### （1）简单饼图

```
#导入相关库
import pygal

#绘制图形
pie_chart = pygal.Pie()
pie_chart.add('低价值客户', 300)
pie_chart.add('中价值客户', 154)
pie_chart.add('高价值客户', 74)

#保存图像
pie_chart.render_to_file('pie_chart1.svg')
```

在 JupyterLab 中运行上述代码，生成如图 8-14 所示的 2019 年不同价值类型客户流失率的简单饼图。

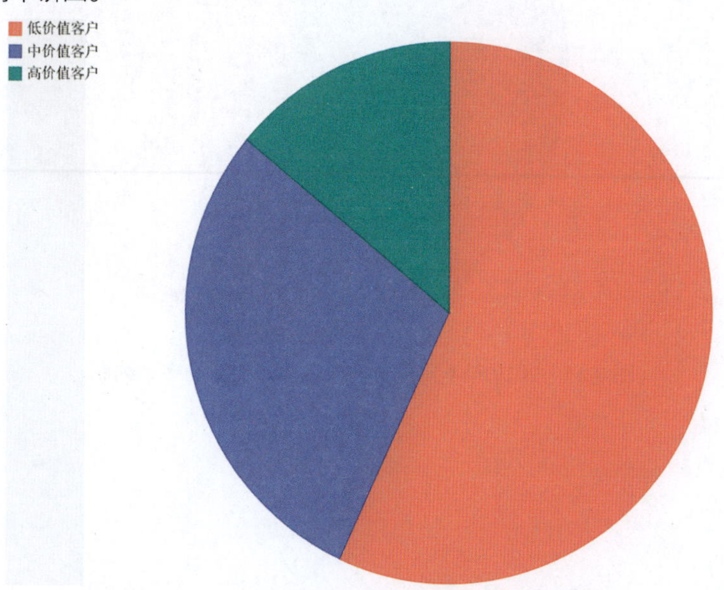


图 8-14　2019 年不同价值类型客户流失率的简单饼图

#### （2）多系列图

```
#导入相关库
import pygal

#绘制图形
```

```
pie_chart = pygal.Pie()
pie_chart.add('低价值客户', [27,28,24,23,26,29])
pie_chart.add('中价值客户', [15,10,13,14,11,11])
pie_chart.add('高价值客户', [6,5,4,8,5,9])

#保存图像
pie_chart.render_to_file('pie_chart2.svg')
```

在 JupyterLab 中运行上述代码，生成如图 8-15 所示的 2019 年不同价值类型客户流失率的多系列图。

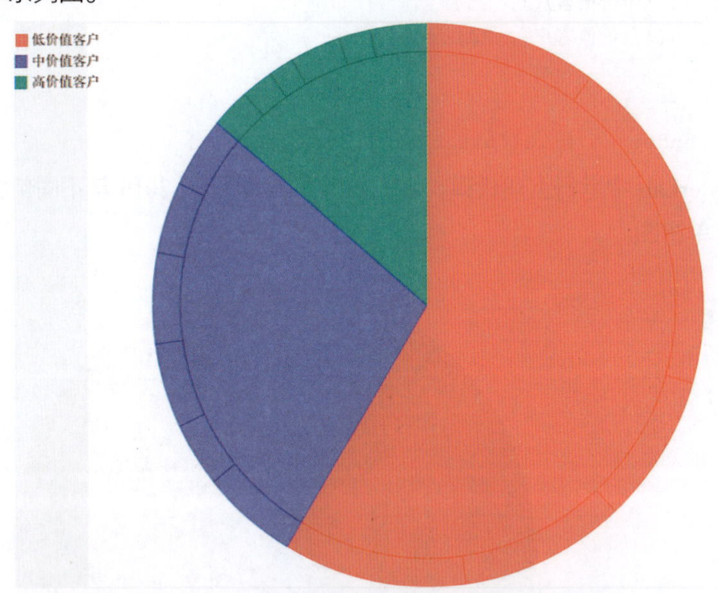


图 8-15　2019 年不同价值类型客户流失率的多系列图

（3）环形图

```
#导入相关库
import pygal

#绘制图形
pie_chart = pygal.Pie(inner_radius=.4)
pie_chart.add('低价值客户', 300)
pie_chart.add('中价值客户', 154)
pie_chart.add('高价值客户', 74)

#保存图像
pie_chart.render_to_file('pie_chart3.svg')
```

在 JupyterLab 中运行上述代码，生成如图 8-16 所示的 2019 年不同价值类型客户流失率的环形图。

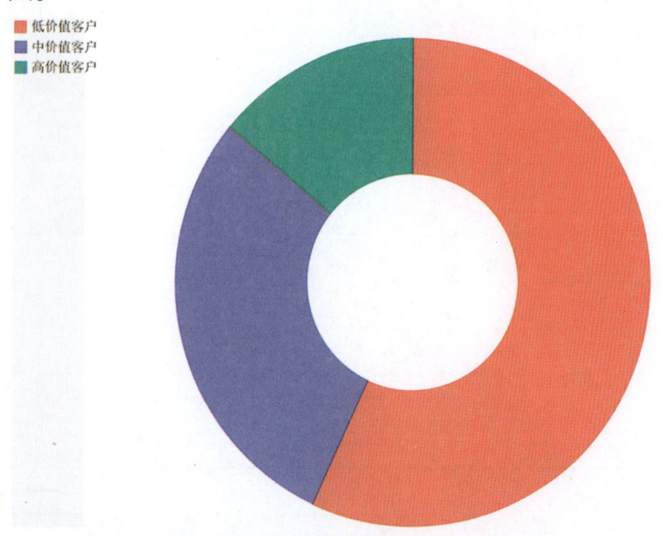


图 8-16　2019 年不同价值类型客户流失率的环形图

### 5. 箱形图

#### （1）基本箱形图

在绘制箱形图之前，首先需要将变量值按从大到小的顺序排列，然后将此数列分成四等份，这样四分位数就有第一个四分位数、第二个四分位数（中位数）、第三个四分位数，以及最小值和最大值。

在默认情况下，箱形图使用极限模式，即晶须（箱形图的上下水平线）是数据集的极限。中间的矩形框是从第一个四分位数到第三个四分位数，中线是中位数，代码如下：

```
#导入相关库
import pygal

#绘制图形
box_plot = pygal.Box()
box_plot.add('低价值客户', [27,28,24,23,26,29,23,22,29,25,23,21])
box_plot.add('中价值客户', [15,10,13,14,11,11,15,12,13,11,14,15])
box_plot.add('高价值客户', [6,5,4,8,5,9,3,5,6,8,9,6])

#保存图像
box_plot.render_to_file('box_plot1.svg')
```

在 JupyterLab 中运行上述代码，生成如图 8-17 所示的 2019 年不同价值类型客户流失量的基本箱形图。

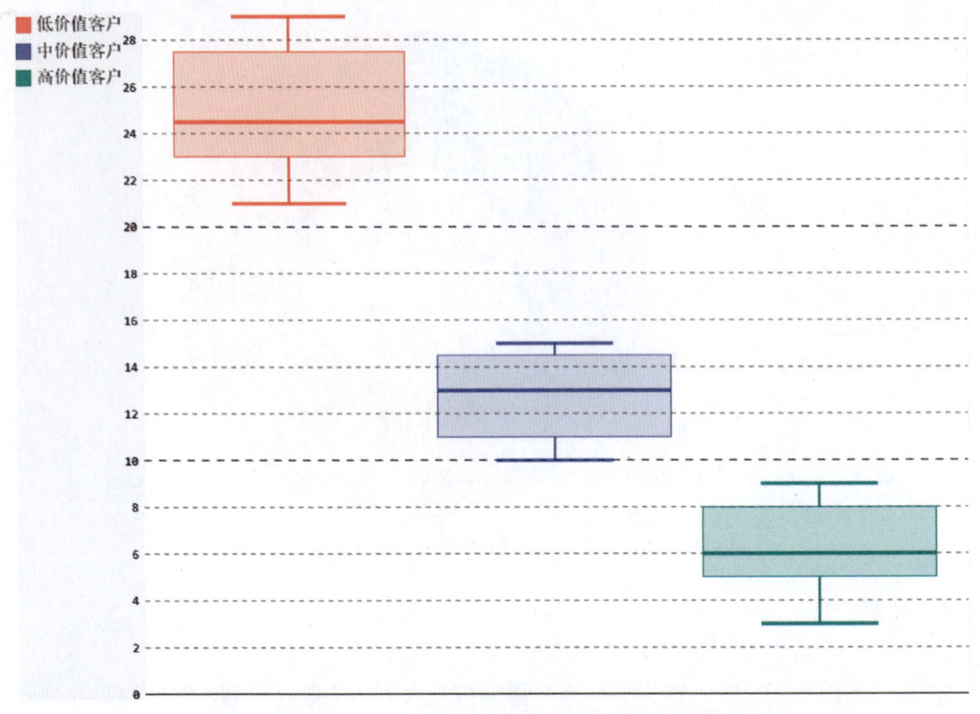


图 8-17　2019 年不同价值类型客户流失量的基本箱形图

（2）四分位间距箱形图

与默认情况相同，下晶须是第一个四分位数减去四分位距（IQR，是第三个四分位上的值与第一个四分位上的值之差）的 1.5 倍，而上晶须是第三个四分位数加上四分位距的 1.5 倍，代码如下：

```
#导入相关库
import pygal

#绘制图形
box_plot = pygal.Box(box_mode="1.5IQR")
box_plot.add('低价值客户', [27,28,24,23,26,29,23,22,29,25,23,21])
box_plot.add('中价值客户', [15,10,13,14,11,11,15,12,13,11,14,15])
box_plot.add('高价值客户', [6,5,4,8,5,9,3,5,6,8,9,6])

#保存图像
box_plot.render_to_file('box_plot2.svg')
```

在 JupyterLab 中运行上述代码，生成如图 8-18 所示的 2019 年不同价值类型客户流失量的四分位间距箱形图。

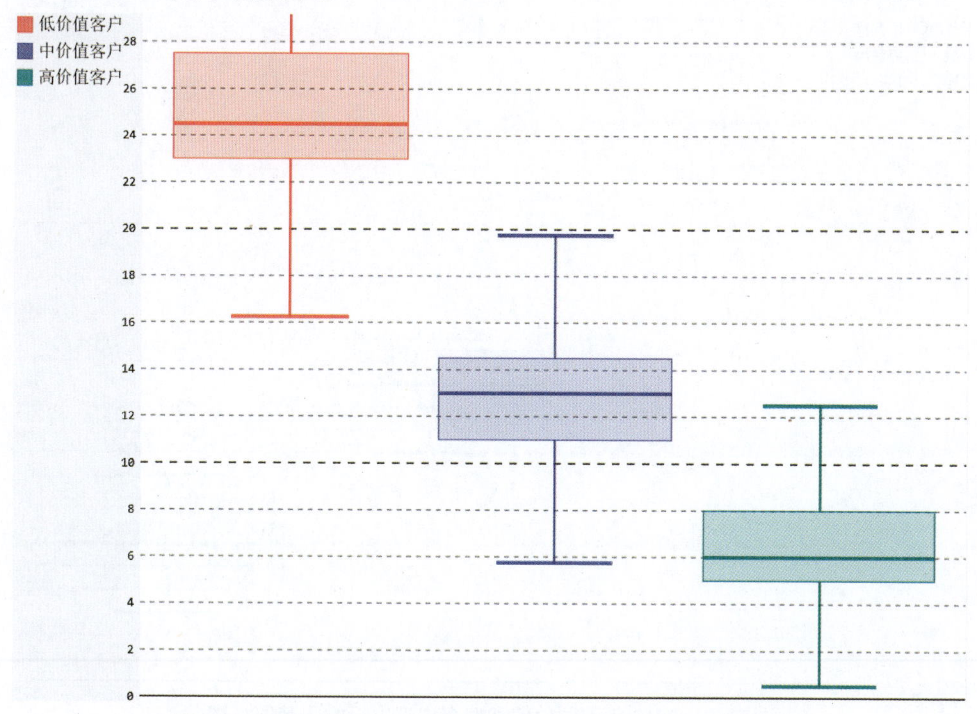


图 8-18　2019 年不同价值类型客户流失量的四分位间距箱形图

（3）图基箱形图

在图基模式下，晶须是较低四分位数的 1.5 IQR 内的最低基准，仍是位于较高四分位数的 1.5 IQR 内的最高基准，可以显示异常值，代码如下：

```
#导入相关库
import pygal

#绘制图形
box_plot = pygal.Box(box_mode="tukey")
box_plot.add('低价值客户', [27,28,24,23,26,29,23,22,29,25,23,21])
box_plot.add('中价值客户', [15,10,13,14,11,11,15,12,13,11,14,15])
box_plot.add('高价值客户', [6,5,4,8,5,9,3,5,6,8,9,6])

#保存图像
box_plot.render_to_file('box_plot3.svg')
```

在 JupyterLab 中运行上述代码，生成如图 8-19 所示的 2019 年不同价值类型客户流失量的图基箱形图。

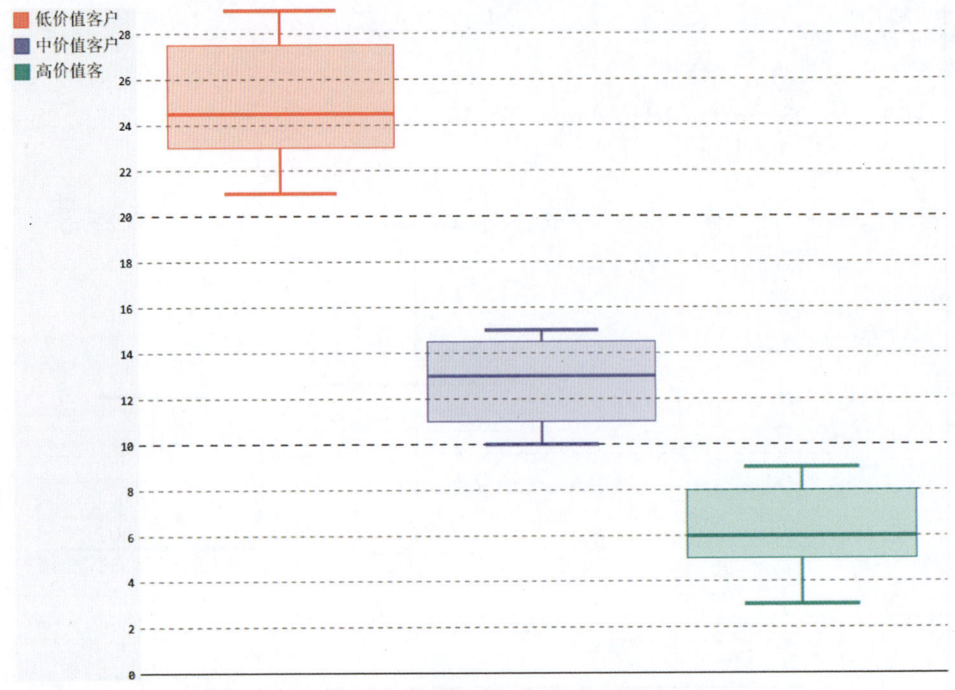


图 8-19　2019 年不同价值类型客户流失量的图基箱形图

### 6．其他类型

#### (1) 直方图

```
#导入相关库
import pygal

#绘制图形
hist_plot = pygal.Histogram()
hist_plot.add('低价值客户', [(5, 2, 3), (4, 5, 6), (2, 9, 10)])
hist_plot.add('中价值客户', [(10, 1, 2), (11, 4, 5), (8, 12, 13)])
hist_plot.add('高价值客户', [(6, 6, 7), (8, 8, 9), (7, 10, 11)])

#保存图像
hist_plot.render_to_file('hist_plot.svg')
```

在 JupyterLab 中运行上述代码，生成如图 8-20 所示的 2019 年不同价值类型客户流失量的直方图。

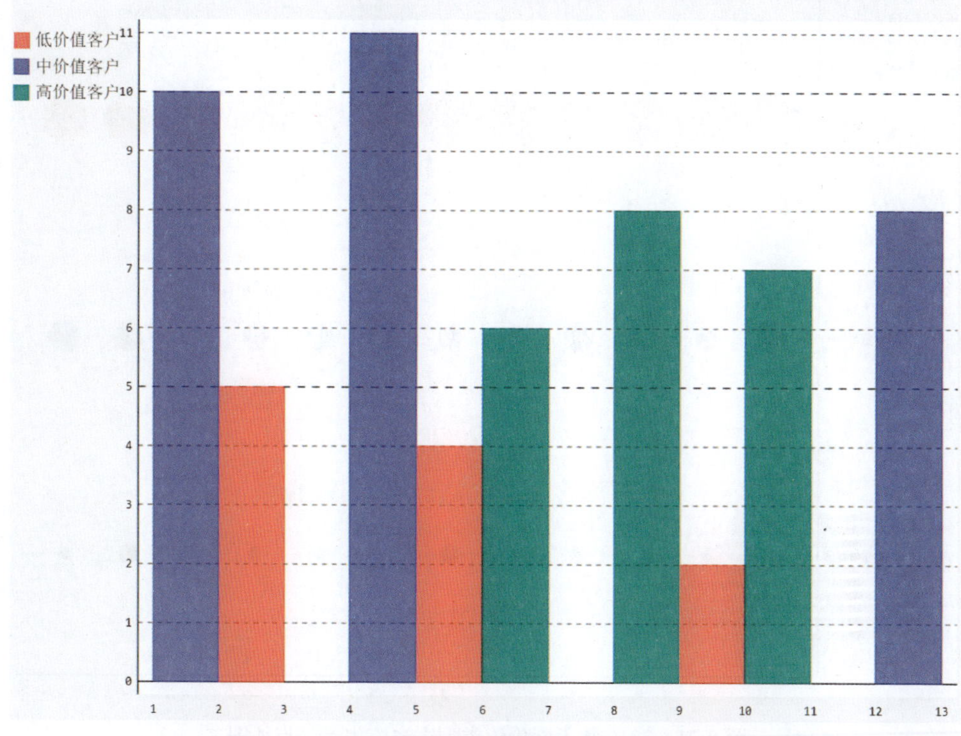


图 8-20　2019 年不同价值类型客户流失量的直方图

### （2）点线图

```
#导入相关库
import pygal

#绘制图形
dot_chart = pygal.Dot(x_label_rotation=30)
dot_chart.x_labels = ['1 月','2 月','3 月','4 月','5 月','6 月','7 月','8 月','9
月','10 月','11 月','12 月']
dot_chart.add('低价值客户', [27,28,24,23,26,29,23,22,29,25,23,21])
dot_chart.add('中价值客户', [15,10,13,14,11,11,15,12,13,11,14,15])
dot_chart.add('高价值客户', [6,5,4,8,5,9,3,5,6,8,9,6])

#保存图像
dot_chart.render_to_file('dot_chart.svg')
```

在 JupyterLab 中运行上述代码，生成如图 8-21 所示的 2019 年不同价值类型客户流失量的点线图。

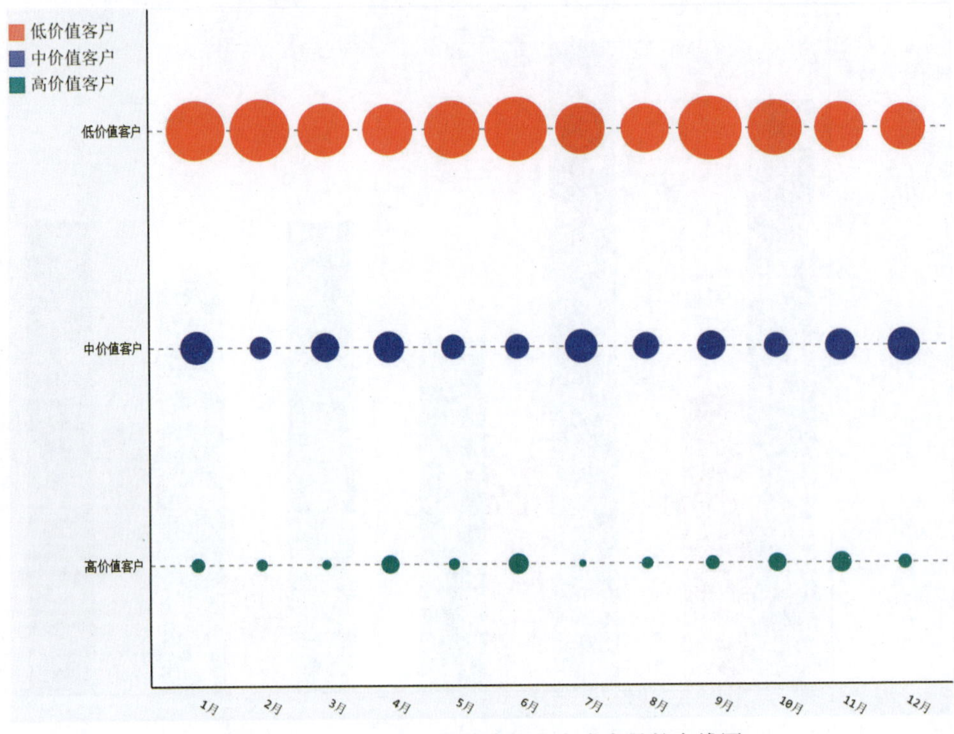


图 8-21　2019 年不同价值类型客户流失量的点线图

（3）树状图

```
#导入相关库
import pygal

#绘制图形
treemap = pygal.Treemap()
treemap.add('低价值客户', [27,28,24,23,26,29])
treemap.add('中价值客户', [15,10,13,14,11,11])
treemap.add('高价值客户', [6,5,4,8,5,9])

#保存图像
treemap.render_to_file('treemap.svg')
```

在 JupyterLab 中运行上述代码，生成如图 8-22 所示的 2019 年不同价值类型客户流失量的树状图。

图 8-22　2019 年不同价值类型客户流失量的树状图

# 8.2　Pygal 数据可视化案例

## 8.2.1　有效降低客户的流失率

客户流失率是客户可能流失的概率，流失率越大说明客户流失的可能性就越大。客户流失对企业的影响主要表现为：降低企业收入、影响企业业绩，降低企业收益率，提高企业营销和客户召回成本，等等。

目前，降低客户流失率的主要措施包括如下几点。

### 1．分析客户流失的原因

通过电话回访客户，可以知道客户的哪些问题没有得到解决，给客户造成了哪些困扰等。还可以通过邀请客户到官方网站评论留言或者在社交媒体平台与客户互动的方式查找客户流失的原因。

### 2．保持客户的参与度

为了保持客户的参与度，我们需要持续向客户证明商品对其产生的价值。除了让客户知道商品的主要功能和更新迭代的内容，我们还可以向客户展示新的成交信息、特价商品或者近期的优惠活动等。

3．给予客户充分的指导

我们可以通过给客户提供高质量的指导服务或支持资料的方式减少客户流失率。这些指导服务包括但不限于免费培训、在线论坛、视频指导或者商品演示。

4．提前发现流失的客户

通过对以往流失客户的行为数据进行分析，我们可以总结出一些流失客户共有的行为，比如，他们在流失之前的那段时间不像以往那样活跃等。

5．找准商品对应的目标客户

一定要找准商品对应的目标客户。如果目标客户找错了，哪怕我们使尽浑身解数也不可能让客户留下来。如果通过“免费”和“便宜”这样的字眼来吸引新客户，那么我们获取的新客户可能根本不是我们的目标客户。

6．重视客户投诉意见

调查显示，大部分的客户即使对商品感到不满也不会投诉，只有少量的客户会对商品提出不满或意见。由此可见，我们必须认真对待客户的抱怨和投诉并及时给予反馈。研究表明，这些投诉后得到反馈且问题得到解决的客户更有可能成为忠诚客户，这些忠诚客户可以传播企业的商品或服务，从而形成好的口碑。

在本例中，我们定义流失客户为最近 3 个月内没有购买订单的客户，例如，2019 年 9 月 1 日以后没有购买订单的客户。

## 8.2.2 制作各月份客户流失量的折线图

1．折线图简介

折线图最早由 William Playfair 在 1786 年用于时序数据的可视化，它通过将离散的时序数据点用线段连接起来进行数据的展示，可以帮助我们直观地感知数据的变化趋势及特征，因此它被认为是时序数据可视化的默认图表类型。

折线图可以显示随时间变化的连续数据，因此非常适合显示相等时间间隔的数据趋势。在折线图中，类别数据沿 $x$ 轴均匀分布，值数据沿 $y$ 轴均匀分布。例如，为了显示不同日期的销售额走势，我们可以创建不同日期的销售额折线图。

### 2. 应用场景

折线图适用于拥有二维大数据集，需要反映变化趋势、关联性的场景，它能直观地反映数据的变化趋势，数据量较小时显示效果不够直观。

### 3. 案例代码

为了深入研究 2019 年 A 企业客户流失的主要原因，我们可以通过绘制客户流失主要原因的折线图进行分析，具体代码如下：

```
#导入第三方库
import pandas as pd
import matplotlib.pyplot as plt
import pygal
plt.rcParams['font.sans-serif'] = ['SimHei']        #中文字体设置

#读取数据
df = pd.read_csv('D:/Python 商业数据可视化实战/ch08/churn.csv', ',')

#创建水平线图
line_chart = pygal.HorizontalLine()  #创建一个水平线图的实例化对象
line_chart.title = '2019 年客户流失主要原因分析'        #设置标题
line_chart.x_labels = df['month']      #水平线图，x 轴变为 y 轴，y 轴变为 x 轴

#添加 3 条线
line_chart.add('质量差', df['quality'])
line_chart.add('服务差', df['service'])
line_chart.add('价格高', df['price'])
line_chart.range = [0, 50]                              #设置 x 轴的刻度范围
line_chart.render_to_file('line_chart.svg')            #将图像保存为 SVG 文件
```

### 4. 案例结论

通过运行上面的代码，将自动生成一个.svg 文件，用户可以通过浏览器查看，效果如图 8-23 所示。从图 8-23 中可以看出，在 2019 年各月份导致企业客户流失的主要原因是服务差，其次是商品质量差，最后才是商品价格高。

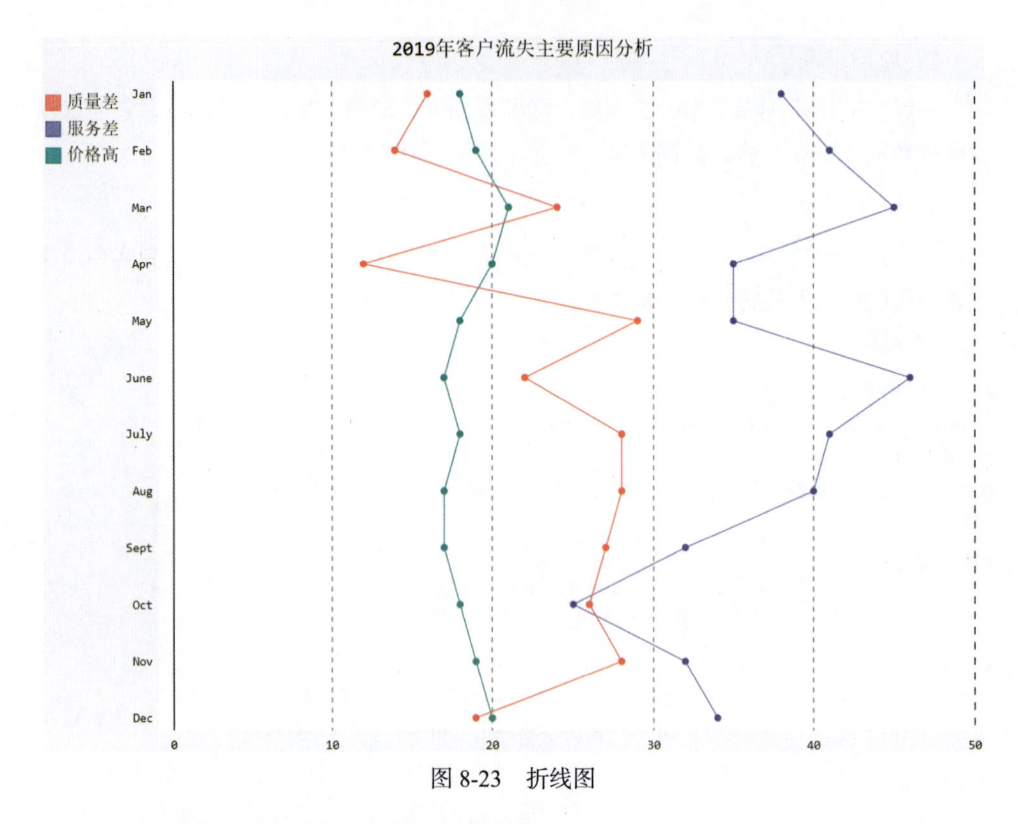


图 8-23　折线图

## 8.2.3　制作各地区客户流失量的雷达图

### 1．雷达图简介

雷达图又称蜘蛛网图，它将多个维度的数据映射到起始于同一个圆心的轴上，结束于圆周边缘，然后将同一组的点使用线连接起来。

### 2．应用场景

雷达图适用于展现多维数据集，其适合展现某个数据集的多个关键特征和标准值的对比情况，并适合比较多条数据在多个维度上的取值。

### 3．案例代码

为了深入研究近 3 年 A 企业在各地区的客户流失量情况，可以通过绘制 2017 年至 2019 年客户流失量雷达图的方法进行分析，具体代码如下：

```
#导入第三方库
import pygal
```

```
#设置雷达图的填充及数据范围
radar_chart = pygal.Radar(fill = True, range=(0,50))

# 添加雷达图标题
radar_chart.title = '2017 年至 2019 年各地区客户流失量分析'

#添加雷达图顶点
radar_chart.x_labels = ['华东','华北','华中','华南','西南','西北','东北']

#绘制雷达图区域
radar_chart.add('2017 年', [32,21,35,28,39,40,39])
radar_chart.add('2018 年', [30,31,35,25,41,36,42])
radar_chart.add('2019 年', [34,26,30,33,35,46,36])

#保存图像
radar_chart.render_to_file('radar_chart.svg')
```

### 4. 案例结论

在 JupyterLab 中运行上述代码，生成如图 8-24 所示的雷达图。从图 8-24 中可以看出，近 3 年 A 企业各地区的客户流失量变化不大，其中，2019 年西北地区的客户流失量较多。

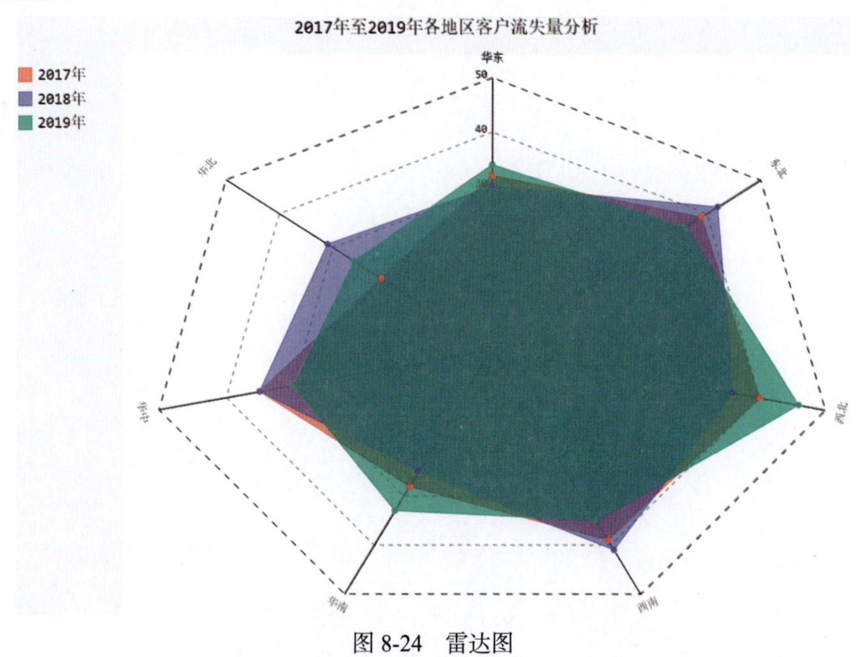


图 8-24　雷达图

## 8.3 上机实践题

练习 1：通过 pip 安装最新版本的 Pygal 可视化库。

练习 2：使用“churn.csv”表，绘制各月份客户流失量的条形图。

练习 3：使用“churn.csv”表，绘制各月份售后服务导致客户流失的饼图。

# 第 9 章

# Python 版 ggplot2 的可视化库：plotnine

本章介绍 plotnine 可视化库（它是 Python 中图形语法的一种实现），重点讲解 plotnine 在绘制图形时的基本语法和绘图过程。

本章从商品配送的角度研究企业商品的配送准时性，物流配送服务质量的好坏会直接影响商家运营以及消费者的消费体验和满意度，还会影响消费决策及重复购买的意愿等，最终会影响企业的经营效益。

# 9.1 plotnine 可视化库概述

## 9.1.1 plotnine 可视化库简介

plotnine 是 Python 中图形语法的一种实现，它基于 ggplot2 包，语法绘图功能强大，可以轻松将数据映射到构成图的可视对象，然后创建自定义的图形。plotnine 提供各种不同的可视化视图，易于适应定制化输出，安装十分简单，用户可以通过 pip install plotnine 命令直接安装。

plotnine 的优点为代码简洁，易学；绘制出的图流畅大方；不需要很多的代码就可以绘制出很不错的图。在使用 plotnine 绘图之前，首先需要理解绘图的基本概念。

### 1．映射

映射是数据集中的数据关联到相应图形属性过程中的一种对应关系，是将一个变量中的数据与一个图形属性以不同的参数来相互关联，从而将这个变量中所有的数据统一为一个图形属性。

### 2．图层

每个图层都是一个图形组件，例如，几何对象、统计变换等，这些组件以图层的方式叠加在一起构成一个绘图的整体，每个图层中的图形组件又可以分别设定数据、映射或其他相关参数，因此组件之间又具有相对独立性。

### 3．几何对象

几何对象执行对图层的渲染，控制着生成的图像类型。例如，使用 geom_point()将会生成散点图，而使用 geom_line()则会生成折线图。

### 4．统计变换

统计变换，即对数据进行统计变换，通常以某种方式对数据信息进行汇总，例如，通过 stat_smooth()添加平滑曲线。

## 9.1.2 plotnine 基本语法

### 1．创建图形对象

图形对象语法说明如表 9-1 所示。

表 9-1 图形对象语法说明

| 语　法 | 说　明 |
| --- | --- |
| ggplot | 创建对象 |
| aes | 数据中的变量到图形成分的映射 |

### 2．几何对象

几何对象 geom 负责每个数据点的可视化，geom_后面的部分决定了几何对象的类型，每个图形至少需要添加一个几何对象，不同的视觉对象由 aes 控制映射。几何对象语法说明如表 9-2 所示。

表 9-2　几何对象语法说明

| 语　法 | 说　明 |
| --- | --- |
| geom_area | 面积图 |
| geom_bar | 条形图（饼图） |
| geom_blank | 空的几何对象，什么也不画 |
| geom_histogram | 直方图 |
| geom_line | 折线图 |
| geom_point | 点图 |
| geom_map | 地图 |
| geom_boxplot | 箱形图 |
| geom_violin | 小提琴图 |

### 3．统计变换

统计变换 stat 用于在数据被提取出来之前对数据进行聚合和其他计算，用 stat_后面的部分确定对数据进行计算的类型，不同类型的计算统计产生不同的图形结果。统计变换语法说明如表 9-3 所示。

表 9-3　统计变换语法说明

| 语　法 | 说　明 |
| --- | --- |
| stat_abline | 添加线条，用斜率和截距表示 |
| stat_bin | 分割数据，然后绘制直方图 |
| stat_identity | 绘制原始数据，不进行统计变换 |

### 4．标度函数

标度函数 scale 用于调整数据图形，通过以 scale_开头的函数将获取的数据进行调整，以改变图形的长度、颜色、大小和形状。标度函数语法说明如表 9-4 所示。

表 9-4　标度函数语法说明

| 语　法 | 说　明 |
| --- | --- |
| scale_x_date | $x$ 轴标签是日期 |
| scale_x_datetime | $x$ 轴标签是时间 |
| scale_y_date | $y$ 轴标签是日期 |
| scale_y_datetime | $y$ 轴标签是时间 |

续表

| 语　　法 | 说　　明 |
|---|---|
| xlim | *x* 轴刻度范围 |
| ylim | *y* 轴刻度范围 |

### 5．标签

标签语法说明如表 9-5 所示。

表 9-5　标签语法说明

| 语　　法 | 说　　明 |
|---|---|
| labs | 设置所有的标签和标题 |
| xlab | 设置 *x* 轴标签 |
| ylab | 设置 *y* 轴标签 |
| ggtitle | 创建图表标题 |

### 6．背景主题

设置背景主题的方法：在 plotnine 绘图语句中添加主题参数（后带括号），一般在绘图语句结束之后添加。背景主题语法说明如表 9-6 所示。

表 9-6　背景主题语法说明

| 语　　法 | 说　　明 |
|---|---|
| theme_bw | 黑色网格线白色背景的主题 |
| theme_classic | 经典主题，带有 *x* 轴和 *y* 轴，没有网格线 |
| theme_dark | 黑暗背景的主题 |
| theme_gray | 灰色背景白色网格线的主题 |
| theme_linedraw | 白色背景上只有各种宽度的黑色线条的主题 |
| theme_light | 与 theme_linedraw 相似，但其是具有浅灰色线条和轴的主题 |
| theme_Matplotlib | 默认的 Matplotlib 外观 |
| theme_minimal | 没有背景和注释的简约主题 |
| theme_Seaborn | Seaborn 主题 |
| theme_void | 具有经典外观的主题，带有 *x* 轴和 *y* 轴，没有网格线 |
| theme_xkcd | xkcd 主题 |

### 7．工具库主题

工具库主题定义了绘图的各种操作，用于创建主题和修改现有主题，使用方法为在绘图公式的最后面添加 theme()函数，在其中添加不同的参数以调整图片。需要注意的是，theme()函数在调整参数时要按顺序进行。工具库主题语法说明如表 9-7 所示。

表 9-7　工具库主题语法说明

| 语　法 | 说　明 |
|---|---|
| axis_line | 坐标轴的线条 |
| axis_line_x | *x* 轴的线条 |
| axis_line_y | *y* 轴的线条 |
| axis_text | 坐标轴的文本 |
| axis_text_x | *x* 轴的文本 |
| axis_text_y | *y* 轴的文本 |
| axis_ticks | 刻度线 |
| axis_title | 坐标轴的标题 |
| axis_title_x | *x* 轴的标题 |
| axis_title_y | *y* 轴的标题 |
| dpi | 像素点数 |
| figure_size | 当前绘图的画布大小 |
| legend_backgroud | 图例的背景颜色 |
| legend_box | 图例的封装 |
| legend_box_backgroud | 图例整体的背景颜色 |
| legend_position | 图例的位置 |
| legend_title | 图例的标题 |
| text | 当前图像的所有文本 |
| title | 当前图像的所有标题 |

## 9.1.3　plotnine 绘图过程

使用 plotnine 绘图的步骤比较简单，首先需要导入需要的库和数据，然后创建图形，最后添加几何对象等，下面以条形图为例进行详细介绍。

先导入我们需要的库：

```
from plotnine import *
import pandas as pd
```

为方便理解，这里先把原始数据定义为字典，然后直接转为数据库。

### 1．设置编码

在使用 plotnine 绘图的过程中，经常会出现中文乱码的问题，用户可以通过添加“+ theme(text = element_text(family = "SimHei"))”来解决，代码如下：

```
#导入相关库
from plotnine import *
import pandas as pd
```

```
#读取数据
delay_region={
    '省（直辖市）': ['北京','上海','湖南','山东','辽宁','广东','浙江','河北','江
苏','安徽'],
    '延迟配送量': [39, 37, 45, 54, 59, 33, 36, 51, 31, 56]}
delay_region=pd.DataFrame(delay_region)

#绘制图形
(
#创建图形，传入数据来源和映射
ggplot(delay_region,aes(x='省（直辖市）',y='延迟配送量'))
    + geom_bar(stat='identity')                          #建立几何对象，画条形图
    + theme(text = element_text(family = "SimHei"))  #设置显示中文
)
```

在 JupyterLab 中运行上述代码，生成如图 9-1 所示的条形图。

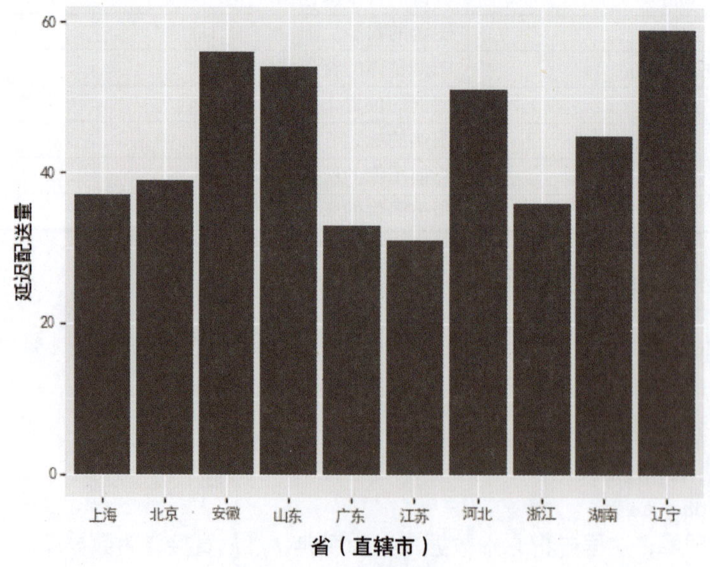


图 9-1　条形图（1）

### 2. 图形颜色

将条形图填充不同的颜色，需要在映射中添加 fill 参数，代码如下：

```
#导入相关库
from plotnine import *
import pandas as pd
```

```
#读取数据
delay_region={
    '省（直辖市）': ['北京','上海','湖南','山东','辽宁','广东','浙江','河北','江苏','安徽'],
    '延迟配送量': [39, 37, 45, 54, 59, 33, 36, 51, 31, 56]}
delay_region=pd.DataFrame(delay_region)

#绘制图形
(
#创建图形，传入数据来源和映射
ggplot(delay_region,aes(x='省（直辖市）',y='延迟配送量',fill='省（直辖市）'))
    + geom_bar(stat='identity')                          #建立几何对象，画条形图
    + theme(text = element_text(family = "SimHei"))  #设置显示中文
)
```

在 JupyterLab 中运行上述代码，生成如图 9-2 所示的条形图。

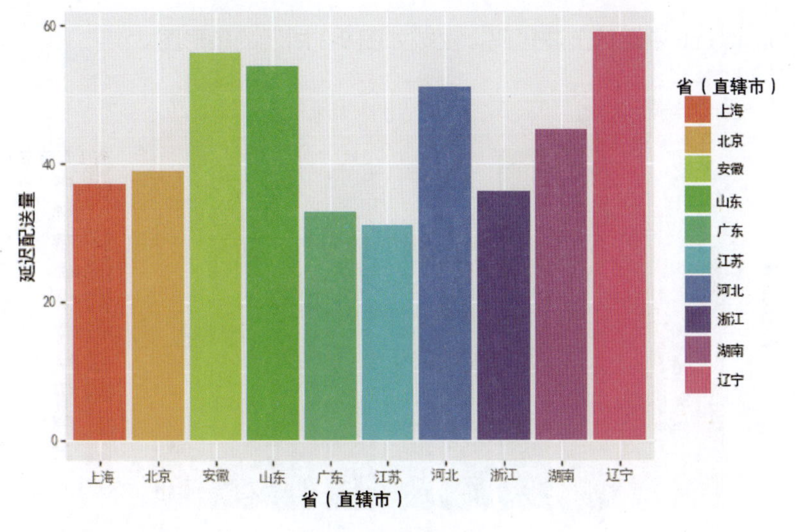


图 9-2　条形图（2）

### 3．数据标签

我们可以使用 geom_text()函数给图形添加数据标签，还可以使用 nudge_y 参数设置数据标签的位置，代码如下：

```
#导入相关库
from plotnine import *
import pandas as pd
```

```
#读取数据
delay_region={
    '省（直辖市）': ['北京','上海','湖南','山东','辽宁','广东','浙江','河北','江苏','安徽'],
    '延迟配送量': [39, 37, 45, 54, 59, 33, 36, 51, 31, 56]}
delay_region=pd.DataFrame(delay_region)

#绘制图形
(
#创建图形，传入数据来源和映射
ggplot(delay_region,aes(x='省（直辖市）',y='延迟配送量',fill='省（直辖市）'))
    + geom_bar(stat='identity')                          #建立几何对象，画条形图
#添加数据标签
    + geom_text(aes(x='省（直辖市）',y='延迟配送量',label='延迟配送量'),nudge_y=2)
    + theme(text = element_text(family = "SimHei"))   #设置显示中文
)
```

在 JupyterLab 中运行上述代码，生成如图 9-3 所示的条形图。

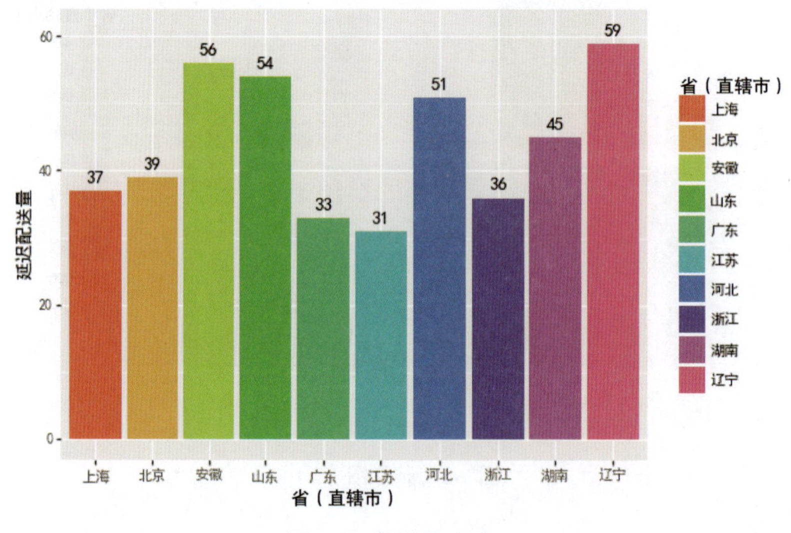


图 9-3　条形图（3）

### 4．坐标旋转

我们可以使用 coord_flip()函数旋转图形，例如，将垂直条形图转换为水平条形图，代码如下：

```
#导入相关库
from plotnine import *
```

```
import pandas as pd

#读取数据
delay_region={
    '省（直辖市）': ['北京','上海','湖南','山东','辽宁','广东','浙江','河北','江苏','安徽'],
    '延迟配送量': [39, 37, 45, 54, 59, 33, 36, 51, 31, 56]}
delay_region=pd.DataFrame(delay_region)

#绘制图形
(
#创建图形，传入数据来源和映射
ggplot(delay_region,aes(x='省（直辖市）',y='延迟配送量',fill='省（直辖市）'))
    + geom_bar(stat='identity')                          #建立几何对象，画条形图
    #添加数据标签
    + geom_text(aes(x='省（直辖市）',y='延迟配送量',label='延迟配送量'),nudge_y=2)
    + theme(text = element_text(family = "SimHei"))  #设置显示中文
    + coord_flip()                                  #将垂直条形图转换为水平条形图
)
```

在 JupyterLab 中运行上述代码，生成如图 9-4 所示的条形图。

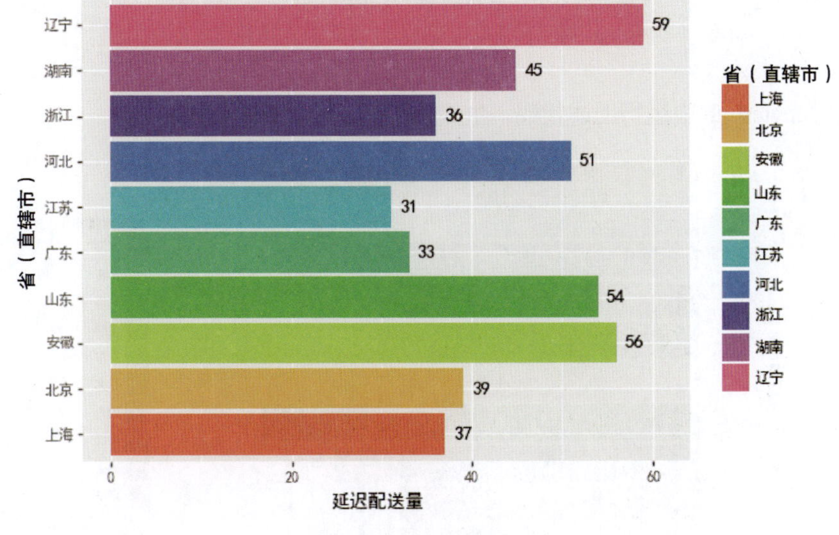


图 9-4　条形图（4）

## 5．数据排序

如图 9-4 所示的条形图并没有按照一定的要求进行排序，我们可以使用 xlim()函

数对数据进行排序，例如，按照省（直辖市）对数据进行升序排列，代码如下：

```
#导入相关库
from plotnine import *
import pandas as pd

#读取数据
delay_region={
    '省（直辖市）': ['北京','上海','湖南','山东','辽宁','广东','浙江','河北','江苏','安徽'],
    '延迟配送量': [39, 37, 45, 54, 59, 33, 36, 51, 31, 56]}
delay_region=pd.DataFrame(delay_region)

#绘制图形
(
#创建图形，传入数据来源和映射
ggplot(delay_region,aes(x='省（直辖市）',y='延迟配送量',fill='省（直辖市）'))
    + geom_bar(stat='identity')              #建立几何对象，画条形图
    #添加数据标签
    + geom_text(aes(x='省（直辖市）',y='延迟配送量',label='延迟配送量'),nudge_y=2)
    + theme(text = element_text(family = "SimHei"))  #设置显示中文
    + coord_flip()  #将垂直条形图转换为水平条形图
    + xlim(delay_region['省（直辖市）'])      #按照 x 轴排序，默认升序
)
```

在 JupyterLab 中运行上述代码，生成如图 9-5 所示的条形图。

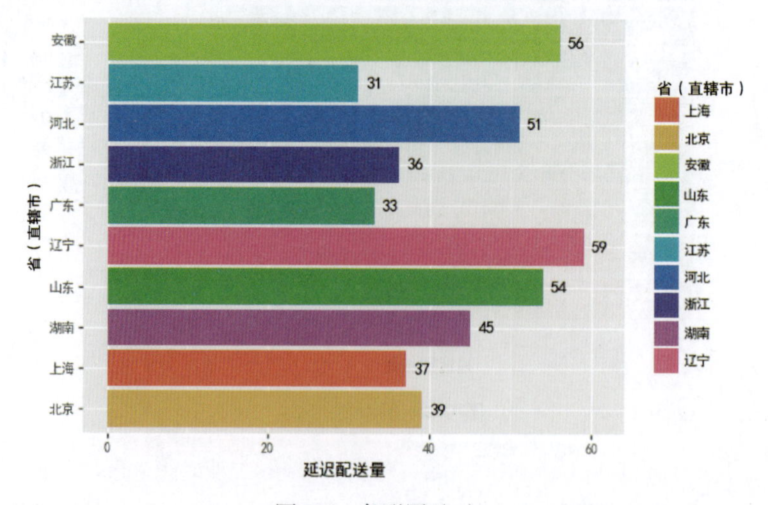


图 9-5　条形图（5）

### 6．图形宽度

我们可以在 geom_bar()函数中添加 width 参数来设置图形的宽度，代码如下：

```
#导入相关库
from plotnine import *
import pandas as pd

#读取数据
delay_region={
    '省（直辖市）': ['北京','上海','湖南','山东','辽宁','广东','浙江','河北','江苏','安徽'],
    '延迟配送量': [39, 37, 45, 54, 59, 33, 36, 51, 31, 56]}
delay_region=pd.DataFrame(delay_region)

#绘制图形
(
#创建图形，传入数据来源和映射
ggplot(delay_region,aes(x='省（直辖市）',y='延迟配送量',fill='省（直辖市）'))
    #建立几何对象，画条形图，设置统计方式和图形宽度
    + geom_bar(stat='identity',width=0.5)
    #添加数据标签
    + geom_text(aes(x='省（直辖市）',y='延迟配送量',label='延迟配送量'),nudge_y=2)
    + theme(text = element_text(family = "SimHei"))    #设置显示中文
    + coord_flip()                                     #将垂直条形图转换为水平条形图
    + xlim(delay_region['省（直辖市）'][::-1])            #按照 x 轴降序排列
)
```

在 JupyterLab 中运行上述代码，生成如图 9-6 所示的条形图。

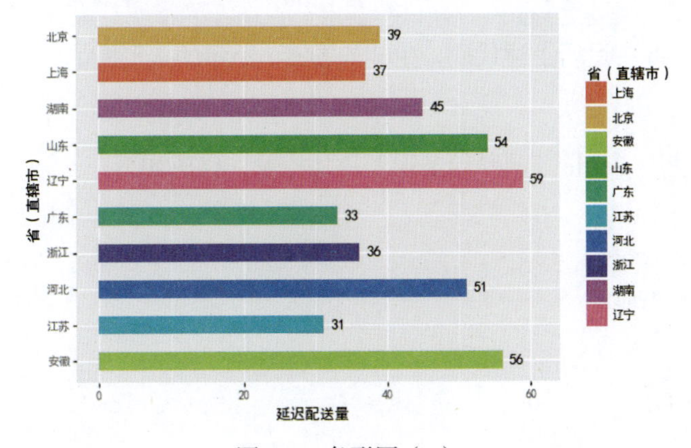


图 9-6　条形图（6）

### 7. 图例设置

如果感觉右边的图例多余，我们可以使用 theme 工具包中的 legend_position 参数将图例隐藏，代码如下：

```
#导入相关库
from plotnine import *
import pandas as pd

#读取数据
delay_region={
    '省（直辖市）': ['北京','上海','湖南','山东','辽宁','广东','浙江','河北','江苏','安徽'],
    '延迟配送量': [39, 37, 45, 54, 59, 33, 36, 51, 31, 56]}
delay_region=pd.DataFrame(delay_region)

#绘制图形
(
#创建图形，传入数据来源和映射
ggplot(delay_region,aes(x='省（直辖市）',y='延迟配送量',fill='省（直辖市）'))
    #建立几何对象，画条形图，设置统计方式和图形宽度
    + geom_bar(stat='identity',width=0.5)
    #添加数据标签
    + geom_text(aes(x='省（直辖市）',y='延迟配送量',label='延迟配送量'),nudge_y=2)
    + theme(text = element_text(family = "SimHei"))     #设置显示中文
    + coord_flip()                                  #将垂直条形图转换为水平条形图
    + xlim(delay_region['省（直辖市）'][::-1])               #按照 x 轴降序排列
    + theme(legend_position = 'none')               #隐藏图例
)
```

在 JupyterLab 中运行上述代码，生成如图 9-7 所示的条形图。

### 8. 添加标题

我们可以使用 ggtitle 工具包给条形图添加标题，代码如下：

```
#导入相关库
from plotnine import *
import pandas as pd

#读取数据
delay_region={
```

```
    '省（直辖市）': ['北京','上海','湖南','山东','辽宁','广东','浙江','河北','江
苏','安徽'],
    '延迟配送量': [39, 37, 45, 54, 59, 33, 36, 51, 31, 56]}
delay_region=pd.DataFrame(delay_region)

#绘制图形
(
#创建图形，传入数据来源和映射
ggplot(delay_region,aes(x='省（直辖市）',y='延迟配送量',fill='省（直辖市）'))
    #建立几何对象，画条形图，设置统计方式和图形宽度
    + geom_bar(stat='identity',width=0.5)
    #添加数据标签
    + geom_text(aes(x='省（直辖市）',y='延迟配送量',label='延迟配送量'),nudge_y=2)
    + theme(text = element_text(family = "SimHei"))    #设置显示中文
    + coord_flip()                             #将垂直条形图转换为水平条形图
    + xlim(delay_region['省（直辖市）'][::-1])          #按照 x 轴降序排列
    + theme(legend_position = 'none')                  #隐藏图例
    + ggtitle('2019 年 6 月部分省（直辖市）延迟配送订单量')   #添加标题
)
```

在 JupyterLab 中运行上述代码，生成如图 9-8 所示的条形图。

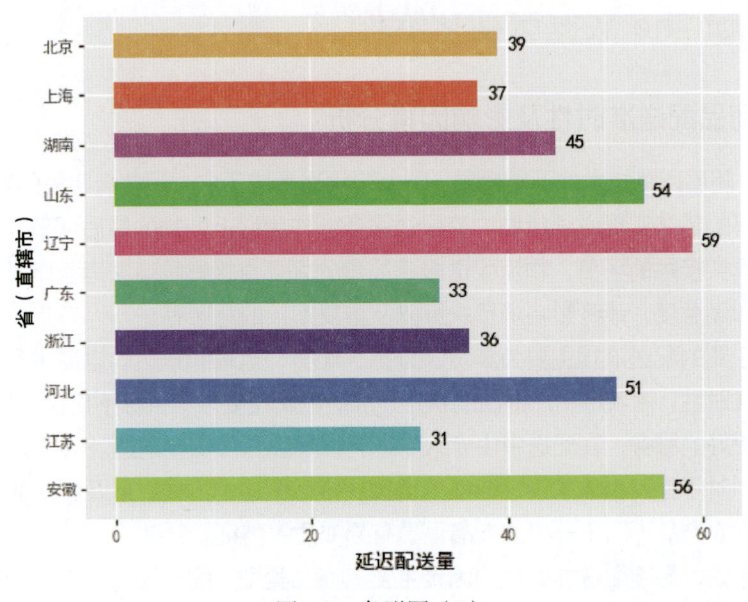


图 9-7　条形图（7）

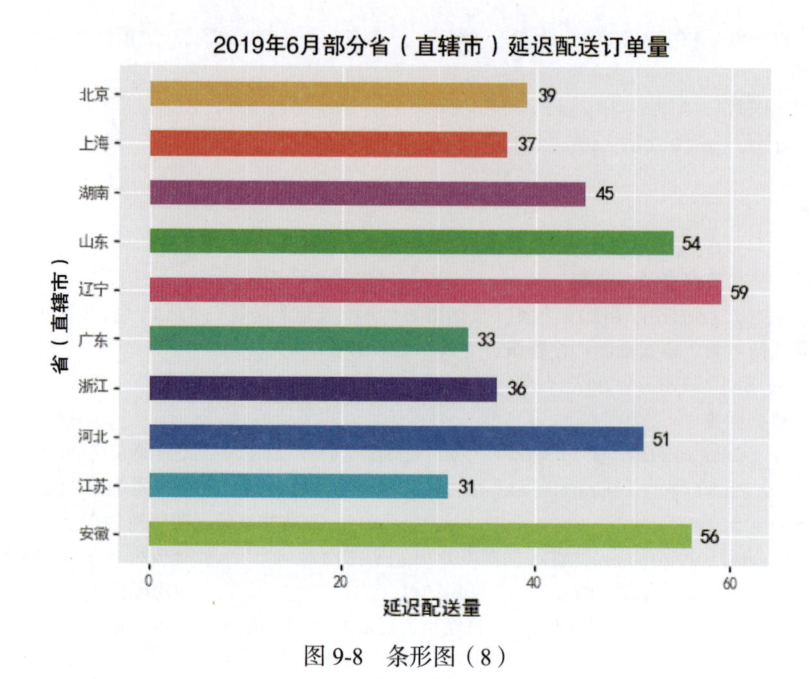


图 9-8　条形图（8）

# 9.2　plotnine 数据可视化案例

## 9.2.1　商品配送准时性及影响因素分析

目前，随着网络技术的不断发展，网上购物逐渐成了广大消费者喜爱的购物方式，而网络交易的最终实现必须借助物流配送服务。作为网上购物的最后环节，以及商家与消费者真实接触的环节，物流配送服务质量的好坏直接影响商家运营以及消费者的消费体验和满意度，最终影响消费决策以及重复购买的意愿等。

电商企业的配送流程主要为集货、分拣、配货、运输和送达。电商平台的配送，核心在于准时性，需满足用户提出的快速、准时的配送要求，目标不仅仅是快速送达，还要提供更好的服务，在配送中由专人专送，以保障快件安全送达。

此外，对于电商企业来说，商品的类型决定了配送的方式，以及配送的准时性，例如，生鲜农产品不同于一般的商品，具有易变质等特征。

总体来说，影响配送准时性的因素主要有商品类型、配送距离、天气状况、是否是节假日和物流模式。

### 9.2.2　制作商品准时配送的分面散点图

#### 1．分面散点图简介

分面散点图是一类特殊的散点图，由 $x$ 轴和 $y$ 轴组成。分面散点图的颜色图例由数据的维度决定，如产品类型。

#### 2．应用场景

需要展示多维数据的相关性和分布关系时可使用分面散点图，数据在 $x$ 轴和 $y$ 轴上的分布由数据的度量决定。

#### 3．案例代码

为了深入研究 2019 年各省份不同类型商品的平均订单量与平均实际订单时间两者之间的关系，可以通过绘制两者的分面散点图进行分析，平滑曲线的绘制方法有多种，本例中的平滑曲线使用的方法是线性回归模型（lm），具体代码如下：

```
#导入相关库
import pandas as pd
from plotnine import ggplot, geom_point, aes, stat_smooth, facet_wrap

#读取数据
df = pd.read_csv('D:/Python 商业数据可视化实战/ch09/sales1.csv', ',')

#绘制图形
(ggplot(df, aes('amount', 'landed_days', color='factor(category)'))
 + geom_point()
 + stat_smooth(method='lm',show_legend=False)
 + facet_wrap('~ category'))
```

在 JupyterLab 中运行上述代码，生成如图 9-9 所示的分面散点图。从图 9-9 中可以看出，平滑曲线是 3 条直线，所有数据点基本都位于这 3 条线附近，模型效果较好。

局部回归模型（loess）是较小数据集的默认平滑算法，但是对于大的数据集并不适用，具体代码如下：

```
#导入相关库
from plotnine import *
from plotnine.data import *
import pandas as pd
import numpy as np

#读取数据
```

```
df = pd.read_csv('D:/Python 商业数据可视化实战/ch09/sales1.csv', ',')

#绘制图形
(ggplot(df, aes(x = 'amount', y ='landed_days', fill = 'category'))+
        geom_point(size=3,shape='o',show_legend=False)+
        stat_smooth(method = 'lowess',show_legend=True)+
        facet_wrap('~ category'))
```

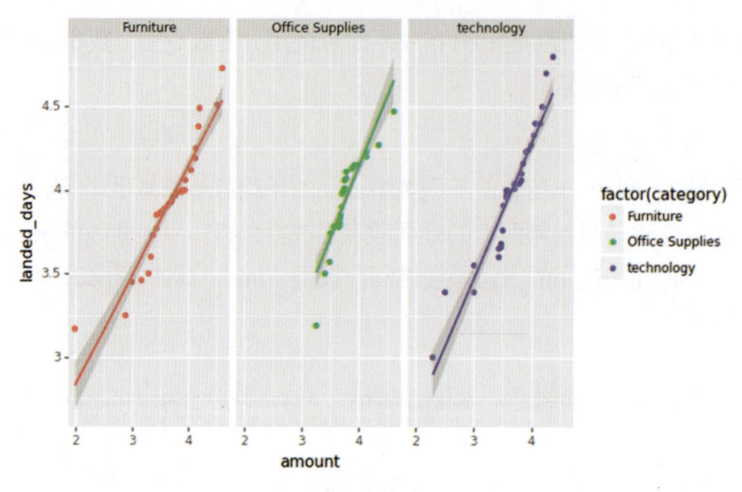


图 9-9 分面散点图（1）

在 JupyterLab 中运行上述代码，生成如图 9-10 所示的分面散点图。从图 9-10 中可以看出，平滑曲线是 3 条折线，相对于线性回归模型，模型效果进一步提升。

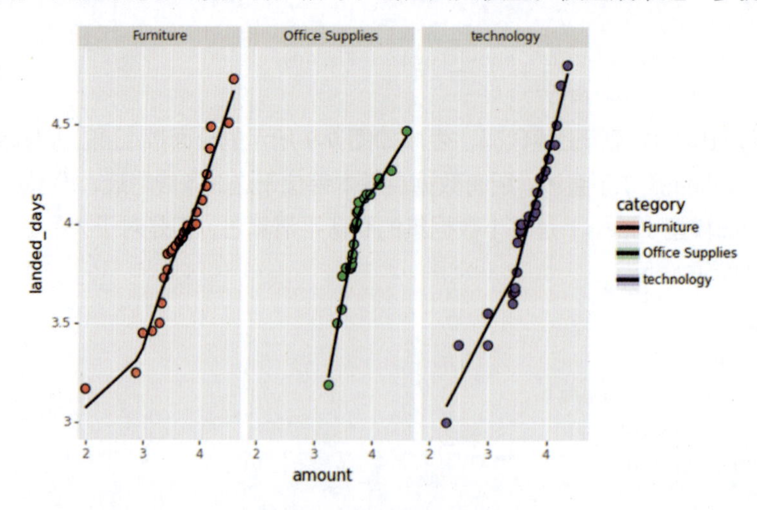


图 9-10 分面散点图（2）

此外，平滑曲线的绘制方法还有普通最小二乘法（OLS）、加权最小二乘法（WLS）、稳健回归（RLM）、广义线性模型（GLM）、广义最小二乘法（GLS）、局部加权回归（LOESS）、广义加性模型（GAM）、高斯过程回归（GPR）等。

#### 4．案例结论

从图 9-9 和图 9-10 中可以看出，A 企业在 2019 年，各省份不同类型商品的平均订单量与平均实际订单时间之间基本呈现线性关系。

### 9.2.3　制作各地区延迟配送的小提琴图

#### 1．小提琴图简介

小提琴图（Violin Plot）用于展示多组数据的分布状态及概率密度，它结合了箱形图和密度图的特征，主要用于显示数据的分布形状，与箱形图类似，但是它在密度层面展示了更多信息。

#### 2．应用场景

小提琴图是连续分布的紧凑显示，它比较适用于数据量非常大，不方便一个个展示的场景。

#### 3．案例代码

为了深入研究 2019 年 A 企业在各地区的商品延迟配送天数，我们可以通过绘制各地区商品配送延迟天数的小提琴图进行分析，具体代码如下：

```
#导入相关库
import pandas as pd
import numpy as np
from plotnine import *
import matplotlib.pyplot as plt
plt.rcParams['axes.unicode_minus']=False  #用来正常显示负号

#读取数据
df = pd.read_csv('D:/Python 商业数据可视化实战/ch09/sales2.csv', ',')

#绘制图形
(ggplot(df, aes(x='factor(region)', y='delay_days'))
   + geom_violin(aes(fill='region'),width=0.5)
   + geom_jitter(width=.05, height=0)
   + xlab('region')
   + ylab('delaydays'))
```

### 4．案例结论

在 JupyterLab 中运行上述代码，生成如图 9-11 所示的小提琴图。从图 9-11 中可以看出，A 企业在 2019 年商品的延迟配送天数相对较短，其中华东地区（地区代号 region 为 2）的延迟配送天数最短，中南地区（地区代号 region 为 5）的延迟配送天数最长。

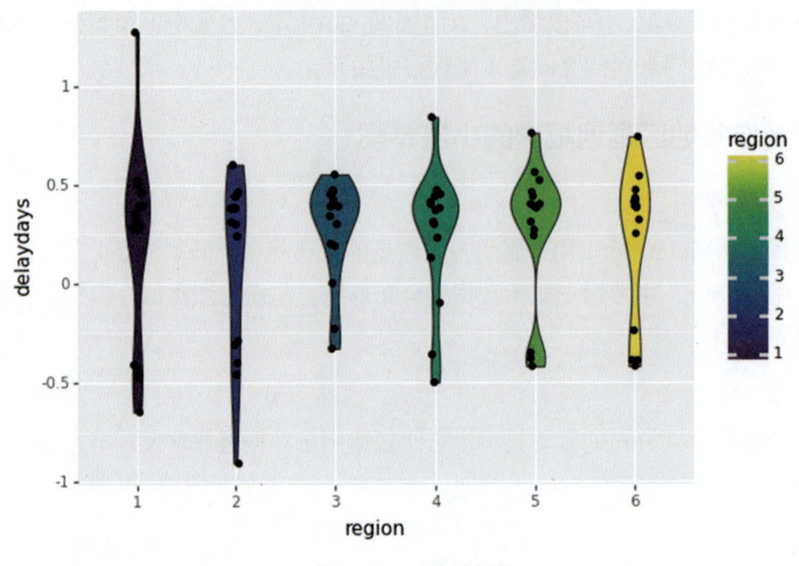


图 9-11　小提琴图

## 9.3　上机实践题

练习 1：通过 pip 安装最新版本的 plotnine 可视化库。

练习 2：使用“sales1.csv”表，绘制平均订单量（amount）与平均计划订单时间（planned_days）的分面散点图，平滑曲线的绘制方法选择普通最小二乘法。

练习 3：使用“sales2.csv”表，绘制各地区商品延迟配送天数的箱形图。

# 第 10 章 基于交互式图形语法的可视化库：Altair

本章介绍 Altair 可视化库（它是基于交互式图形语法的可视化库），重点讲解 Altair 在绘制图形时的参数配置和主要图形。

本章从订单商品退货的角度研究企业商品的退货现状，在企业销售过程中，减少商品的退货量是提高企业收益率的重要手段。根据商品销售数据，准确找出影响客户退货的原因，从而从根源上减少退货量。

## 10.1 Altair 可视化库概述

### 10.1.1 Altair 可视化库简介

Altair 是一个专为 Python 编写的可视化库，它可以让数据科学家更多地关注数据本身和其内在的联系。因为建立在强大的 Vega-Lite（交互式图形语法）之上，Altair API 具有简单、友好、一致等特点。Vega-Lite 是基于底层可视化语法 Vega 上的封装，提供了一套能够快速构建交互式可视化的高阶语法。相比其他比较底层的可视化语法，Vega-Lite 通过几行 JSON 配置代码即可完成一些通用的图表创建，如果用 D3 等构建一张基础的统计图表，则可能需要编写几十行代码，如果涉及交互，则代码量还会增加。

Vega-Lite 不同于传统的可视化模板，它可以使用组合的方式灵活地生成图表。其配置语法主要由 4 部分构成：数据（Data）、转换（Transforms）、标记类型（mark-type）和编码（Encodings）。数据是指图表的原始数据；转换是对于数据本身的过滤操作；标记类型是指可视化中使用的标记，如点、线等；编码则是数据的可视化编码方式，如位置、颜色、大小等。

Vega-Lite 最重要的特性是支持交互语法，可视化交互的开发往往是耗时费力的，而在 Vega-Lite 中可以通过配置项生成语法。其交互语法的核心是对象选择（Selection），在用户设置好选择参数后，Vega-Lite 可以提供单个元素的点选或区域选择功能，并支持区域的缩放或平移，图表会实时标示出用户的选择区域。此外，交互功能可以与上述的图表组合功能结合，用户可以在多张图表之间进行联动，从而实现数据的交互式探索。

Altair API 不包含实际的可视化代码，而是按照 Vega-Lite 规范发出 JSON 数据结构，由此产生的数据可以在用户界面中呈现，只需很少的代码就可以生成漂亮且有效的可视化效果。

Altair 可视化的数据源需要是 DataFrame 格式的，可以由不同数据类型的列组成。DataFrame 是一种整洁的格式，其中的行与样本相对应，而列与变量相对应。数据通过数据转换映射到视觉属性（位置、颜色、大小、形状等）。

Altair 比较符合一般用户可视化数据的方式和习惯，Altair 只需要 3 个主要的参数。

- Mark：数据在图形中的表达形式，如点、线、柱状、圆圈等。
- Channels：决定以什么数据作为 $x$ 轴、$y$ 轴，以及数据标记的大小和颜色等。
- Encoding：指定数据变量的类型，如日期变量、类别变量等。

Altair 的主要优点如下。

- Altair 的 API 非常全面。这就要感谢 Jake Vanderplas（JVP）伟大的设计，凡是 Vega-Lite 能够做的，Python 也可以做。这是因为 Altair 只是一个 Python API，它能够生成有效的 Vega-Lite jsons，而 API 是以编程的方式生成的，因此在 Vega-Lite 的新版本发布后，Altair 能够全面且快速地更新。
- 直观且具有符合 Python 习惯的接口。就像使用其他的 Python 库一样，我们需要一些时间来习惯 Altair。但 Altair 的精彩之处在于，它所有的设置都符合人类的推理方式，这样用户就能很快地了解其内部的运作原理，从而实现高效绘图。
- 互动性强。Vega-Lite 的交互性非常强大，用户不仅能够使用一行代码来添加 Tooltips，还能将图的选择区域与另一个可视化图相关联。
- 高度灵活性。Altair 的 marks 可以理解为图表构建中的模块。我们可以用圆圈标记、线标记和文本标记的组合来构建一个图形，最终的代码可读性强，而且易于修改，而 Matplotlib 是很难做到这一点的。

例如，使用 Altair 库分析农产品的产量与平均增长率之间的关系，则可以通过绘制散点图的方式进行可视化分析，具体代码如下：

```
#农产品的产量与平均增长率的散点图
import altair as alt
import Pandas as pd

data = pd.DataFrame({'农产品名称': ['粮食', '棉花','油料','肉类','水产品'],
                    '产量': [66160.7, 565.3, 3475.2, 8654.4, 6445.3],
                    '平均增长率': [2.1, 1.5, 1.0, 2.2, 3.3]})
c = alt.Chart(data)
c = c.mark_point(size=300)
c = c.encode(x='产量:Q',y='平均增长率:Q',
             color='农产品名称:N',
             tooltip=['农产品名称', '产量', '平均增长率'])
c.display()   #显示图形
```

其中，如果 color='农产品名称:N'中的 N 改成 Q，则散点图上的颜色将修改为渐变色；tooltip 参数具有数据提示的功能，即鼠标指针悬停在数据上时，会显示该数据的详细信息。

在 JupyterLab 中运行上述代码，会自动打开一个新的浏览器页面，并生成如图 10-1 所示的散点图。从图 10-1 中可以清楚地看出农产品的产量与平均增长率之间的关系，另外单击右上方的⊙按钮，可以将图片保存为指定的格式，以及可以查看源代码等。

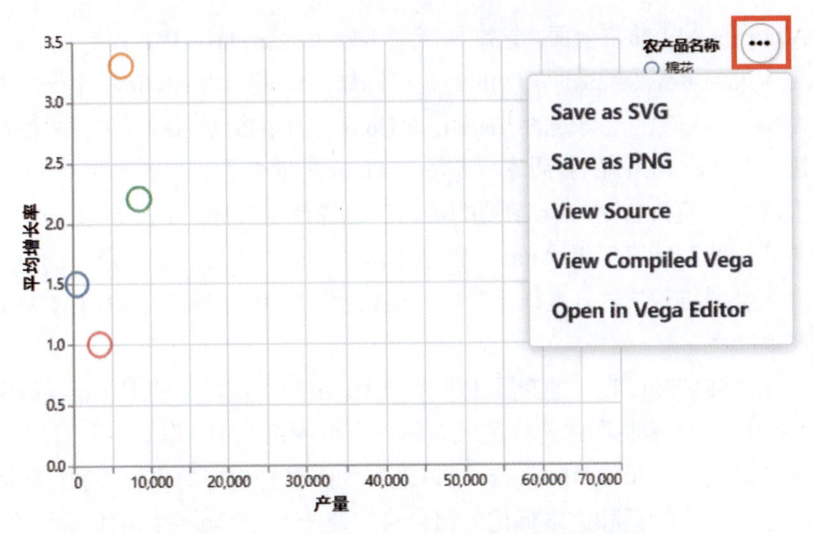


图 10-1　农产品的产量与平均增长率的散点图

## 10.1.2　Altair 参数配置

### 1．设置图形维度

以商品的销售额为例，将销售额绘制成一张一维散点图，代码如下：

```
#导入第三方库
import pandas as pd
import altair as alt

#读取数据
store = pd.read_csv('D:\Python 商业数据可视化实战\ch10\store.csv',
delimiter=',', encoding='UTF-8')
chart = alt.Chart(store)

#绘制散点图
alt.Chart(store).mark_point().encode(
x='sales'
).properties(width=550)
```

在 JupyterLab 中运行上述代码，生成如图 10-2 所示的一维散点图。

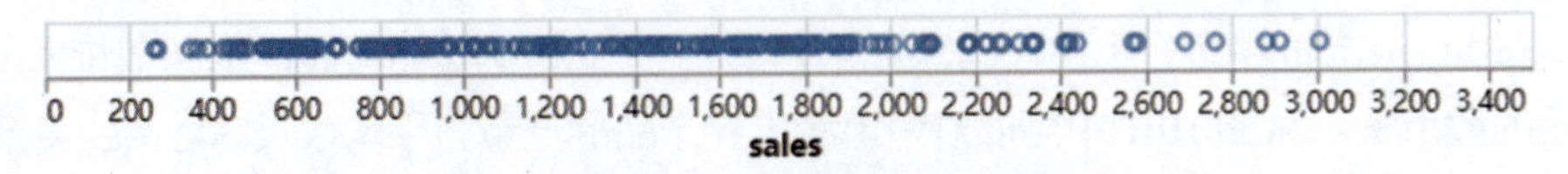


图 10-2　一维散点图

使用 mark_point()会让所有标记点混杂在一起，为了让图形更清晰，可以使用条状标记点 mark_tick()，代码如下：

```
#导入第三方库
import pandas as pd
import altair as alt

#读取数据
store = pd.read_csv('D:\Python 商业数据可视化实战\ch10\store.csv',
delimiter=',', encoding='UTF-8')
chart = alt.Chart(store)

#绘制图形
alt.Chart(store).mark_tick().encode(
x='sales'
).properties(width=550)
```

在 JupyterLab 中运行上述代码，生成如图 10-3 所示的条状图。

图 10-3　条状图

以销售额为 $x$ 轴、订单量为 $y$ 轴，绘制一张二维折线图，代码如下：

```
#导入第三方库
import pandas as pd
import altair as alt

#读取数据
store = pd.read_csv('D:\Python 商业数据可视化实战\ch10\store.csv',
delimiter=',', encoding='UTF-8')
chart = alt.Chart(store)

#绘制图形
alt.Chart(store).mark_line().encode(
x='sales',
y='amount'
).properties(width=500,height=300)
```

在 JupyterLab 中运行上述代码，生成如图 10-4 所示的二维折线图。

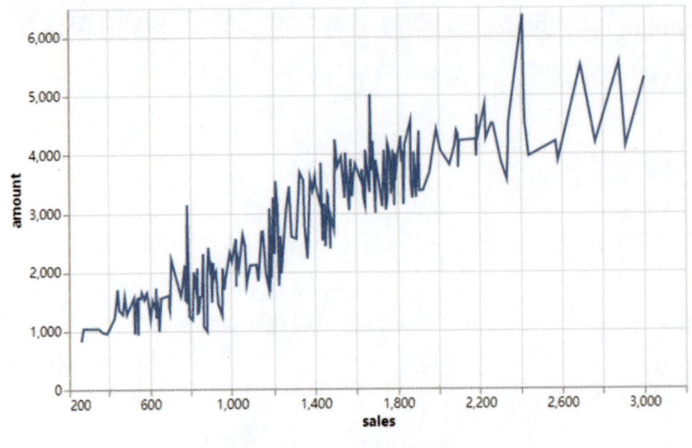


图 10-4　二维折线图

### 2．设置图形颜色

前面我们已经学会了绘制二维图形，如果给不同组的数据分配不同的颜色，就相当于给数据增加了第 3 个维度，代码如下：

```
#导入第三方库
import pandas as pd
import altair as alt

#读取数据
store = pd.read_csv('D:\Python 商业数据可视化实战\ch10\store.csv',
delimiter=',', encoding='UTF-8')
chart = alt.Chart(store)

#绘制图形
alt.Chart(store).mark_point().encode(
x='sales',
y='amount',
color='store_name'
).properties(width=500,height=300)
```

在 JupyterLab 中运行上述代码，生成如图 10-5 所示的三维散点图。

在图 10-5 中，第 3 个维度“store_name”（门店名称）是一个离散变量。此外，我们使用颜色刻度表，能够实现对连续变量的上色，例如，在图 10-5 中加入“return”（是否退单）维度，颜色越深表示退单越多，代码如下：

```
#导入第三方库
import pandas as pd
import altair as alt
```

```
#读取数据
store = pd.read_csv('D:\Python 商业数据可视化实战\ch10\store.csv',
delimiter=',', encoding='UTF-8')
chart = alt.Chart(store)

#绘制图形
alt.Chart(store).mark_point().encode(
x='sales',
y='amount',
color='return'
).properties(width=500,height=300)
```

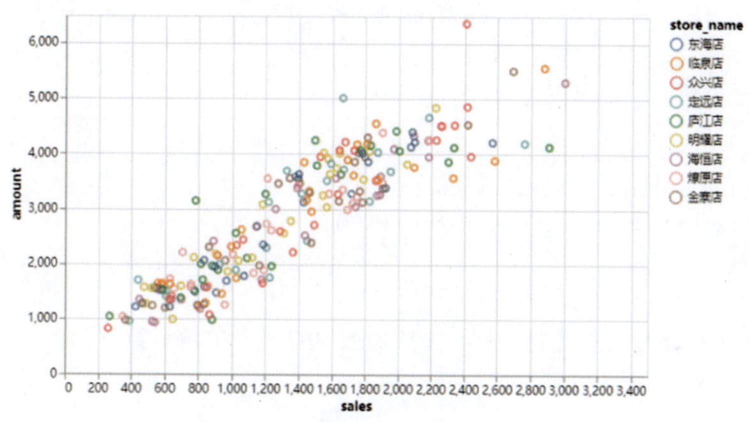


图 10-5　三维散点图

在 JupyterLab 中运行上述代码，生成如图 10-6 所示的散点图。

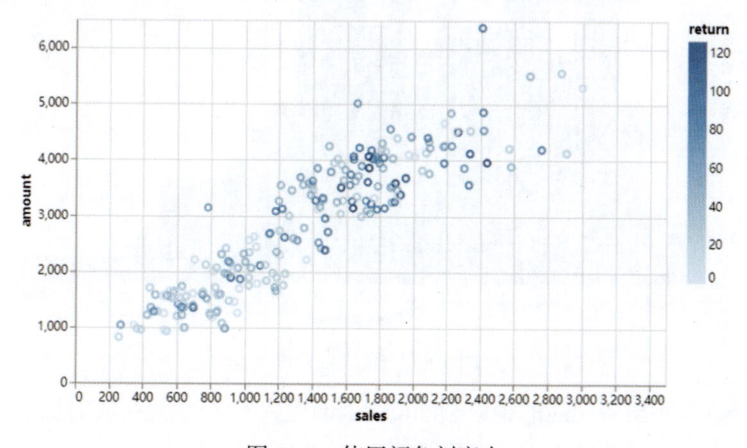


图 10-6　使用颜色刻度表

### 3．数据的分类与汇总

在上面的例子中，我们主要使用的是散点图，实际上，使用 Altair 还能方便地对数据进行分类和汇总，从而绘制各类统计图。相比其他可视化库，Altair 的特点在于，不需要调用其他函数，而是直接在坐标轴上修改数据。例如，统计不同销售额的订单量，*x* 轴使用 alt.X()来指定数据及其间隔大小，*y* 轴使用 count()来统计数量。示例代码如下：

```
#导入第三方库
import pandas as pd
import altair as alt

#读取数据
store = pd.read_csv('D:\Python 商业数据可视化实战\ch10\store.csv',
delimiter=',', encoding='UTF-8')
chart = alt.Chart(store)

#绘制图形
alt.Chart(store).mark_bar().encode(
x=alt.X('sales', bin=alt.Bin(maxbins=30)),
y='count()'
).properties(width=500,height=300)
```

在 JupyterLab 中运行上述代码，生成如图 10-7 所示的统计直方图。

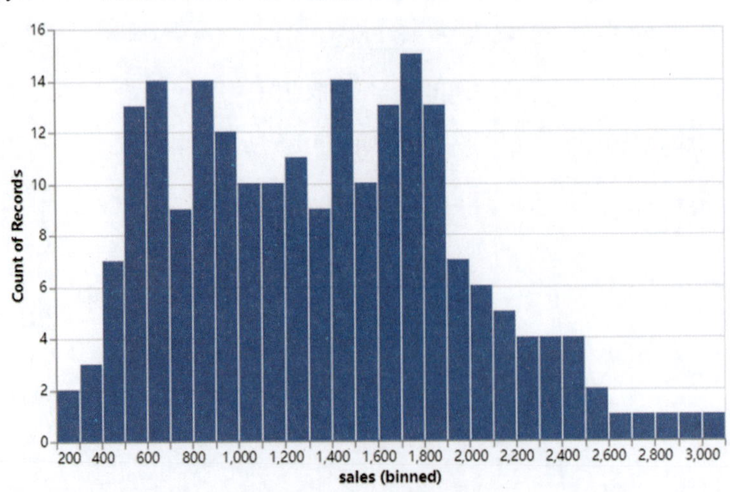


图 10-7　统计直方图

为了分别表示出各门店的销售额分布，上面提到的添加颜色的方法也可以在直方图中使用，这样就可以绘制出一张分段统计直方图，代码如下：

```
#导入第三方库
import pandas as pd
import altair as alt

#读取数据
store = pd.read_csv('D:\Python 商业数据可视化实战\ch10\store.csv',
delimiter=',', encoding='UTF-8')
chart = alt.Chart(store)

#绘制图形
alt.Chart(store).mark_bar().encode(
x=alt.X('sales', bin=alt.Bin(maxbins=30)),#设置最大分箱数
y='count()',
color='store_name'
).properties(width=500,height=300)
```

在 JupyterLab 中运行上述代码，生成如图 10-8 所示的分段统计直方图。

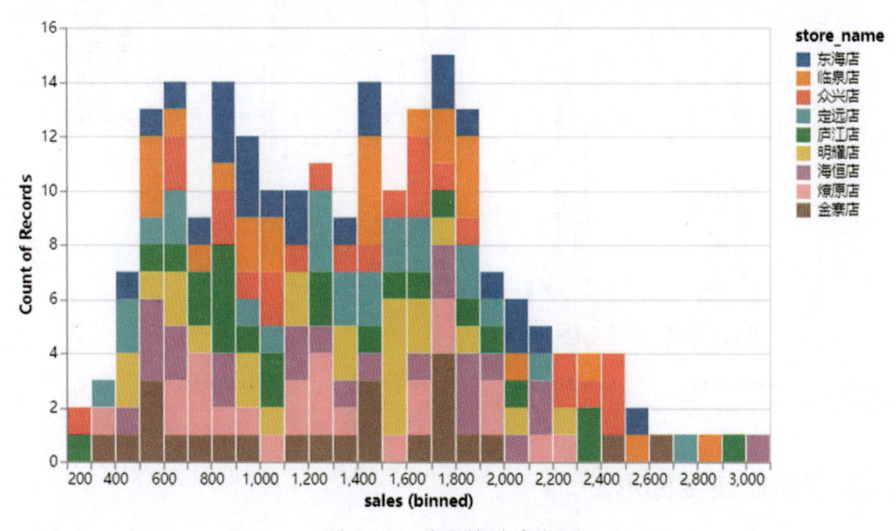


图 10-8　分段统计直方图

如果需要分析在不同支付方式下各门店的订单量，那么可以使用 column 参数按支付方式的不同分成 4 张直方图，代码如下：

```
#导入第三方库
import pandas as pd
import altair as alt

#读取数据
```

```
store = pd.read_csv('D:\Python 商业数据可视化实战\ch10\store.csv',
delimiter=',', encoding='UTF-8')
chart = alt.Chart(store)

#绘制图形
alt.Chart(store).mark_bar().encode(
x=alt.X('sales', bin=alt.Bin(maxbins=20)),
y='count()',
color='store_name',
column='pay_method'
).properties(width=110,height=300)
```

在 JupyterLab 中运行上述代码，生成如图 10-9 所示的并列直方图。

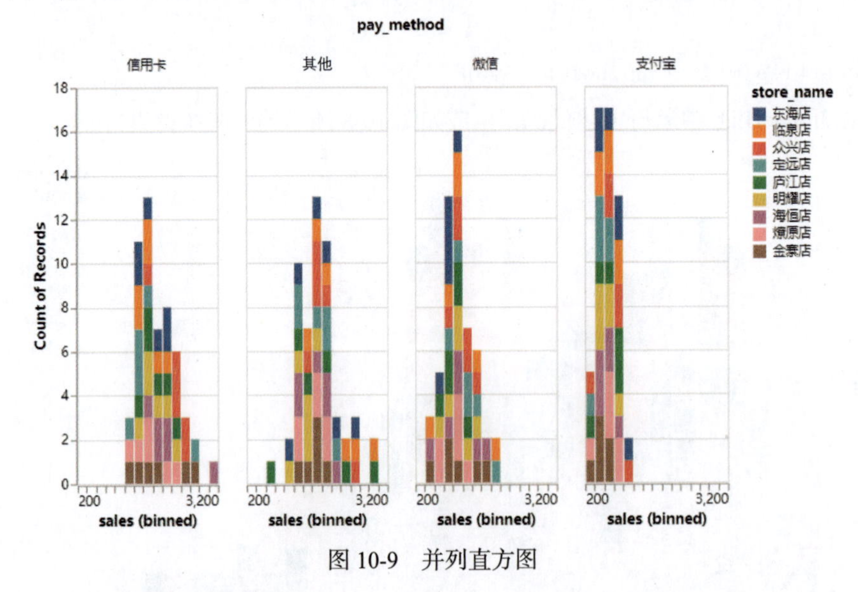


图 10-9　并列直方图

## 10.1.3　Altair 主要图形

Altair 可以绘制多种图形，下面逐一进行介绍。

### 1. 复合条形图

```
#导入相关库
import altair as alt
from vega_datasets import data

#读取数据
source = data.wheat()
```

```
#绘制图形
base = alt.Chart(source).encode(x='year:O')
bar = base.mark_bar().encode(y='wheat:Q')
line =  base.mark_line(color='red').encode(
    y='wages:Q'
)
(bar + line).properties(width=500,height=300)
```

在 JupyterLab 中运行上述代码，生成如图 10-10 所示的复合条形图。

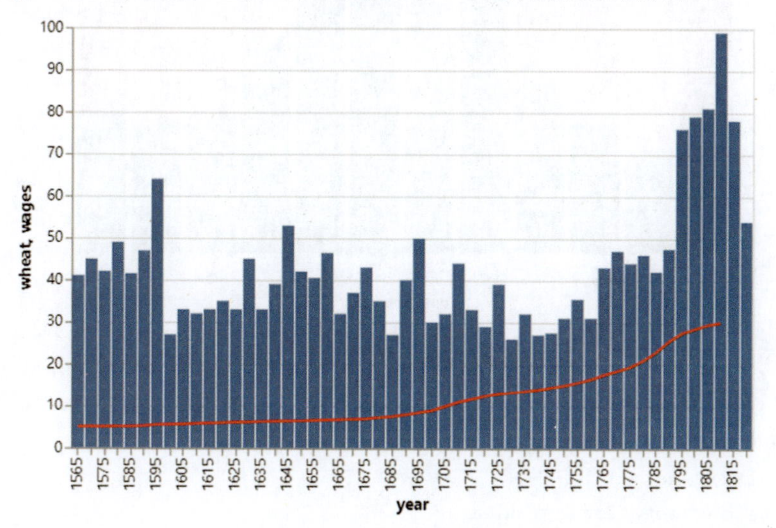


图 10-10　复合条形图

### 2. 圆边条形图

```
#导入相关库
import altair as alt
from vega_datasets import data

#读取数据
source = data.seattle_weather()

#绘制图形
alt.Chart(source).mark_bar(
    cornerRadiusTopLeft=3,
    cornerRadiusTopRight=3
).encode(
    x='month(date):O',
```

```
    y='count():Q',
    color='weather:N'
).properties(width=500,height=300)
```

在 JupyterLab 中运行上述代码，生成如图 10-11 所示的圆边条形图。

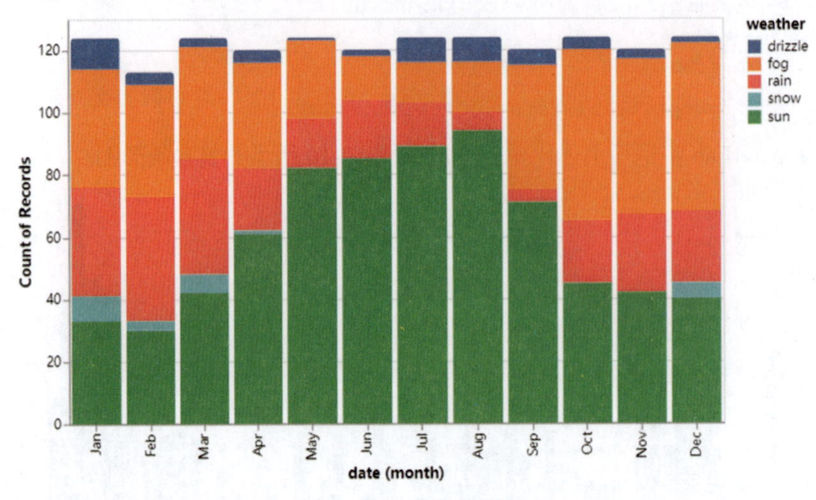


图 10-11　圆边条形图

### 3．渐变面积图

```
#导入相关库
import altair as alt
from vega_datasets import data

#读取数据
source = data.stocks()

#绘制图形
alt.Chart(source).transform_filter('datum.symbol==="GOOG"'
).mark_area(
    line={'color':'darkgreen'},
    color=alt.Gradient(
        gradient='linear',
        stops=[alt.GradientStop(color='white', offset=0),
               alt.GradientStop(color='darkgreen', offset=1)],
        x1=1, x2=1, y1=1, y2=0
    )
).encode(
    alt.X('date:T'),
```

```
    alt.Y('price:Q')
).properties(width=500,height=300)
```

在 JupyterLab 中运行上述代码，生成如图 10-12 所示的渐变面积图。

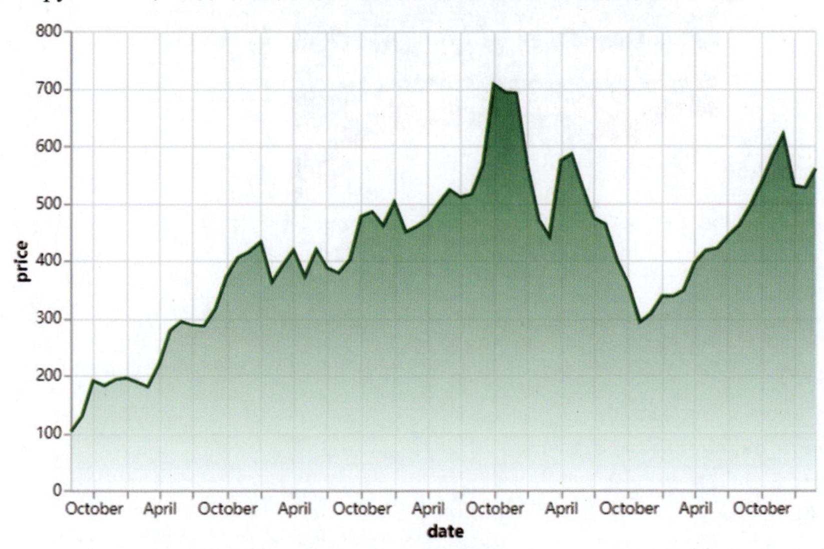


图 10-12　渐变面积图

### 4．主题河流图

```
#导入相关库
import altair as alt
from vega_datasets import data

#读取数据
source = data.unemployment_across_industries.url

#绘制图形
alt.Chart(source).mark_area().encode(
    alt.X('yearmonth(date):T',
        axis=alt.Axis(format='%Y', domain=False, tickSize=0)
    ),
    alt.Y('sum(count):Q', stack='center', axis=None),
    alt.Color('series:N',
        scale=alt.Scale(scheme='category20b')
    )
).interactive()
```

在 JupyterLab 中运行上述代码，生成如图 10-13 所示的主题河流图。

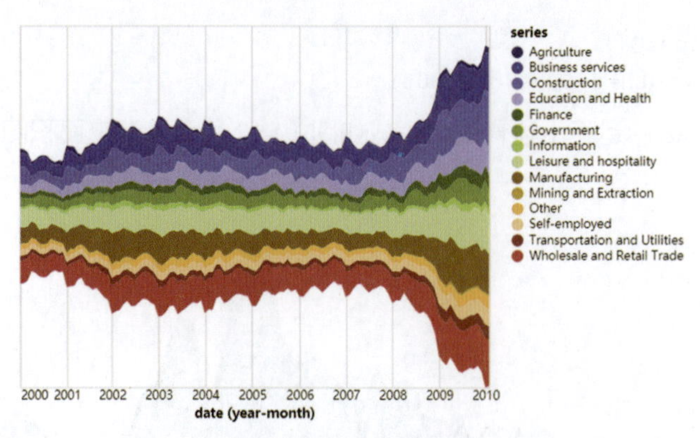


图 10-13　主题河流图

### 5．气泡图

```
#导入相关库
import altair as alt
from vega_datasets import data

#读取数据
source = data.cars()

#绘制图形
alt.Chart(source).mark_point().encode(
    x='Horsepower',
    y='Miles_per_Gallon',
    size='Acceleration'
).properties(width=500,height=300)
```

在 JupyterLab 中运行上述代码，生成如图 10-14 所示的气泡图。

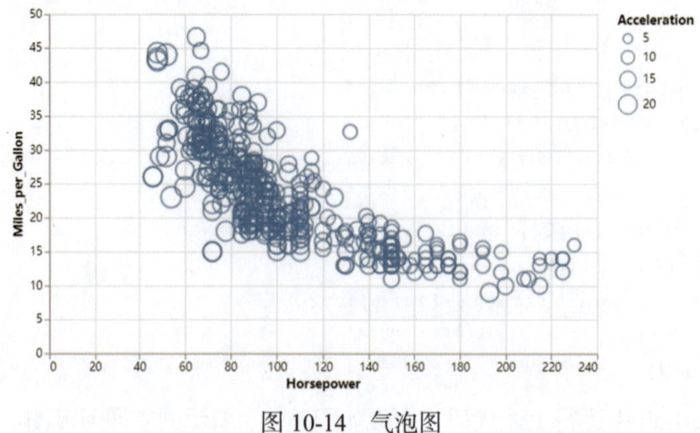


图 10-14　气泡图

### 6. 排名折线图

```
#导入相关库
import altair as alt
import pandas as pd

source = pd.DataFrame(
    [
        {"team": "Germany", "matchday": 1, "point": 0, "diff": -1},
        {"team": "Germany", "matchday": 2, "point": 3, "diff": 0},
        {"team": "Germany", "matchday": 3, "point": 3, "diff": -2},
        {"team": "Mexico", "matchday": 1, "point": 3, "diff": 1},
        {"team": "Mexico", "matchday": 2, "point": 6, "diff": 2},
        {"team": "Mexico", "matchday": 3, "point": 6, "diff": -1},
        {"team": "South Korea", "matchday": 1, "point": 0, "diff": -1},
        {"team": "South Korea", "matchday": 2, "point": 0, "diff": -2},
        {"team": "South Korea", "matchday": 3, "point": 3, "diff": 0},
        {"team": "Sweden", "matchday": 1, "point": 3, "diff": 1},
        {"team": "Sweden", "matchday": 2, "point": 3, "diff": 0},
        {"team": "Sweden", "matchday": 3, "point": 6, "diff": 3},
    ]
)

color_scale = alt.Scale(
    domain=["Germany", "Mexico", "South Korea", "Sweden"],
    range=["#000000", "#127153", "#C91A3C", "#0C71AB"],
)

alt.Chart(source).mark_line().encode(
    x="matchday:O", y="rank:O", color=alt.Color("team:N",
scale=color_scale)
).transform_window(
    rank="rank()",
    sort=[
        alt.SortField("point", order="descending"),
        alt.SortField("diff", order="descending"),
    ],
    groupby=["matchday"],
).properties(title="World Cup 2018: Group F
Rankings",width=500,height=300)
```

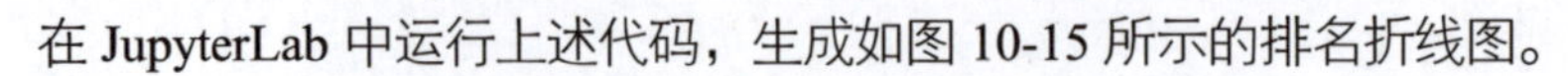

在 JupyterLab 中运行上述代码，生成如图 10-15 所示的排名折线图。

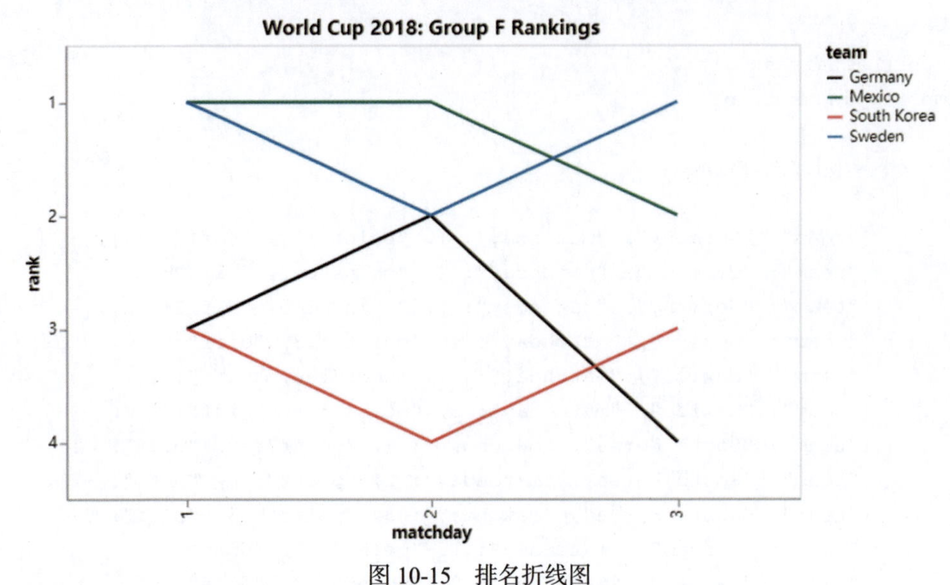


图 10-15　排名折线图

### 7. 散点图矩阵

```
#导入相关库
import altair as alt
from vega_datasets import data

#读取数据
source = data.cars()

#绘制图形
alt.Chart(source).mark_circle().encode(
    alt.X(alt.repeat("column"), type='quantitative'),
    alt.Y(alt.repeat("row"), type='quantitative'),
    color='Origin:N'
).properties(
    width=150,
    height=150
).repeat(
    row=['Horsepower', 'Acceleration', 'Miles_per_Gallon'],
    column=['Miles_per_Gallon', 'Acceleration', 'Horsepower']
).interactive()
```

在 JupyterLab 中运行上述代码，生成如图 10-16 所示的散点图矩阵。

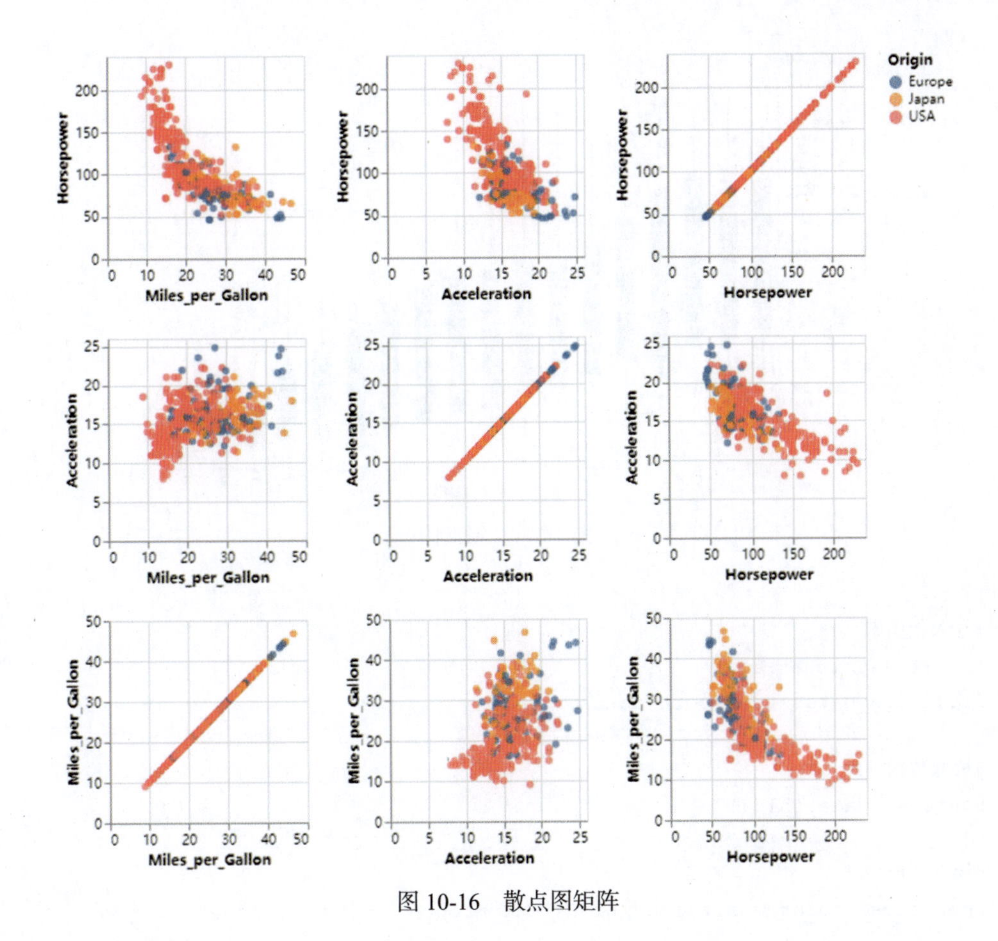


图 10-16　散点图矩阵

## 8. 箱形图

```
#导入相关库
import altair as alt
from vega_datasets import data

#读取数据
source = data.population.url

#绘制图形
alt.Chart(source).mark_boxplot().encode(
    x='age:O',
    y='people:Q'
).properties(width=500,height=300)
```

在 JupyterLab 中运行上述代码，生成如图 10-17 所示的箱形图。

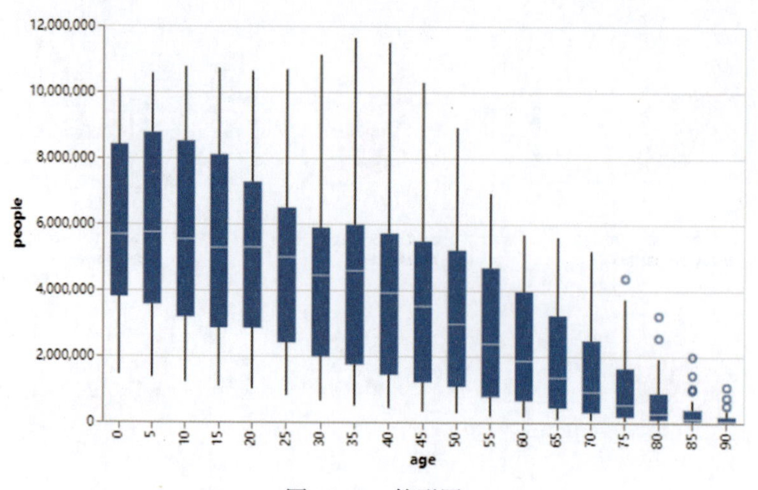


图 10-17 箱形图

### 9. 烛台图

```
#导入相关库
import altair as alt
from vega_datasets import data

#读取数据
source = data.ohlc()

#绘制图形
open_close_color = alt.condition("datum.open <= datum.close",
                                 alt.value("#06982d"),
                                 alt.value("#ae1325"))
base = alt.Chart(source).encode(
    alt.X('date:T',
          axis=alt.Axis(
              format='%m/%d',
              labelAngle=-45,
              title='Date in 2009'
          )
    ),
    color=open_close_color
)

rule = base.mark_rule().encode(
    alt.Y(
```

```
        'low:Q',
        title='Price',
        scale=alt.Scale(zero=False),
    ),
    alt.Y2('high:Q')
)

bar = base.mark_bar().encode(
    alt.Y('open:Q'),
    alt.Y2('close:Q')
)
(rule + bar).properties(width=500,height=300)
```

在 JupyterLab 中运行上述代码，生成如图 10-18 所示的烛台图。

图 10-18　烛台图

# 10.2　Altair 数据可视化案例

## 10.2.1　有效规避订单商品退货

在企业销售过程中，减少商品的退货量是提高企业收益率的重要手段，根据商品的销售数据，分析影响客户退货的原因，从而从根源上减少退货量。

商品退货分析的基本思路为：将退货量较大的商品数据单独筛选出来进行重点分析，此外，还需要从地区消费者的角度，研究商品在哪些地区退货量大，从销售人员业务能力的角度，分析哪些销售人员所销售商品的退货量较大等。

电商订单存在的意义是记录交易信息，订单一般包括商品信息、价格、优惠信息、物流信息、订单号、订单状态等。

除了销售人员过分夸大商品的功能，通常发生退货的原因还有：购买前协议退货、有质量问题、搬运途中商品损坏、商品过期、商品送错。

卖家规避商品退货的方法主要有：修正商品图片、精确商品描述、交付正确商品、确保按时发货、避免商品损坏、收集退货原因。

### 10.2.2 制作各类型商品退货量的多线图

#### 1．多线图简介

多线图（Multiple Line）是指将多条曲线以一定的方式放到一张图中，是图形的有机叠加，这些图形共用 $x$ 轴。

#### 2．应用场景

当需要从某个纬度比较多个指标数据，例如，比较不同时间段的各类型商品的销售情况时，可使用多线图。

#### 3．案例代码

为了深入研究 A 企业在 2019 年每月各类型商品的退单量情况，我们绘制了不同类型商品的退单量多线图，具体代码如下：

```
#导入相关库
import altair as alt
import pandas as pd
import numpy as np

#读取数据
source = pd.read_csv('D:/Python 商业数据可视化实战/ch10/return_category.csv',
',')

#设置最近点
nearest = alt.selection(type='single', nearest=True, on='mouseover',
fields=['x'], empty='none')

#设置线条
line = alt.Chart(source).mark_line(interpolate='basis').encode(
    x='x:Q',y='y:Q',color='category:N')
```

```
#设置图表透明度
selectors = alt.Chart(source).mark_point().encode(
    x='x:Q',opacity=alt.value(0),).add_selection(nearest)

#线上加点，高亮显示
points = line.mark_point().encode(
    opacity=alt.condition(nearest, alt.value(1), alt.value(0)))

#添加文本标签，高亮显示
text = line.mark_text(align='left', dx=5, dy=-5).encode(
      text=alt.condition(nearest, 'y:Q', alt.value(' ')))

#设置规则
rules = alt.Chart(source).mark_rule(color='gray').encode(
    x='x:Q',).transform_filter(nearest)

#绑定数据，配置参数
alt.layer(line, selectors, points, rules, text
).properties(title='各类型商品的退单量分析',width=600, height=400)
```

### 4. 案例结论

在 JupyterLab 中运行上述代码，生成如图 10-19 所示的多线图。从图 10-19 中可以看出，在 2019 年的 12 个月份中，3 种类型商品的退单量基本都呈现上升趋势，但是在 7 月都存在一定幅度的下降，这主要是 7 月是销售淡季，客户订单量较少的原因。

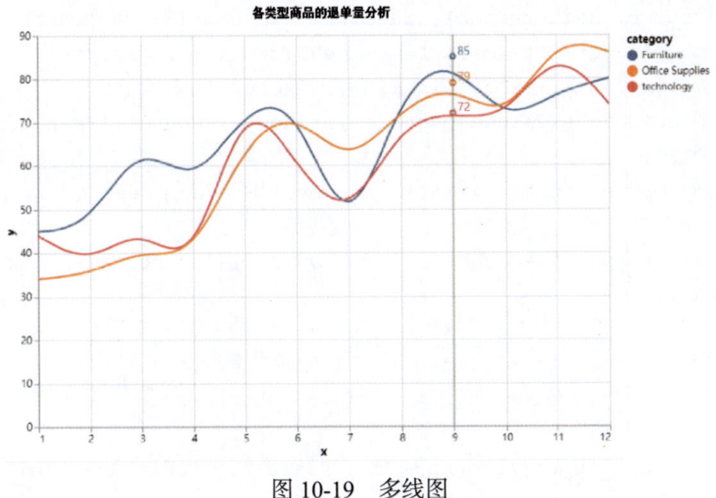


图 10-19　多线图

### 10.2.3 制作各月份商品退货量的脊线图

#### 1．脊线图简介

脊线图是数据可视化技术之一，它是部分重叠的线形图，用于在二维空间中产生山脉的印象，其中每一行对应的是一个类别，而 $x$ 轴对应的是数值的范围，波峰的高度代表行为出现的次数。

#### 2．应用场景

脊线图适用于可视化指标数据随时间或空间分布的变化规律。

#### 3．案例代码

为了深入研究 A 企业在 2019 年每月的商品退单量情况，我们绘制了商品退单量脊线图，具体代码如下：

```
#导入相应库
import altair as alt
import pandas as pd

#连接退单数据
source = pd.read_csv('D:/Python 商业数据可视化实战/ch10/return_days.csv',',')

step = 25
overlap = 1

#配置图形参数
alt.Chart(source, height=step).transform_timeunit(Month='month(date)'
).transform_joinaggregate(mean_temp='mean(return)', groupby=['Month']
).transform_bin(['bin_max', 'bin_min'], 'return'
).transform_aggregate(value='count()',groupby=['Month','mean_temp','bin_
min','bin_max']
).transform_impute(impute='value',groupby=['Month','mean_temp'],key='bin_
min',value=0
).mark_area(interpolate='monotone',fillOpacity=0.8,stroke='lightgray',
strokeWidth=0.3
).encode(
    alt.X('bin_min:Q',bin='binned',title='退单量'),
    alt.Y('value:Q',scale=alt.Scale(range=[step, -step * overlap]),axis=
None),
    alt.Fill('mean_temp:Q',legend=None,scale=alt.Scale(domain=[30, 5],
scheme='redyellowblue')
```

```
    )
).facet(
    row=alt.Row('Month:T',title=None,header=alt.Header(labelAngle=0,
labelAlign='right', format='%B')
    )
).properties(title='退单量分析',bounds='flush'
).configure_facet(spacing=0
).configure_view(stroke=None
).configure_title(anchor='end')
```

#### 4. 案例结论

在 JupyterLab 中运行上述代码，生成如图 10-20 所示的脊线图。从图 10-20 中可以看出，在 2019 年，商品的退单量呈现先上升后下降的趋势，在 7 月达到峰值，在下半年退单量下降较快。

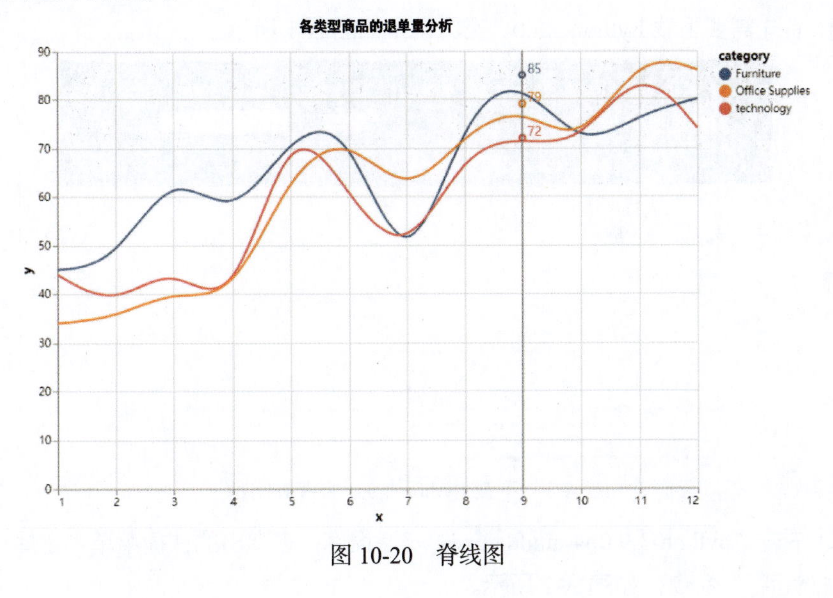


图 10-20　脊线图

## 10.3　上机实践题

练习 1：通过 pip 安装最新版本的 Altair 可视化库。

练习 2：使用“buy_category.csv”表绘制不同类型商品购买量的多线图。

练习 3：使用“buy_days.csv”表绘制 2019 年各月份商品购买量的脊线图。

# 附录 A

# Python 3.9.0 及可视化库安装

本书使用的 Python 版本是截至 2020 年 8 月的最新版本，即 Python 3.9.0b4，下面介绍其具体的安装步骤，安装环境是 Windows 10 家庭版 64 位操作系统。

注意：Python 需要安装到计算机磁盘根目录或英文目录下，即安装路径不能有中文。

① 首先需要下载 Python 3.9.0，官方网站如图 A-1 所示。

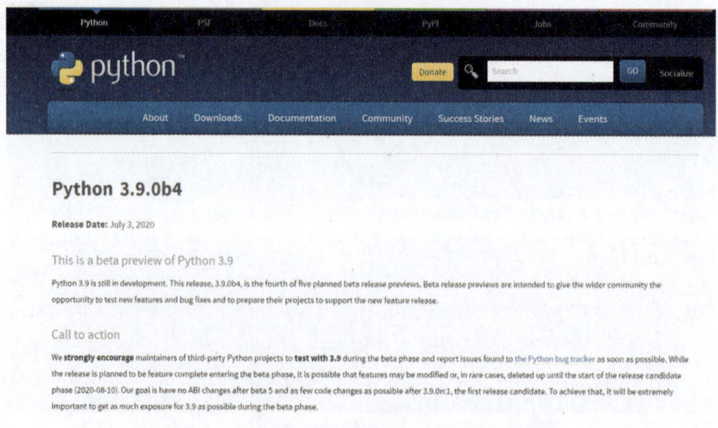


图 A-1　下载 Python 3.9.0 的官方网站

② 右击“python-3.9.0b4-amd64.exe”安装程序，在弹出的快捷菜单中选择“以管理员身份运行”命令，如图 A-2 所示。

图 A-2　运行安装程序

③ 勾选“Add Python 3.9 to PATH”复选框，然后点击“Customize installation”超链接，如图 A-3 所示。

图 A-3　自定义安装

④ 根据需要勾选自定义的选项，其中必须勾选“pip”复选框，然后单击“Next”按钮，如图 A-4 所示。

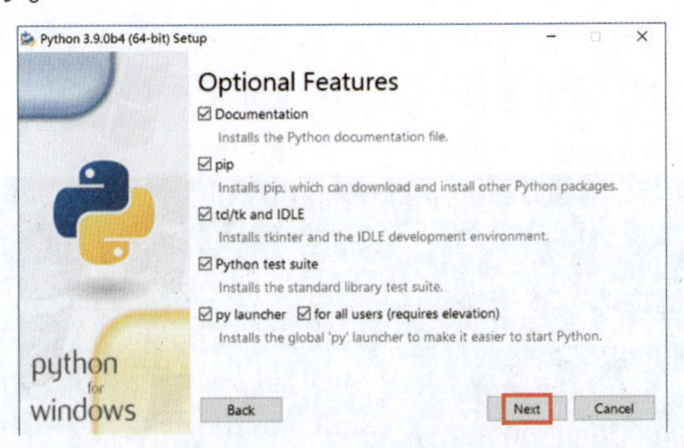

图 A-4　勾选功能选项

⑤ 选择软件安装目录，默认安装在 C 盘，单击“Browse”按钮可更改软件的安装目录，然后单击“Install”按钮，如图 A-5 所示。

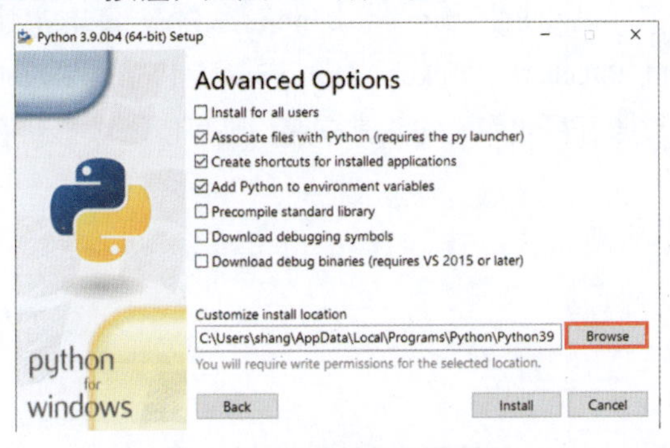

图 A-5　选择软件安装目录

⑥ 稍等片刻，出现“Setup was successful”界面，说明安装没有问题，单击“Close”按钮即可，如图 A-6 所示。

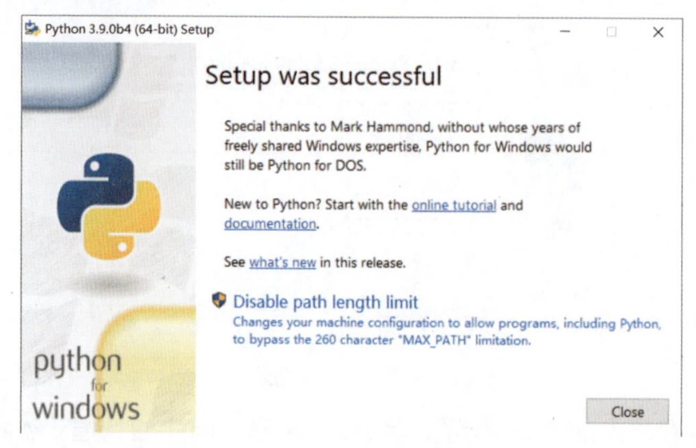


图 A-6　安装结束

⑦ 在命令提示符中输入“python”后，如果出现如图 A-7 所示的信息，即 Python 版本信息，则进一步说明安装没有问题，可以正常使用 Python。

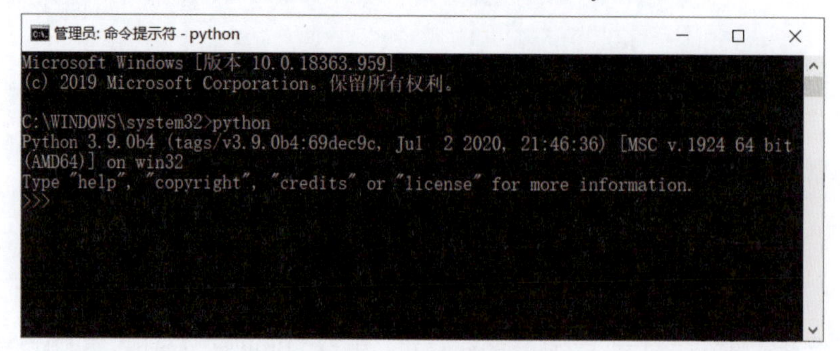


图 A-7　查看版本信息

⑧ 在 Python 中可以使用 pip 与 conda 命令安装本书中的数据可视化库（Matplotlib、Seaborn、Pyecharts、Bokeh、HoloViews、Plotly、Pygal、plotnine、Altair）。

⑨ 此外，如果数据可视化库无法正常安装，则可以下载最新版本的离线文件，再安装。

# 附录 B

# Python 常用第三方工具包简介

## B.1 数据分析类包

### 1. Pandas

Python Data Analysis Library 或 Pandas 是基于 Numpy 的一种工具，是为了解决数据分析任务而创建的。Pandas 纳入了大量库和一些标准的数据模型，提供了大量能使用户快速、便捷地处理数据的函数和方法。

Pandas 最初由 AQR Capital Management 于 2008 年 4 月开发，并于 2009 年年底开源，目前由专注于 Python 数据包开发的 PyData 开发团队继续开发和维护，属于 PyData 项目的一部分。Pandas 最初被作为金融数据分析工具而开发，因此，Pandas 对时间序列分析提供了很好的支持，Pandas 的名称就来自面板数据（Panel Data）和 Python 数据分析（Data Analysis）。

Pandas 的数据结构如下。

- Series：一维数组，与 Numpy 中的一维 Array 类似。Series 和 Array 与 Python 基本的数据结构 List 也很相近，其区别是：List 中的元素可以是不同的数据类型，而 Array 和 Series 中则只允许存储相同的数据类型，这样可以更有效地使用内存，提高运算效率。
- Time- Series：以时间为索引的 Series。
- DataFrame：二维的表格型数据结构。很多功能与 R 语言中的 data.frame 类似，可以将其理解为 Series 的容器。
- Panel：三维的数组，可以理解为 DataFrame 的容器。

Pandas 有两种自己独有的基本数据结构。应该注意的是，它虽然有两种数据结构，但它依然是 Python 的一个库，所以，Python 中的部分数据类型在 Pandas 中依然适用，用户同样可以使用自己定义的数据类型。不过，Pandas 中又定义了两种数据类型：Series 和 DataFrame。它们使数据操作更简单了。

### 2．Numpy

Numpy（Numeric Python）是高性能科学计算和数据分析的基础包。它是 Python 的一种开源的数值计算扩展，提供了许多高级的数值编程工具，如矩阵运算、矢量处理等，专为进行严格的数字处理而产生。

### 3．Scipy

Scipy 是一个方便、易用、专为科学和工程领域设计的 Python 工具包，可以处理插值、积分、优化、图像、常微分方程数值解的求解、信号等问题，用于有效计算 Numpy 矩阵。Numpy 和 Scipy 协同工作，可以高效解决问题。

### 4．Statismodels

Statismodels 是一个 Python 模块，它提供了对许多不同统计模型估计的类和函数，并且可以进行统计测试和统计数据的探索。Statismodels 还提供了一些互补 Scipy 统计计算的功能，包括描述性统计与统计模型估计和推断。

## B.2　数据可视化类包

### 1．Matplotlib

Matplotlib 是一个 Python 的 2D 可视化库，它以各种硬拷贝格式和跨平台的交互式环境生成出版质量级别的图形。

Matplotlib 可能是 Python 2D 绘图领域使用最广泛的库，它能让使用者很轻松地将数据图形化，并且提供了多样化的输出格式。

### 2．Pyecharts

Pyecharts 是一款将 Python 与 Echarts 结合的强大的数据可视化软件。

### 3．Seaborn

Seaborn 是基于 Matplotlib 的 Python 数据可视化库，是一个统计数据可视化库，提供更高层次的 API 封装，用户使用起来更加方便快捷。

Seaborn 简洁而强大，与 Pandas、Numpy 结合使用效果更佳。值得注意的是，Seaborn 并不是 Matplotlib 的代替品，很多时候仍然需要使用 Matplotlib。

## B.3 机器学习类包

### 1. Sklearn

Sklearn 是 Python 的重要机器学习库，其中封装了大量的机器学习算法，如分类、回归、降维及聚类；还包含了监督学习、非监督学习、数据变换三大模块。Sklearn 拥有完善的文档，使得它具有了上手容易的优势；并且内置了大量的数据集，节省了用户获取和整理数据集的时间。因而，其成了被广泛应用的重要机器学习库。

Sklearn 是基于 Python 的机器学习模块，基于 BSD 开源许可证。Sklearn 的基本功能主要分为 6 部分：分类、回归、聚类、数据降维、模型选择和数据预处理。Sklearn 中的机器学习模型非常丰富，包括 SVM、决策树、GBDT、KNN 等，用户可以根据问题的类型选择合适的模型。

### 2. Keras

Keras 高阶神经网络开发库可运行在 TensorFlow 或 Theano 上。Keras 由纯 Python 编写而成并基于 TensorFlow、Theano 及 CNTK 后端。Keras 为支持快速实验而生，能够把用户的想法迅速转换为结果，如果用户有如下需求，则可选择 Keras：简易和快速的原型设计；支持 CNN 和 RNN；实现 CPU 和 GPU 之间的无缝切换。

TensorFlow、Theano 及 Keras 都是深度学习框架，TensorFlow 和 Theano 比较灵活，但比较难学，它们其实就是一个微分器。Keras 其实是 TensorFlow 和 Keras 的接口（Keras 作为前端，TensorFlow 或 Theano 作为后端），它也很灵活，且比较容易学。可以把 Keras 看作 TensorFlow 封装后的一个 API。Keras 是一个用于快速构建深度学习原型的高级库。实践发现，它是数据科学家应用深度学习的好帮手。Keras 目前支持 TensorFlow 与 Theano 两种后端框架，而且 Keras 已经成为 TensorFlow 的默认 API。

### 3. keras-rl

Keras-rl 是一个用 Python 编写的高级神经网络 API，它能够以 TensorFlow、CNTK 或者 Theano 作为后端运行。Keras-rl 的开发重点是支持快速地实验。它能够以最短的延时把用户的想法转换为实验结果，是做好研究的关键。

### 4. Theano

Theano 是一个 Python 深度学习库，专门用于定义、优化、求值数学表达式，效率高，适用于多维数组，特别适合搭建机器学习框架。一般来说，使用时需要安装 Python 和 Numpy。

### 5．XGBoost

XGBoost（eXtreme Gradient Boosting）是大规模并行 boosted tree 的工具包，它是目前最快、最好用的开源 boosted tree 工具包。XGBoost 是 GradientBoosting 算法的一个优化版本，针对传统 GBDT 算法进行了很多细节改进，包括损失函数、正则化、切分点查找算法优化等。

相对于传统的 GBM，XGBoost 增加了正则化步骤。正则化的作用是减少过拟合现象。XGBoost 提供了随机抽取特征，这个方法借鉴了随机森林的建模特点，可以防止过拟合。XGBoost 在速度上有很好的优化，主要体现在以下几个方面。

① 实现了最优分割点的近似算法，即先通过直方图算法获得候选分割点的分布情况，然后根据候选分割点将连续的特征信息映射到不同的 buckets 中，并统计汇总信息。

② XGBoost 考虑了训练数据为稀疏值的情况，可以为缺失值或者指定的值指定分支的默认方向，这能大大提升算法的效率。

③ 在正常情况下，Gradient Boosting 算法是顺序执行的，所以速度较慢，XGBoost 特征列排序后以块的形式存储在内存中，在迭代中可以重复使用，因而 XGBoost 在处理每个特征列时可以做到并行。

总的来说，相对于 GBDT，XGBoost 在模型训练速度及减少过拟合现象上有不少的提升。

### 6．TensorFlow

TensorFlow 是谷歌基于 DistBelief 研发的第二代人工智能学习系统。

### 7．TensorLayer

TensorLayer 是为研究人员和工程师设计的一款基于 Google TensorFlow 开发的深度学习与强化学习库。

### 8．tensorforce

tensorforce 是一个构建于 TensorFlow 之上的新型强化学习 API。

### 9．jieba

jieba 是一款优秀的 Python 第三方中文分词库，jieba 支持三种分词模式：精确模式、全模式和搜索引擎模式。下面是三种模式的特点。

精确模式：试图将语句进行最精确的切分，不存在冗余数据，适合进行文本分析。

全模式：将语句中所有可能是词的词语都切分出来，速度很快，但是存在冗余数据。

搜索引擎模式：在精确模式的基础上，对长词再次进行切分。

### 10．wordcloud

wordcloud 可以说是 Python 非常优秀的词云展示第三方库。词云以词语为基本单位更加直观和艺术地展示文本。

### 11．pyspark

pyspark 是大规模内存分布式计算框架。

# 参考文献

[1] 王国平. Python 数据可视化之 Matplotlib 与 Pyecharts[M]. 北京：清华大学出版社，2020.

[2] 张杰. Python 数据可视化之美（专业图表绘制指南）[M]. 北京：电子工业出版社，2020.

[3] 高博，刘冰，李力. Python 数据分析与可视化从入门到精通[M]. 北京：北京大学出版社，2020.

[4] 刘大成. Python 数据可视化之 matplotlib 精进[M]. 北京：电子工业出版社，2019.

[5] 李迎. Python 可视化数据分析[M]. 北京：中国铁道出版社，2019.

[6] 屈希峰. Python 数据可视化：基于 Bokeh 的可视化绘图[M]. 北京：机械工业出版社，2019.

[7] 刘大成. Python 数据可视化之 matplotlib 实践[M]. 北京：电子工业出版社，2018.

[8] 沈祥壮. Python 数据分析入门——从数据获取到可视化[M]. 北京：电子工业出版社，2018.

[9] 孙洋洋，王硕，邢梦来，等. Python 数据分析：基于 Plotly 的动态可视化绘图[M]. 北京：电子工业出版社，2018.